ハイブリッド環境法

【編著】
西村智朗・山田健吾

【著】
Uchralt Otede・岩﨑恭彦・倉澤生雄・鳥谷部壌・遠井朗子
庄村勇人・Yonjae Paik・Christopher McElwain・岡松暁子

嵯峨野書院

はしがき

本書は,『はじめての環境法――地域から考える』の姉妹書という位置づけで,(国内)環境法と国際環境法を繋ぐテキストとして作成された。すでに多くの大学,特に法学部では,授業科目として「環境法」が置かれ,最近では国際法の応用科目として「国際環境法」も開講されている。環境問題の関心の高まりやSDGs(持続可能な開発目標)の普及に伴い,学生の関心も高いと聞く。

当然のことながら,環境問題の多くは人間活動によって引き起こされるが,その悪影響は,時として国境を越えて拡大する。したがって,国内環境問題は,越境環境損害として国際問題になりえる。また,地球規模の環境問題のほとんどは,現在国連を中心とした多数国間環境協定によってその対応がはかられているが,各国に課せられる協定上の義務は,それぞれの国の国内法が整備されなければその実現は難しい。

したがって,国内環境法と国際環境法は,密接に関連し,相互に理解することが必要である。この認識はアカデミックなレベルではかなり浸透し,数多くの共同研究の成果も現れているが,残念ながら,大学の授業は,現在でも「(国内)環境法」と「国際環境法」に区分され,多くのテキストも,『(国内)環境法』では,最後の数章で環境条約に関する紹介がなされるにとどまり,『国際環境法』の教科書も,条約の実施に関して日本の国内法に言及するだけのものがほとんどである。

本書は,国内環境法と国際環境法を同じ比重で取り扱い,国内環境法から見た国際環境法,国際環境法から見た国内環境法といった具合に双方向から環境問題を検討できる内容となっている。テキストの名称を『ハイブリッド環境法』とした理由もここにある。

したがって,本書では,ほぼ全ての章で,国内法と国際法の両面からの解説を試みている。国内法は,原則として日本の国内法の現状と課題について説明しているが,適宜海外の動向や事例について,Case Study や Column の形で紹介し，環境法を見る視点を広げてもらう工夫もしている。この点も本書の特徴である。

このような斬新なテキストの作成に至った背景には，編者の学生時代の研究環境にある。1990年代，西村は国際法を，山田は行政法の研究者を志したが，当時，二名が所属していた名古屋大学大学院法学研究科では「公法研究会」と称する研究会が開催され，憲法，行政法，国際法の教授や大学院生全員の前で，自らの研究を報告する機会が与えられ，自分の専門外の研究者から鋭い質問や有益なコメントを得ることができた。数多くの恩師や先輩の名をここであげることはできないが，素晴らしい研究環境を与えてくれたことに感謝したい。

前記のような「高尚な」目的で企画された本書ではあったが，新型コロナウイルス感染症（COVID-19）の拡大により，大学における感染症対策やオンライン授業などの実務に追われ，編集作業は大幅に遅れることになった。このような事情にもかかわらず，本書の完成のために絶大な支援と丁寧な編集作業の労をとってくれたのは，嵯峨野書院の中江俊治さんである。改めて御礼を申し上げる。

編者　西　村　智　朗
　　　山　田　健　吾

目　次

略　語　表

【条約・法令名】

違法漁業防止寄港国措置協定	違法な漁業，報告されていない漁業及び規制されていない漁業を防止し，抑止し，及び排除するための寄港国の措置に関する協定
オゾン層保護条約	オゾン層の保護のためのウィーン条約
モントリオール議定書	オゾン層を破壊する物質に関するモントリオール議定書
国連海洋法条約	海洋法に関する国際連合条約
核不拡散条約	核兵器の不拡散に関する条約
環境改変技術使用禁止条約	環境改変技術の軍事的使用その他の敵対的使用の禁止に関する条約
オーフス条約	環境に関する，情報へのアクセス，意思決定における市民参加，司法へのアクセスに関する条約
気候変動枠組条約	気候変動に関する国際連合枠組条約
京都議定書	気候変動に関する国際連合枠組条約の京都議定書
原子力事故早期通報条約	原子力事故の早期通報に関する条約
原子力事故援助条約	原子力事故又は放射線緊急事態の場合における援助に関する条約
ＰＩＣ条約	国際貿易の対象となる特定の有害な化学物質及び駆除剤についての事前のかつ情報に基づく同意の手続に関するロッテルダム条約
ストックホルム条約	残留性有機汚染物質に関するストックホルム条約
砂漠化対処条約	深刻な干ばつ又は砂漠化に直面する国（特にアフリカの国）において砂漠化に対処するための国際連合条約
水俣条約	水銀に関する水俣条約
生物多様性条約	生物の多様性に関する条約
名古屋議定書	生物の多様性に関する条約の遺伝資源の取得の機会及びその利用から生ずる利益の公正かつ衡平な配分に関する名古屋議定書
カルタヘナ議定書	生物の多様性に関する条約のバイオセーフティに関するカルタヘナ議定書
世界遺産条約	世界の文化遺産及び自然遺産の保護に関する条約
ワシントン条約	絶滅のおそれのある野生動植物の種の国際取引に関する条約
部分的核実験禁止条約	大気圏内，宇宙空間及び水中における核兵器実験を禁止する条約
ラムサール条約	特に水鳥の生息地として国際的に重要な湿地に関する条約
南極海洋生物資源保存条約	南極の海洋生物資源の保存に関する条約
ロンドン条約	廃棄物その他の物の投棄による海洋汚染の防止に関する条約
ロンドン条約議定書	廃棄物その他の物の投棄による海洋汚染の防止に関する条約の1996年議定書
国連公海漁業協定	分布範囲が排他的経済水域の内外に存在する魚類資源（ストラドリング魚類資源）及び高度回遊性魚類資源の保存及び管理に関する千九百八十二年十二月十日の海洋法に関する国際連合条約の規定の実施のための協定
北東大西洋海洋環境保護条約	北東大西洋の海洋環境保護のための条約
バーゼル条約	有害廃棄物の国境を越える移動及びその処分の規制に関するバーゼル条約
カルタヘナ法	遺伝子組換え生物等の使用等の規制による生物の多様性の確保に関する法律
外為法	外国為替及び外国貿易法
海洋汚染防止法	海洋汚染等及び海上災害の防止に関する法律
化審法	化学物質の審査及び製造等の規制に関する法律
原子炉等規制法	核原料物質，核燃料物質及び原子炉の規制に関する法律
行訴法	行政事件訴訟法

原子力損害賠償法	原子力損害の賠償に関する法律
建設資材リサイクル法	建設工事に係る資材の再資源化等に関する法律
地下水採取規制法	建築物用地下水の採取の規制に関する法律
公健法	公害健康被害の補償等に関する法律
費用負担法	公害防止事業費事業者負担法
水質保全法	公共用水域の水質の保全に関する法律
工場排水規制法	工場排水等の規制に関する法律
公水法	公有水面埋立法
産廃処理施設整備法	産業廃棄物の処理に係る特定施設の整備の促進に関する法律
資源利用促進法	資源の有効な利用の促進に関する法律
循環基本法	循環型社会形成推進基本法
小型家電リサイクル法	使用済小型電子機器等の再資源化の促進に関する法律
自動車リサイクル法	使用済自動車の再資源化等に関する法律
食品リサイクル法	食品循環資源の再生利用等の促進に関する法律
水銀汚染防止法	水銀による環境の汚染の防止に関する法律
水濁法	水質汚濁防止法
種の保存法	絶滅のおそれのある野生動植物の種の保存に関する法律
瀬戸内法	瀬戸内海環境保全特別措置法
シップリサイクル法	船舶の再資源化解体の適正な実施に関する法律
大防法	大気汚染防止法
生物多様性地域連携促進法	地域における多様な主体の連携による生物の多様性の保全のための活動の促進等に関する法律
地球温暖化対策推進法	地球温暖化対策の推進に関する法律
鳥獣保護法	鳥獣の保護及び管理並びに狩猟の適正化に関する法律
ＦＩＴ法	電気事業者による再生可能エネルギー電気の調達に関する特別措置法
外来生物法	特定外来生物による生態系等に係る被害の防止に関する法律
ＰＲＴＲ法	特定化学物質の環境への排出量の把握等及び管理の改善の促進に関する法律
家電リサイクル法	特定家庭用機器再商品化法
産廃特措法	特定産業廃棄物に起因する支障の除去等に関する特別措置法
フロン回収・破壊法	特定製品に係るフロン類の回収及び破壊の実施の確保等に関する法律
オゾン層保護法	特定物質等の規制等によるオゾン層の保護に関する法律
バーゼル法	特定有害廃棄物等の輸出入等の規制に関する法律
農用地土壌汚染防止法	農用地の土壌の汚染防止等に関する法律
廃棄物処理法	廃棄物の処理及び清掃に関する法律
東日本大震災災害廃棄物処理特別措置法	東日本大震災により生じた災害廃棄物の処理に関する特別措置法
公害罪法	人の健康に係る公害犯罪の処罰に関する法律
放射性物質汚染対処特措法	平成二十三年三月十一日に発生した東北地方太平洋沖地震に伴う原子力発電所の事故により放出された放射性物質による環境の汚染への対処に関する特別措置法
ＰＣＢ特措法	ポリ塩化ビフェニル廃棄物の適正な処理の推進に関する特別措置法

【判例】

大判（決）	大審院判決（決定）
最大判（決）	最高裁判所大法廷判決（決定）
最判（決）	最高裁判所（小法廷）判決（決定）
高判（決）	高等裁判所（決定）
地判（決）	地方裁判所（決定）

【判例集】

民（刑）録	大審院民（刑）事判決録
民（刑）集	最高裁判所民（刑）事判例集
行集	行政事件裁判例集
裁時	裁判所時報
訟月	訟務月報
判時	判例時報
判タ	判例タイムズ
判自	判例地方自治
金判	金融・商事判例

執筆者一覧

（＊印編者，執筆順）

＊西村智朗	（立命館大学教授）	第１章，第２章，第３章１，第４章１，第５章１，第６章１，第15章１，Column⑪
＊山田健吾	（広島修道大学教授）	第１章，第２章，第３章２，第11章２・３，第14章２，第15章２，Column⑪，Case Study②
Uchralt Otede	(Research Fellow at the ANU College of Asia and the Pacific at the Australian National University in Canberra, Australia)	Column①
岩﨑恭彦	（三重大学教授）	第４章２，第５章２，第６章２，第７章２，第８章，第12章２，第13章２，Column⑧
倉澤生雄	（松山大学教授）	第10章，Column②・⑩
鳥谷部壌	（摂南大学講師）	第７章１，第11章１，Column③・④
遠井朗子	（酪農学園大学教授）	第９章１，Column⑤

庄 村 勇 人	(名城大学教授)	第 9 章 2，Column⑥・⑨，(訳：Case Study①)
Yonjae Paik	(PhD and Honorary Lecturer at the School of Culture, History & Language at the Australian National University in Canberra, Australia)	Column⑦
Christopher McElwain	(PhD Candidate and occasional Teaching Fellow at the Faculty of Law and Justice at the University of New South Wales in Sydney, Australia)	Case Study①
岡 松 暁 子	(法政大学教授)	第12章 1，第13章 1，第14章 1

第1章 環境と環境法

1 環境法の発展

I 四大公害事件と環境法の生成

1 公害の全国的な展開

わが国における環境問題は，足尾銅山鉱毒事件[1)]，別子銅山煙害事件[2)]，日立鉱山煙害事件[3)]，大阪アルカリ事件[4)]などが有名である。これら以外にも，騒音，大気汚染，水質汚濁などの環境問題は存在したが，1940年代前半までは社会問題化しなかった。環境問題は，この当時，個別的・偶発的・断続的なものと考えられていたこともあり，公害を未然に防止するための一般的な法制度が整備されることもなかった。

1）足尾銅山鉱毒事件（栃木県）は，足尾銅山の精錬施設から亜硫酸ガスが発生し，また，選鉱場からの銅，鉛，亜鉛，砒素，カドミウムなどの排出により，渡良瀬川流域で，煙害と鉱害による漁業被害と農作物被害が生じた事件である。第二次世界大戦後の1974年の公害等調整委員会による調停で，古河鉱業が調停に応じ補償責任を認めることでようやく解決に至った。

2）別子銅山煙害事件（愛媛県）は，別子銅山の精錬所からの亜硫酸ガスによって農作物被害が発生した事件である。住民と精錬所との間で，賠償金支払いと銅の産出制限などを含めた公害防止協定が締結された。

3）日立鉱山煙害事件（茨城県）は，日立鉱山の精錬所から発生した亜硫酸ガスによって農作物被害が，茨城県北部の広い範囲で発生した事件である。日立鉱山は，公害対策として，亜硫酸ガスを希釈化するために，高さ156mの煙突を標高325mの山頂に建設した。

4）大阪アルカリ事件は，大阪市で操業していた大阪アルカリ株式会社の工場から排出された亜硫酸ガスおよびいおうガスによって，工場付近の農作物に被害が発生した事件である。農地の地主らが大阪アルカリ株式会社に対し，損害賠償請求訴訟を提起した。大審院は，地主らの訴えを斥けた控訴審判決を破棄差戻した（大判大5・12・22民録22・2474）。差戻審では地主らの訴えが認められている。

第二次世界大戦後，1950年代後半から，都市化が進むにつれ，大都市では大気汚染や水質汚濁などの問題が全国的に生じる。熊本県水俣市を中心に発生した熊本水俣病事件[5)]，新潟県阿賀野川流域に発生した新潟水俣病事件[6)]，富山県神通川下流流域で発生した富山イタイイタイ病事件[7)]，そして三重県四日市公害事件[8)]の四大公害事件がよく知られている。

これ以外にも東京，川崎，大阪，北九州などの主要工業都市では，大気汚染，水質汚濁，騒音，振動，悪臭，地盤沈下が深刻化していた。宅地開発による森林の伐採，海面埋立による生態系の破壊も生じていた。環境問題が，全国的に一般的・必然的・継続的に発生するようになったのである。

2　国および地方自治体の公害対策

以上のような環境問題に対して，国よりも地方自治体の取組みが先行する。環境問題は全国各地で起きるわけであるが，それによって生じる被害を受ける住民に身近な存在である地方自治体は，必然的に環境問題の解決に取り組まざるをえない。

東京都が1949年に工場公害防止条例を制定し，1951年に神奈川県，1954年に大阪府，1955年に福岡県で公害防止条例が制定された。東京都では，1954年に，一般騒音を規制する騒音の防止に関する条例，1955年にばい煙防止条例が制定された。

5）熊本水俣病事件は公害の原点とも称される事件である。熊本水俣病事件は，新日本窒素肥料株式会社（チッソ株式会社）の水俣工場のアセドアルデヒド製造工程からメチル水銀が水俣湾内に排出され，住民らが水俣湾産の魚介類を長期間にわたり大量に摂取したことが原因となり，水俣病を発症した事件である。政府によって水俣病と認定された被害者は13,805名である。

6）新潟水俣病事件は，昭和電工鹿瀬工場のアセドアルデヒド製造工程からメチル水銀が阿賀野川に排出され，住民らが阿賀野川で捕獲された魚を長期間にわたり大量に摂取したことが原因で水俣病を発症した事件である。政府によって水俣病と認定された被害者は3,694名である。

7）富山イタイイタイ病事件は，三井鉱山株式会社が，選鉱精錬過程で生じたカドミウムなどの重金属を含む廃水を神通川上流で長期間にわたり排出しつづけ，この排水中のカドミウムによって汚染された農作物や魚類，飲料水を，住民らが長期にわたって摂取したことで発症した事件である。政府によって認定された患者数は196名である。

8）三重県四日市公害事件は，三重県四日市で1955年から操業が開始された石油コンビナートから排出された亜硫酸ガスを原因として，住民らが，気管支炎，気管支ぜんそく，咽喉頭炎など呼吸器疾患を発症した事件である。政府によって認定された患者は358名である。

国も法整備を行うようになる。1954年に清掃法，1957年に水道法，1958年に下水道法が制定され，公衆衛生法制が先行して整備された。浦安事件[9]をきっかけとして水質保全法および工場排水規制法が制定された（この二つの法律については「水質二法」と呼ばれる）。1962年には，四日市公害事件に代表される大気汚染に対処するために，「ばい煙の排出の規制等に関する法律」（ばい煙規制法）が制定された。航空機等の騒音について，国は，1953年に，「日本国に駐留するアメリカ合衆国軍隊等の行為による特別損失の補償に関する法律」，1966年に「防衛施設周辺の整備等に関する法律」，1967年には「公共用飛行場周辺における航空機騒音による障害の防止等に関する法律」がそれぞれ制定されている。地盤の沈下については，地盤沈下の防止対策を強化するために，工業用水法が1962年に一部改正されるとともに，地下水採取規制法も制定された。

この当時の公害対策は，公害の未然防止のために十全に機能したとは到底言えなかった。その要因の一つは経済調和条項の存在である。水質二法やばい煙規制法に規定されていた調和条項の文言自体は，経済と生活環境の保全のバランスをとることを要請するのに過ぎないが，この当時の開発・経済を優先する政府の政策は，経済調和条項を梃子として，企業活動を優先する法令の運用を許すこととなったのである。たとえば，1956年に水俣病が公式確認され，その３年後の，1959年に水質二法が施行されたものの，水質二法による規制が開始されたのは，チッソ株式会社がアセドアルデヒドの製造をやめた後の1969年になってからであった。

3　1967年の公害対策基本法の制定

1967年には公害対策基本法が制定された。同法に基づき，いおう酸化物（1969年），一酸化炭素に係る環境基準（1970年），および，水質汚濁に係る環境基準（1970年）が定められ，千葉・市原，四日市，水島の３地域について公害防止計画が承認された。1968年には，大防法が制定され（ばい煙規制法の全面改正），同年に騒音規制法が制定された。1969年には「公害に係る健康被害の救済に関する

9）これは，本州製紙江戸川工場から硫酸アンモニアなどの廃液が大量に排出されたことにともない漁業被害が発生し，何らの措置も取らない事業者側の対応に不満を持った漁業関係者が同工場に乱入した事件である。

特別措置法」が制定されている。

1967年の公害対策基本法は，この当時の公害対策の基本的枠組みを規定しており，これに基づき具体的政策が展開されていくことになる。同法は，後述する1970年の公害国会以後も引き継がれることになる内容を有しているものの，経済調和条項が規定されていたため，開発・経済を優先する法令の運用の在り方に大きな変化があったとはいえない。

Ⅱ　1970年の公害対策基本法改正——環境法の形成

1　公害国会

1967年に新潟水俣病訴訟と四日市公害訴訟，1968年に富山イタイイタイ病訴訟，1969年に熊本水俣病訴訟が提起された。さらに，カドミウムなどによる土壌汚染，田子の浦で問題となったヘドロ公害，光化学スモッグによる被害も全国で深刻化するようになった。これらを契機として，環境問題への対処を求める世論が高まり，国も何らかの対応をとらざるを得なくなる。

1970年に第64回臨時国会が開かれ，国は十四の法律の制定改正を行い，これまでの環境行政の在り方を転換した。この臨時国会は公害国会と呼ばれている。公害国会によって，わが国の環境法の基本的な枠組みが形作られることとなった。新たに制定された法律は，水濁法（水質二法の廃止），廃棄物処理法（清掃法の全部改正），費用負担法，農用地土壌汚染防止法，公害罪法および海洋汚染防止法（船舶の油による海水の汚濁の防止に関する法律の廃止）である。公害対策基本法，大防法，騒音規制法，下水道法，農薬取締法（一部改正），自然公園法，毒物及び劇物取締法，道路交通法については一部改正がなされた。悪臭防止法は1971年に，振動規制法は1976年に制定された。

2　公害対策手法の確立

公害国会で整備された環境法の特色については以下のように整理できる。第１に，1967年の公害対策基本法，大防法，騒音規制法，水質二法に存在した経済調和条項が削除され，環境行政は公害の未然防止および自然環境保全を第一義的な目的として実施することが可能となった。第２に，環境行政の対象の拡大である。1970年の公害対策基本法は，大気の汚染，水質の汚濁，騒音，振動，地盤の沈下および悪臭に加えて，土壌汚染を公害の範囲に含めることとした。さらに廃棄物処理対策も環境行政に位置づけられることになった。第3に，規制的手法（command and control）の充実化である。公害が著しい地域のみに規制を及ぼす指定地域性や指定水域制を廃止し，全国一律に環境基準や排出・排水基準を適用するという規制の枠組みを設定し，この規制の実効性を確保するための制度を充実化したのである。

3　旧環境庁の設置——環境行政組織の一元化

1970年に公害対策基本法が改正される前後から，国の環境行政の所管官庁が多岐にわたっていることが問題視されていた（旧厚生省，旧建設省，旧通産省，旧運輸省など）。これに対処するために，1967年の公害対策基本法にもとづき公害対策会議が設置されていたが，各省庁に分担されている関係施策の総合調整を強化するために，内閣総理大臣を本部長とする公害対策本部が1970年に設置された。1971年に，環境行政の一元化のために，旧総理府の外局として環境庁が設置された。環境庁は2000年の中央省庁再編に伴い，2001年から環境省に昇格した。

4　自然環境保全法の制定

1972年に，自然環境保全対策に係る基本法としての旧自然環境保全法が制定された。自然公園法と同様に旧自然環境保全法でも規制的手法が主たる手法として位置づけられることになった。自然環境保全法の制定で，わが国の自然環境保全対策の基本的枠組みが確立することとなった。

5　ストックホルム会議

第二次世界大戦後の戦後復興にともなう経済成長の結果，日本だけでなく，先進資本主義国の多くは，国内で公害問題に直面し，近隣諸国との間で大気汚染や海洋汚染などの越境環境問題に直面していた。

特に英国やドイツ（当時は西ドイツ）からのばい煙などに苦慮していた北欧諸国は，この問題を国際問題として取り上げることを提案した。1972年にスウェーデンのストックホルムで開催された国連人間環境会議（ストックホルム会議）は，国連が初めて環境問題に本格的に取り組んだ総会特別会合である。同会議は，26の原則からなる「国連人間環境宣言」と「行動計画」を採択した。

ストックホルム宣言と呼ばれるこの宣言は，法的拘束力はないものの，環境保全に関するこれまでの国際規範を確認し，その後の国際環境法の基礎を確立させる上で極めて重要な内容を含んでいる。また同会議が設置を勧告し，同年の国連総会で設立された国連環境計画（UNEP）は，環境分野における国連内部の専門的な機関として，地球規模の環境課題を設定し，政策立案者を支援する機能を果たす。

同会議は，114か国が参加したが，脱植民地化の下で戦後独立を果たした多くの発展途上国と先進国との間で，開発と環境の対立問題が大きな課題となった。またソ連（当時）をはじめとする旧社会主義諸国は，同会議をボイコットするなど国際社会の足並みが完全に揃っていたとは言えない。それでもストックホルム会議を契機として，ラムサール条約，ワシントン条約，世界遺産条約，ロンドン条約など，多くの多数国間環境協定が採択され，国際的な環境保護に大きく貢献した。

Ⅲ　環境基本法制定――環境法の確立

1　1970年公害国会以後の状況

公害国会を一つの転換点として，わが国の環境法制が形作られることとなった。この環境法制とこれに基づく行政は，重化学工業を主たる要因とする産業公害や自然環境破壊に対して一定の成果を上げたといえる（**図表１－１・１－２**）。総量規制方式が大防法（1974年改正，1981年改正）および水濁法（1978年改正）に新たに導入され，公害対策が強化されることとなった。

他方で，二酸化窒素の環境基準が緩和され，公健法の1987年改正で第１種地域が解除され新たな患者認定が行われなくなるなど，規制緩和や被害者救済の後退という現象もみられるようになった。

1980年代には，「複合汚染型都市公害」あるいは「都市型・生活型公害」と称される新しい公害現象もみられるようになる。工場が集積している大都市圏で自動車交通量の増大により，二酸化いおう，窒素酸化物や浮遊粉じんが相互に作用する複合型の大気汚染が深刻化するようになった。西淀川公害訴訟，川崎大気汚染公害訴訟，尼崎公害訴訟や名古屋南部大気汚染公害訴訟などの訴訟

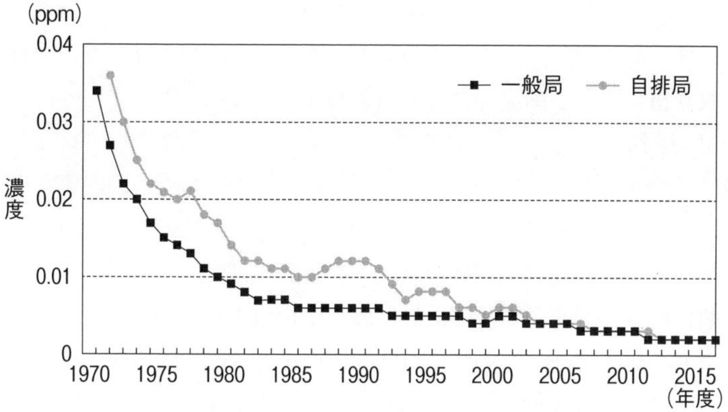

図表1－1　SO_2濃度の年平均値の推移

出典：環境省「平成28年度大気汚染状況について（報道発表資料）」

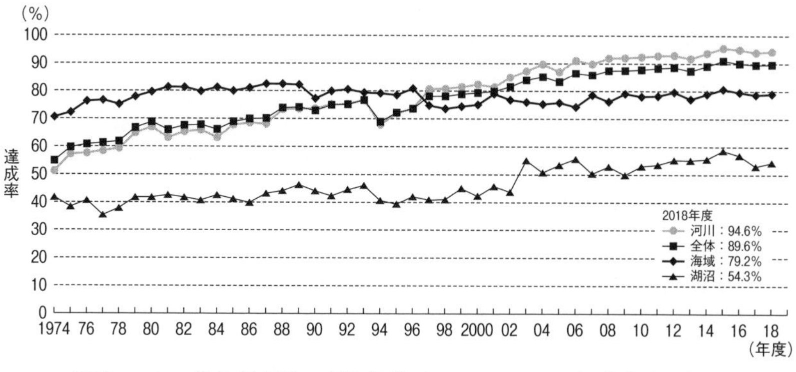

図表1－2　公共用水域の環境基準（BODまたはCOD）達成率の推移

出典：環境省「平成30年度公共用水域水質測定結果」

が相次いで提起されることとなる。廃棄物処理については，廃棄物の処理量が増大するとともに，不法投棄増大や最終処分場がひっ迫するようにもなっていた。リゾート開発が全国各地で行われ，ゴルフ場，スキー場などの建設のために森林を伐採し，それらの施設の維持管理のために農薬散布がなされるなどの自然環境破壊も生じていた。

わが国は，以上のような国内公害問題を抱える一方，他方で，気候変動，オゾン層破壊，海洋汚染，野生生物の減少，酸性雨，森林の減少などの地球環境問題に取り組むことが国際的にも要請されるようになった。

2　リオ会議

冷戦構造崩壊後，グローバル・パートナーシップに基づく国際協調が可能となり，国連は，ストックホルム会議の20周年にあたる1992年にブラジルのリオデジャネイロで，国連環境発展会議（リオ会議）を開催した。

同会議では，1987年に環境と発展に関する世界委員会が国連総会に提出した報告書『我ら共有の未来（*Our Common Future*）』で提唱された持続可能な開発（sustainable development）を環境保全のキー概念に掲げ，国連加盟国172か国と多数の国際機関，そして非政府機関（NGO）から４万人以上が参加し，グローバルな環境問題の解決に向けて議論がおこなわれた。その成果として，同会議では，「環境と発展に関するリオ宣言（リオ宣言）」と同宣言を実施するための行動計画として「アジェンダ21」が採択された。また，気候変動枠組条約や生物多様性条約など，地球規模環境問題の解決にとって重要な枠組条約の署名・開放がおこなわれたほか，森林原則声明や砂漠化対処条約の勧告など，将来の環境保全にとって必要なソフト・ローも採択された。さらに，同会議の勧告に基づき，経済社会理事会の下に持続可能な開発委員会が設置された。

この会議は，多数（112か国）の国家元首や政府首脳が参加したことからも明らかなように，環境問題が極めて重要な国際関心事項であることが確認されたという点で有意義なものであった。加えて，非常に多数のNGOが参集し，地球憲章の採択を提唱するなど，市民社会の環境問題への参画がクローズアップされた会議でもあった。

3　環境基本法の制定

国内および国際的な環境問題に対処するために，1993年に環境基本法が制定された。さらに，廃棄物の発生量の高水準での推移，廃棄物処理施設の立地の困難性，不法投棄の増大に直面し，これに対処するために2000年には循環基本法が制定される。これに続き，2006年には生物多様性基本法が制定された。

環境基本法では，「持続的発展が可能な社会」の構築が目的として定められ，循環基本法では「循環型社会」(1・3条)，生物多様性基本法では「自然と共生する社会」(1条) の実現がその目的として規定された。「循環型社会」と「自然と共生する社会」の構築を通じて，「持続的発展が可能な社会」の実現が目指されているのである。わが国では，この三つの基本法が定める基本的指針を具体的に実施するために様々な個別法が制定されている（**図表1－3**）。

4　リオ＋20とその後

リオ会議以降，国際社会は国連を中心に多くの多数国間環境協定を採択し，

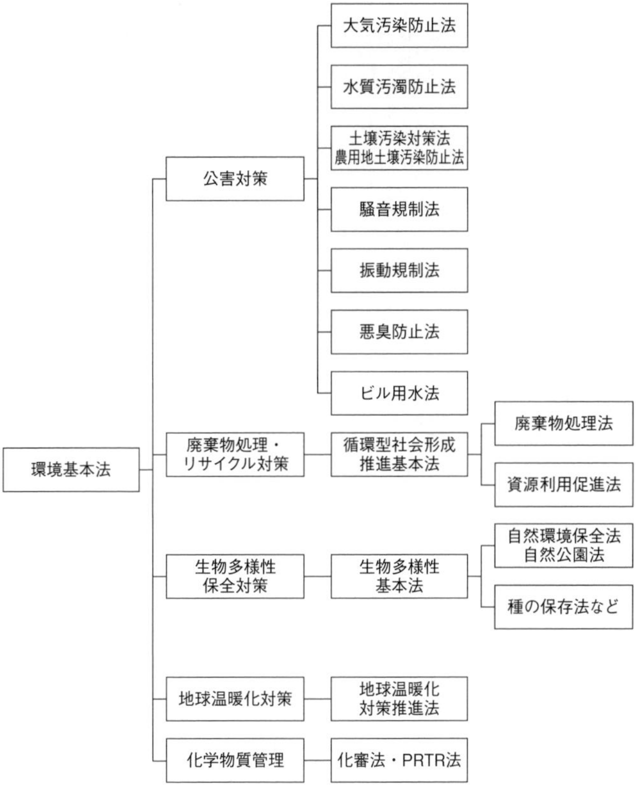

図表1－3　環境法の体系

先進国だけでなく，発展途上国も積極的にこれらの協定を批准するなど，国際環境法の立法作業は大きく前進した。また，これらの協定は，締約国会議を設置して各締約国の遵守状況を監視し，必要に応じて遵守を促進するための支援をおこなう手続きを準備するなど，国際環境法の実施の制度についても大きな進歩を遂げている。

国連は，その後も2002年に南アフリカのヨハネスブルグで持続可能な開発に関する世界首脳会議を開催し，「持続可能な開発に関するヨハネスブルグ宣言」を採択するなど一定の成果を見せたが，ストックホルム・リオ両会議のような国際環境法の基本原則を確認するような前進を示すものではなかった。2012年には，リオデジャネイロで，リオ＋20と呼ばれる持続可能な開発に関する国連会議が開催され，グリーン経済と持続可能な開発のための制度的枠組について協議され，成果文書として「われわれが望む未来」が採択された。

リオ会議以降，国連の環境関連会議は，常に「持続可能な開発」をキー概念として提唱し続けてきた。これらの成果を踏まえて，2015年の国連総会で，2030年アジェンダとして「持続可能な開発目標」を掲げ，環境保全，経済発展，社会発展を統合して「誰一人取り残さない」国際社会の17の目標と169のターゲットを確認した。

2　環境法の特徴

I　公害と環境問題

1　公害と環境

環境基本法は，公害を「環境の保全上の支障のうち，事業活動その他の人の活動に伴って生ずる相当範囲にわたる大気の汚染，水質の汚濁……土壌の汚染，騒音，振動，地盤の沈下……及び悪臭によって，人の健康又は生活環境……に係る被害が生ずること」と規定する（2条3項）。この定義は，1967年の公害対策基本法で定められていた公害概念を引き継いだものであるが，環境基本法は，公害を環境の保全の支障の一つとして位置づけている。また，1967年の公害対策基本法は公害を「大気の汚染，水質の汚濁，騒音，振動，地盤の沈下……及び悪臭」としていたが，1970年の同法改正で，「土壌の汚染」が追加された。その意味でこの公害概念は可変的なものであるともいえる。

ストックホルム宣言は，環境につき，「人間環境」を「自然的側面」と「人工的側面」に区分し，前者につき，「空気，水，土地，動植物及びとりわけ自然の生態系の代表的なものを含む地球の天然資源」と定義している。わが国の環境基本法は，「環境の保全」（1条），「環境への負荷」（2条1項），「地球環境保全」（2条2項）や「環境の保全上の支障」（2条3項）という用語を用いるが，環境そのものの定義規定を置いていない。生物多様性基本法では，「大気，水，土壌等の環境の自然的構成要素」（前文）という表現がみられるが，環境そのものを定義してはいない。

2　環 境 問 題

環境基本法は，環境について定義規定を置いていないが，われわれが解決のために取り組むべき環境問題を定めている。具体的には，公害に加え，「地球温暖化又はオゾン層の破壊の進行」，「海洋の汚染」，「野生生物の種の減少」（2条2項），廃棄物・リサイクル対策（8条）について規定する。生物多様性基本法では，「里山等の劣化」，「外来種等による生態系のかく乱」，「森林の減少や劣化」や「乱獲による海洋生物資源の減少」を取り上げている（前文）。

Ⅱ　環境法の特徴

1　環境問題に関する法

環境法の発展過程に鑑みると，わが国では，その時々の環境問題に対処するために（鉱害問題，産業公害，都市型複合型汚染，生態系の破壊，気候変動問題など），様々な法律が制定，改正され，環境問題の事象ごとに，その解決に相応しい規制手法とその規制の実効性確保のための手段が個別法で定められてきた。そうすると，環境法は環境問題に関する法として捉えることができる。

2　環境問題に適用される法

環境法とは，「環境問題に関する法」として存在する法の総称である。わが国において，環境法として存在する法律の多くは行政法であるが，環境法に定められている規制の実効性確保手段の一つである刑罰に関しては刑法が適用される。環境問題によって被害を受けた者が，加害者に損害賠償請求をする場合には民法が適用される。国境を越える大気汚染や海洋汚染，上流国と下流国による国際河川の水利用などの越境環境汚染問題や地球温暖化やオゾン層破壊といった地球規模の環境問題には，条約と慣習国際法からなる国際法が適用される。その意味で，環境法とは，環境問題に対して，その解決のために適用される法ということになる。

このことは，環境法という独立した学問分野が存在しない，あるいは必要がないということを意味するものではない。環境問題は，他の法領域には見られない特色を有する。たとえば，気候変動対策を行う場合，気候変動の原因は一つではなく多元的であるため，解決手段も多面的にならざるを得ない。事業者の経済活動，市場，住民の消費行動や生活様式や公共交通機関の整備状況は，個々の事業者や住民ごとに，また地域ごとに異なるのであって，画一的一律的な対策では十全な効果は期待できないからである。また環境問題は単独で排他的に存在しているのではなく，相互に関係づけられている（大気汚染と気候変動，廃棄物処理と海洋汚染など）。さらに，環境問題の解決にあたり，どの程度の環境の質を保全すべきかについて，個々の主体ごとに意見は異なり，それを誰が決めるのかという問題を生じる（たとえば，立法府，行政府，司法府のいずれが最終的に決定すべきか）。以上のような性質を有する環境問題につき，行政法，民法，刑法といった法がそれぞれの独自の法理でもって適用されることでは適切な解決策を導くことはできないであろう。

このことは環境を保護する国際法（国際環境法）においても同様である。これまで海洋汚染，自然動植物の保護，地球温暖化など，それぞれ個別の問題ごとに多数国間環境協定が採択され，その中で締約国会議を開催しながら締約国の義務の履行を監視し，調整を図ってきた。しかしながら，自然環境が複雑かつ緊密に関連している以上，ある環境条約の義務を履行することが別の環境条約の目的に反したり，義務の履行を妨げることもありえる。たとえば，モントリオール議定書が規制するオゾン層破壊物質に代わる代替フロンが気候変動に悪影響を与えるために京都議定書の中で温室効果ガスとして規制する必要が生じた。また，気候変動枠組条約およびパリ協定の下で温室効果ガスの削減が締約国の約束（コミットメント）として規定されているが，その削減のために考案された気候工学の一つ（海洋肥沃化）は，海洋生態系に悪影響を与えるため，海洋投棄条約や生物多様性条約により規制の対象とされている。このように，今日では，多数国間環境協定は，相互補完的に調整する必要性が指摘されている。その意味で，国内環境法も国際環境法も多角的かつ統合的に検討していかなければならない。

3　環境政策の手法

Ⅰ　規制的手法

環境基本法は，国が，公害の防止，土地利用に関する公害の防止および自然環境保全のために，「規制の措置」を講ずべきことを要求している（21条1項）。規制的手法とは，この「規制の措置」のことである。規制的手法は，環境政策の手法の中で中心的な位置を占める。大防法や水濁法などの公害の防止のための法律，廃棄物処理法，自然環境保全法などの多くの法律で，この規制的手法が用いられている。公害対策の規制的手法としては，まず，環境基準－（公害防止計画）－排出水基準・騒音規制基準等の基準策定－基準違反に対する行政措置と義務履行確保手段という一連の行政決定から構成されるものがある。もう一つが，大気汚染防止法・水質汚濁防止法上の特定施設や廃棄物処理法上の廃棄物処理施設などの届出・設置許可－施設の遵守義務違反に対する措置－義務履行確保という各行政決定から構成されるものである。自然環境保全対策においては，計画－保全地域指定－当該地域内での行為規制－行政上の義務履行確保手段という一連の行政決定から構成される規制的手法が多く用いられている。

Ⅱ　経済的手法

環境基本法は，規制的手法とは別に，国が，「経済的な助成」や，「経済的な負担」を課すことで，事業者や国民・住民の行動を一定の方向へ誘導し，これを通じて，環境の保全上の支障を防止する措置を講ずることを要求する（22条）。これが経済的手法である。経済的手法は，国民・住民や事業者に対する経済的効果（positive or negative economic consequences）を利用して，これらの者が，環境負荷を低減する活動を行うように誘導する手法である。環境負荷行為に経済的不利益（negative economic consequences）を課す手法として，公健法の汚染負荷量賦課金がある。これは大防法上のばい煙排出施設設置者から，いおう酸化物の排出量に応じて徴収される賦課金である。この他に，産業廃棄物税（三重県など）やわが国でも導入が検討されている炭素税などがある。

環境負荷を低減する行為に経済的利益（positive economic consequences）を付与する手法として，補助金（たとえば，太陽光発電に対する補助金）や税の優遇制度（自動車取得税の代わりに導入された環境性能割）がある。

双方の経済的効果を有するのが，二酸化炭素などの温室効果ガスの排出量（ないし枠）取引制度である。これは，たとえば，温室効果ガスの排出総量を設定し，汚染物質の排出者それぞれに，その総量の枠内で，排出量を割り当て（排出枠），その排出枠を市場で売買することを認める制度である。この制度のもとでは，汚染物質の排出者は，排出枠を取得しない限り排出できないため，その排出枠を超えて排出しようとする場合には，他の排出者から排出枠を購入しなければならない。また，実際の排出量が割り当てられた排出枠よりも少ない場合には，残りの排出枠を他の排出者に売却することができる。EU，中国や米国の北東部11州（Regional Greenhouse Gas Initiatie）で排出枠取引制度が導入されている。わが国では，東京都が「都民の健康と安全を確保する環境に関する条例」において二酸化炭素に関する排出量取引制度を定めている。

経済的手法と同様に，事業者や国民・住民の行動を誘導するものとして情報的手法がある。これは，事業者に関する情報や製品に関する情報を公表して，私的セクターがこの情報に基づいて，環境負荷を低減する行動様式をとることを期待する手法である。カーボンフットプリントやエコマークなどがある。

Ⅲ　合意的手法

環境保全のための措置を主体間の合意に基づいて行う手法があり，これを合意的手法という。わが国では公害防止協定が有名である。これは，例えば，大気汚染物質の排出基準を大防法の排出基準よりも厳しい基準で設定し，その遵守につき，事業者と自治体が締結する協定である。公害対策分野のみならず，自然環境保全分野でも用いられている。たとえば，林野庁の保護林設定管理要領に基づき森林生態系保護地域に指定された宮崎県の「綾森林生態系保護地域」では，国，地方自治体と民間の団体が地域の環境保全のための協定を締結し，また，群馬県の赤谷の森では，民間の団体と地方自治体などが協定を締結して当該地域の森林管理を行っている。

私人相互の合意的手法として，自然公園法上の風景地保護協定がある（43条以下）。これは，「自然の風景地」に係る管理につき，民間団体等と土地所有者が協定締結をした場合に，この認定に承継効を付与することで，「自然の風景地」の管理とその内容を私人相互で調整し，これを私人で管理する仕組みである。これと同様の仕組みとして，「都市の低炭素化の促進に関する法律」38条が定める樹木等管理協定等がある。

Ⅳ　自主的取組手法

自主的取組手法とは，事業者が，法や条例などによって強制されるのではなく，自ら目標を設定し，その実現に向けて対策に取り組む手法である。この自主的取組手法の典型的な例として，経団連が，1997年に策定した環境自主行動計画がある。これは，2013年改正前の地球温暖化対策推進法に基づく「京都議定書目標達成計画」において目標達成のための手段として位置づけられていた。経団連は，その後，この環境自主行動計画に代わるものとして，「低炭素社会実行計画」（2013年１月）を策定している。これも，地球温暖化対策推進本部が決定した「当面の地球温暖化対策に関する方針」において，地球温暖化対策の手段の一つとして位置づけられている。

法律の枠組みの中に，あらかじめ自主的取組が組み込まれる場合がある。たとえば，地球温暖化対策推進法は，事業者に対して，温室効果ガス排出量の算定・報告・公表を求める仕組みを設け（26・28・29条），これを通じて，事業活動や日常生活において使用する製品等の製造につき，温室効果ガスの排出を抑制する方策を，自ら企画し，それに取り組むよう要請する。

4 環境法の存在形式

I　国際環境法の存在形式

国際法の一分野である国際環境法の存在形式は，基本的に国際法と同じである。国際司法裁判所規程第38条は，裁判所が「国際法に従って」裁判する基準として，①国際条約，②慣習国際法，③法の一般原則，④裁判判決および学説，および⑤衡平及び善をあげている。このうち，④と⑤は限定的な裁判基準に留まるため，国際法の存在形式は，国際条約，慣習国際法，および法の一般原則とされる。ただし，法の一般原則は，諸国で認められている国内法の一般原則であり，国際裁判の中で「裁判不能（*non liquet*）」を避けるために導入されたものであることから，環境保全のための実体法として機能することはほとんどない。したがって，国際条約と慣習国際法が実質的な存在形式として認識される。

国際条約は，締約国数によって二国間条約と多数国間条約，規定内容によって立法条約や契約条約に分類することができる。しかしながら，重要な点は，*Pacta sunt servanda*（合意は当事者を拘束する）原則に基づき，条約内容に合意し，締約国となった国だけにしか拘束力を及ぼさないことである。したがって，特に地球環境問題に対処する多数国間環境協定の場合，できる限り多くの国家の参加を確保することが，条約の実効性の観点で重要になる。

逆に慣習国際法は，一般国際法としての性格を有し，原則として全ての国家を法的に拘束する。ただし，慣習国際法が成立するためには，多くの諸国が同じ慣行を継続して行っていること（一般慣行）と，その慣行が法として認められていること（法的信念）を要件とする。結果として，慣習国際法はその形成に時間がかかり，また不文法であることから，その内容は存在そのものに対して対立が生じることも少なくない。

上記の存在形式が，国家を法的に拘束する正真正銘の法であるという意味で「ハード・ロー」と呼ばれるのに対して，国際法学では，国際機関の決議など，法的拘束力はないものの，国際条約や慣習国際法に重要な影響を与える規範として「ソフト・ロー」の存在を確認している。後述するストックホルム宣言やリオ宣言など，国際環境法の分野では，このソフト・ローの意義は大きい。

ソフト・ローの役割は多岐に亘るが，特に①不文法である慣習国際法の存在確認，②生起しつつある国際法規則の結晶化という点で積極的な機能を果たす。また，多数国間環境協定の締約国会議が採択する決定は，当該協定の解釈や運用規則を明確にするという意味で事実上の法的効果を有する。

Ⅱ　国内環境法の存在形式

環境法の存在形式を環境法の法源という。環境法には，憲法や民法などの他の法分野と異なり，通則的な定めを含んだ法典は制定されていない。

環境法の成文法源としては憲法があるが，法律が環境法の中心的な成文法源である。たとえば，環境省設置法，大防法，水濁法などである（**図表1－3**）。

施行令や施行規則などの命令も環境法の法源である。訓令や通達（行組14条2項）は法源ではない。

地方自治体が，自治立法権に基づき定める地方自主法も環境法の成文法源である。これには，地方議会が制定する条例（自治14条1項）と地方公共団体の長が制定する規則（自治15条1項）がある。地方自治体が環境行政のために定める要綱の多くは行政の内部的な指針であり法源ではない。

国際条約も環境法の成文法源である。わが国においては，条約は，批准・公布されることによって，国内法としての効力を有することとなる。条約の国内適用可能性については，その規定内容から直接適用可能なものと，そうではないものとがある。前者については，法律と条約との優劣につき，その論拠は一致しないものの，条約優位説が通説である。後者については，国内適用可能とするために，一般に，なんらかの立法措置が採られることとなる（バーゼル条約とバーゼル法）。

環境法の不文法源としては慣習や条理がある。慣習国際法も環境法の不文法源である。国際法のソフト・ローは法源ではないが，実定法の制定や改正，環境計画の策定にあたり参照されている。

第2章

環境法の基本原理

環境法は環境問題に適用される法である。環境法として，国際法，憲法，行政法，民法や刑法が該当し，それぞれの基本原理が環境法に妥当する。ただし，これらの基本原理がそのまま適用されると，人や企業による自然資源の利用を助長し，環境問題の発生を容認する機能を果たすことがある。環境法の基本原理は，国際法，憲法，行政法，民法や刑法の基本原理を環境保全に資するように調整する機能を果たす。

1 持続可能な開発

I 持続可能な開発概念の形成

持続可能な開発（sustainable development）とは，「将来世代のニーズを損なうことなく，現在世代がそのニーズを満たすこと」と定義されている。この定義は，1982年に国連総会によって設置された「環境と発展に関する世界委員会（World Commission on Environment and Development，以下WCED）」が，1987年に作成した報告書『我ら共有の未来（Our Common Future）』の中で確認したものであるが，30年以上経った今日においても多くの国家および国際機関において支持されている。ただし，同概念は，1980年に環境NGOであるIUCNとWWFが国際機関であるUNEPと共に作成した報告書『世界保全戦略（World Conservation Strategy）』の中に既に登場しており，上記国連総会決議も「西暦2000年までに持続可能な開発を達成し，これを継続させるための長期戦略を提示する」ことを要請していることから，WCEDが新たにこの概念を創出したわけではない。

他方で，持続可能な開発概念が1980年代に国際社会で登場した背景については留意しておく必要がある。1972年のストックホルム会議以降，国際的な環境保護は，国際関心事項となり，国連でも総会や経済社会理事会，UNEPなどで議論されるようになったが，同時に1960年代以降，国連に参加した多くの発展途上国は，政治的独立後の目標として経済的自立を目指した。既存の経済秩序を変革するために「新国際経済秩序」を要求する彼らは，1970年代に始まった省エネルギーと環境保全運動に対して，発展途上国の経済成長を阻害する要因として警戒した。ストックホルム宣言の随所に「発展と環境の調和」の必要性が登場する（原則8・11・13・14など）のは，このような先進国と発展途上国の「経済発展と環境保護の対立」に対する妥協の結果であったといえる。

1980年代に入り，地球環境問題など普遍的な国際協力が一層必要な課題との認識により，経済発展と環境保護は本来矛盾するものではなく，環境を保全しながら，経済発展を持続可能なものにすることは十分可能であるという認識が持続可能な開発概念の登場背景として存在する。

1992年にリオデジャネイロで開催されたリオ会議で持続可能な開発はキー概念として提唱され，同会議で採択されたリオ宣言では，「持続可能な開発を達成するため，環境保護は発展過程の不可欠の一部を構成し，それから切り離して考えることはできない（原則4）」ことが確認された。国際司法裁判所も，1997年のガブチコボ・ナジマロシュ計画事件の中で，人類の自然への介入による現代および将来世代の人類へのリスクの認識，1970年代から20年間の新しい規範の形成を踏まえて，「経済発展を環境保護と調和させる……ニーズが，持続可能な開発という概念に適切に表明されている」と述べている。その後も，2002年にヨハネスブルグで開催された「持続可能な開発に関する世界首脳会議」，2012年に再びリオデジャネイロで開催された「持続可能な開発に関する国際連合会議（リオ＋20）」でも持続可能な開発概念が会議の基本テーマとされた。このように持続可能な開発概念は，国連を中心とする国際社会が目指す社会理念としての地位を確立している。

Ⅱ　環境基本法と持続可能な開発

環境基本法は，「現在及び将来の世代の人間が健全で恵み豊かな環境の恵沢を享受する」（３条）こと，そして，「健全で恵み豊かな環境を維持しつつ，環境への負荷の少ない健全な経済の発展を図りながら持続的に発展することができる社会」（４条）の構築をその目的として掲げている。これは，前述した国際環境法上の持続可能な開発の考え方を取り入れたものであるといえる。循環基本法でも，持続的発展が可能な社会の構築がその目的として掲げられている（３条）。生物多様性基本法でも，「生物の多様性に及ぼす影響が回避され又は最小となるよう，国土及び自然資源を持続可能な方法で利用すること」が基本原則として挙げられている（３条２項）。

Ⅲ　持続可能な開発の内容

持続可能な開発が，環境法を支配する基本原理として位置づけうるとしても，その内容は実定法上明示されているわけではない。環境基本計画で持続可能な社会が示されることはあるが，その社会が何をもって，「持続可能」といいうるのかについて具体的に示されてはいない[1)]。

持続可能な開発の内容については，環境か経済のいずれかのみの持続可能性ではなく，「環境と経済の両立」（環境と経済の不可分性），あるいは，「経済，社会，環境」の「統合」を求めるものであること，「両立」や「統合」の前提は，「現在及び将来の世代の人間が健全で恵み豊かな環境の恵沢を享受」できることであることについては学説上一致しているといってよいと思われる。したがって，「両立」や「統合」の仕方についても，現在及び将来の世代の健全で

1）第３次環境基本計画では，持続的発展が可能な社会を「健全で恵み豊かな環境が地球規模から身近な地域までにわたって保全されるとともに，それらを通じて国民一人一人が幸せを実感できる生活を享受でき，将来世代にも継承することができる社会」，第４次環境基本計画では「人の健康や生態系に対するリスクが十分に低減され，『安全』が確保されることを前提として，『低炭素』・『循環』・『自然共生』の各分野が，各主体の参加の下で，統合的に達成され，健全で恵み豊かな環境が地球規模から身近な地域にわたって保全される社会」，第５次環境基本計画では持続的発展が可能な社会を「循環共生型の社会」と言い換えている。

恵み豊かな環境の恵沢の享受を前提とする以上，生活環境の保全よりも開発や経済発展を優先すべきではない。「両立」や「統合」の仕方については，環境基本法は,「環境への負荷の少ない」ことを挙げるが，生物多様性基本法は,「持続可能の利用」の意味を「人類の存続の基盤である生物の多様性が将来にわたって維持されるよう，生物その他の生物の多様性の構成要素及び生物の多様性の恵沢の長期的な減少をもたらさない方法」としている（2条2項)。「大気，水，土壌，生物等の間を物質が光合成・食物連鎖等を通じて循環（物質・生命の「循環」)」（第5次環境基本計画）することで，人類をはじめとする生命が持続可能となり，この持続可能性の基底的な要素が「微妙な均衡」の下に成り立っている「生態系の多様性」であることからすると，生物多様性基本法が想定する持続可能性は，経済・環境・社会の統合の仕方の極めて重要な基準となりうる[2)]。

2 環 境 権

I 国際法における環境権

人権としての環境権は，国際法（国際人権法）の中でも新しい人権の分野に含まれる。1966年に採択された二つの国際人権規約（社会権規約および自由権規約）の中で，環境権に関する明文の規定は存在しない。1970年代に入り，「第三世代の人権」論が展開される中で，国際社会の連帯を希求する権利の一つとして環境権が登場した。普遍的な国際文書の中には，いわゆる「ソフト・ロー」として存在するに留まるが，地域条約の中には，アフリカのバンジュール憲章(24条）や米州のサンサルバドル議定書（11条）などに環境権に関する規定が存在する。

2）持続可能な開発は，将来世代のことを考慮し，長い期間にわたる自然資源の利用の在り方の方向性を示すものであり，自然資源の過剰利用の禁止を導くことができるように思われる。持続可能な開発を以上のように理解できるのであれば，化石燃料や鉱物資源などの再生が可能ではない自然資源の不使用や，水資源，森林，水産資源や土壌などの再生可能な自然資源の過剰な収穫や利用の禁止を持続可能な開発の具体的な内容として位置づけてもよいであろう。

Ⅱ　国内法における環境権

国連環境計画によると，世界の約150の国々で，清浄な大気への権利，清浄な水への権利，あるいは，環境汚染を受けない権利といった，健全な環境への権利（right to healthy environment）が明定されている[3)]。日本国憲法では環境権は明定されていないが，以上のような権利については環境権として議論がなされている。

わが国での環境権をめぐる議論の出発点は，1970年３月に東京で開催された国際社会科学評議会・公害国際シンポジウムに遡る。同シンポジウムで，誰もが，健康や福祉を侵害されず，将来世代への遺産である自然美を含めた自然資源を侵害されない権利を有するという原則を確立すべきとする宣言がなされた。そして，同年９月には，日本弁護士連合会第13回人権擁護大会・公害シンポジウムで，環境権の確立の必要性が提示されるに至る。この環境権は，「環境を支配し，良き環境を享受する権利」として定義され，「みだりに環境を汚染し，われわれの快適な生活を妨げ，あるいは妨げようとしている者に対しては，この権利に基づいてこれが妨害排除又は予防を請求しうる権利」として構成されうると説かれた[4)]。

環境権が提唱された意図は，とりわけ，差止請求訴訟における受忍限度論（違法段階説）の克服にあった。

しかし，環境権は，差止請求の法的根拠として裁判所が採用するには至ってはいない。たとえば，伊達火力発電所建設差止請求訴訟で，札幌地裁は「環境は，……，一定地域の自然的社会的状態であるが，その要素は，それ自体不確定，かつ流動的なものというべく，また，それは現にある状態を指すものか，それともあるべき状態を指すものか，更に，その認識及び評価において住民個々

3）UNEP, Environmental Rule of Law : First Global Report（2019）〈https://www.unep.org/resources/assessment/environmental-rule-law-first-global-report〉（Retrieved on June. 20, 2021）

4）この公害シンポジウム後に，大阪弁護士会の有志が中心となり，環境権につき総合的包括的な研究がすすめられた。これの内容については，大阪弁護士会環境権研究会編『環境権』日本評論社，1973年参照。

に差異があるのが普通であり，これを普遍的に一定の質をもったものとして，地域住民が共通の内容の排他的支配権を共有すると考えることは，困難」としている（札幌地判昭55・10・14判時988・37）[5)]。学説も，差止請求の法的根拠として環境権を認める立場は多数を形成するには至っていない。

環境権は，以上のような私権としての環境権とは別に，憲法上の「新しい人権」としても位置づけられてきた。学説は，この環境権の根拠と内容につき議論のあるところであるが，防御権および社会権としての側面があるとしたうえで，前者の根拠を憲法13条，後者のそれを25条に求めている。近年では，国および地方自治体の環境保全責任を根拠づけるものとして環境権の社会権的側面を重視する見解や，防御権と社会権に加えて，環境権の参加的側面を重視する見解が有力になっている。

動植物を「自然の権利」主体として訴訟が提起されたことがあるが，裁判所は当事者適格を認めていない（奄美大島のアマミノクロウサギを原告とする取消訴訟・無効確認訴訟［鹿児島地判平13・1・22判例集未登載］，オオヒシクイを原告とする住民訴訟［東京高判平8・4・23判タ957・194］など参照）。動植物を原告とせざるを得ないのは，環境行政過程における参加主体の範囲が，環境を保全するという観点からみると，極めて限定されているからである。参加権としての環境権を充実化させ，救済手段を拡充するための立法的解決が望まれる。

5）ただし，女川原発建設差止訴訟において，仙台地裁は，差止請求の法的根拠を人格権に求めたのであるが，傍論で，環境権の「権利の主体となる権利者の範囲，権利の対象となる環境の範囲，権利の内容は，具体的・個別的な事案に即して考えるならば，必ずしも不明確であるとは速断し得ず，環境権に基づく本件請求については，民訴法上，請求権として民事裁判の審査対象としての適格性を有しないとはいえない」としている（仙台地判平6・1・31判時1482・3）。大阪地判昭49・2・27・判時729・3も参照。

3 汚染者負担原則

Ⅰ　国際環境法と国内法上の汚染者負担原則

OECDおよびリオ原則で確認されている汚染者負担原則は，汚染者に対して汚染防止費用の負担を求めるものである。EUでの汚染者負担原則は，環境復元費用や被害者救済費用を汚染者に負担することを求めている。これらに共通する特徴は，汚染防止と規制措置の費用は，その生産ないし消費の過程において汚染を引き起こす財およびサービスのコストに反映されるべきであり，あくまでも経済活動に伴う環境コストの自己負担＝外部不経済の内部化を目的としている。すなわち，先進諸国間の公正な自由競争を前提とした国際貿易上の各国の競争条件の均等化のための原則であることに留意しなければならない。これに対して，わが国の汚染者負担原則は，深刻化した公害問題に対する責任を負わせるという観点から構成されてきたものであり，汚染者が負担すべき費用に，上記の汚染防止費用，環境復元費用および被害者救済費用を含めている点に特色がある。

Ⅱ　わが国の汚染者負担の法的枠組み

1　汚染防止の費用負担

汚染防止の費用負担の仕組みを定めているものとして費用負担法がある。これは，事業活動の実施に伴い必要となった，国または地方自治体が行う公害防止事業の費用の全部または一部を事業者に負担させるための法律である。公害防止事業とは，工場周辺に緑地などを設置し，管理すること，河川等の浚渫，下水道の設置などである。これと同様の仕組みを有するのが自然公園法に基づく公園事業の執行に係る原因者負担（自園59条），特定外来生物による被害の発生を防止するための防除費用に係る原因者負担である（外来生物16条）。

2　被害者救済に係る費用負担

環境問題による被害を発生させた者が負担すべき費用に関して，公健法が大気汚染及び水質汚濁による被害に対する補償給付の仕組みを用意している。大防法25条および水濁法19条は，大気汚染や水質汚濁によって人の生命または身体を害したときには，事業者は無過失責任を負うとされており，過失要件を必要とせずに金銭賠償する責任がある。

3　環境復元に係る費用負担

環境問題を発生させた場合，可能であれば金銭賠償よりも環境復元，すなわち原状回復が強く要請される。これを訴訟によって請求することも可能であるが，わが国では，たとえば，廃棄物処理法は，不適正処理や不法投棄を行った者や廃棄物の排出事業者に対して，原状回復とその費用負担を要求している（19条の4以下）。自然環境保全法でも，行政機関が，相手方に対して原状回復を命ずる権限を付与している（18条。この他に，自園34条，狩猟30条2項も参照。）

Ⅲ　拡大生産者責任

拡大生産者責任とは，製品の製造者に，製品の生産段階のみならず，消費・廃棄段階においても環境負荷を低減することについて責任を果たすことを要請するものである。わが国の汚染者負担原則は，環境被害の直接の原因者に対して費用負担を求めるものであり，この原則に基づいて環境法の枠組みが形作られていたが，拡大生産者責任の導入は，汚染者負担原則における汚染原因者の範囲を拡大させることになる。

4　未然防止原則と予防原則

未然防止原則（防止の義務）および予防原則は，国際環境法における原則がわが国に取り入れられて，環境法の原則として位置づけられるようになったものである。

Ⅰ　未然防止原則

国際法上の未然防止原則とは，国家が故意または過失によって，他国に損害を発生させないように行動する一般的義務のことを指し，特に領域主権との関係で，領域管理責任に内在する原則として発展してきた。米国とカナダとの間で越境大気汚染問題として争われたトレイル精錬所事件仲裁裁判所判決（1941年）では，「……国際法の原則に基づけば，いかなる国家も，事件が重大な結果をもたらし，かつその損害が明白で納得できる証拠によって立証される場合には，他国領域内で，もしくは他国領域に対して，または他国領域内の財産もしくは人に対して，ばい煙によって損害を生じさせるような方法で，自国領域を使用したり，使用を許可する権利を有するものではない」と述べ，カナダの賠償責任を認めた。

この原則は，ローマ法の*sic utere tuo ut alienum non leadas*（汝の物を使用するに他人の物を害することなくこれをなすべし）原則を援用したものであり，私法上の善隣原則の類推といわれている。その後，1972年のストックホルム宣言は原則21で「国は自国の管轄または管理下の活動が他国の環境または国の管轄権の範囲外の区域の環境に損害を発生させないように確保する責任を有する」と明記した。これは，自国領域内の活動だけでなく，国家の管理下の活動（たとえば自国船舶の行為）も責任の対象とする点，および他国領域内だけでなく，国家の管轄権の範囲を超えた地域（たとえば公海）に及ぼされる損害も対象とする点で，トレイル精錬所判決の内容を拡大させている。その後，リオ宣言でもこの内容は確認され（原則２），多数国間条約でも，国連海洋法条約（194条２項），気候変動枠組条約（前文），生物多様性条約（３条）など，多くの条約の中で確認されている。また国際司法裁判所は，1996年の核兵器使用の合法性に関する勧告的意見により同原則が環境に関する一般国際法の一部であると言及し，その後の判決（1997年のガブチコボ・ナジマロシュ計画事件，2010年のウルグアイ川製紙工場事件）の中でも確認されている

このような未然防止原則は，具体的には，環境に関する情報の通報や提供，環境影響評価，被影響国との協議といった手続上の義務によって構成される。これらの義務についてもリオ宣言の中で確認されており（環境影響評価に関する原則17，事前通報，情報提供および協議に関する原則19），多くの環境条約の中で制度化されている。また，国連国際法委員会（ILC）が2001年に採択した「有害活動から生じる越境侵害の防止」条文草案によれば，「国は自国の領域またはそ

の管轄·管理下における活動が重大な越境侵害を生じることを防止しまたはその危険を最小とするためにすべての適当な措置をとる（3条）」こと、「この目的のために自国では適切な監視の仕組みの設立を含めて立法上、行革上などの措置をとる（5条）」こと，および「被影響国および権限ある国際機関と協力する義務を負う（4条）」ことを確認している。

わが国の未然防止原則については，環境基本法4条の「科学的知見の充実の下に環境の保全上の支障が未然に防がれることを旨として，行われなければならない」という文言にその根拠が求められている。この未然防止原則は国際法のそれとは異なり，何らかの法的義務を導くものとして構成されておらず，環境被害が生じたのちにその被害に対処する事後的対応（金銭賠償など）と対比される事前的規制の要請を意味するものと考えられる。未然防止原則は被害が発生したとき，または，被害の発生が相当程度の確実性があるときにのみ，規制権限の行使が可能であるとする伝統的な消極行政における比例原則に基づくものではなく，環境権の擁護実現のための，積極的な規制を要請する。わが国では，1970年の公害国会を契機に整備された環境法制はこの未然防止原則に基づいているといえる。

II　予 防 原 則

予防原則とは，重大かつ不可逆的な影響があると認められる問題（化学物質や遺伝子組換えなどの新技術など）に対して，人の健康や環境に重大かつ不可逆的な影響を及ぼす恐れがある場合，科学的に因果関係が十分証明されない状況でも，規制措置を可能にする考え方である。この原則の沿革は，戦後復興に伴う環境破壊に対応するためにドイツ国内法で導入された「予防原則(Vorsorgeprinzip)」にあるといわれている。

同原則は，1985年に採択されたオゾン層保護に関するウィーン条約と同条約に基づき1987年に採択されたモントリオール議定書の中にその萌芽を認めることができる。しかしながら，より本格的に同原則が導入されたのはリオ会議においてである。同会議が採択したリオ宣言（原則15），気候変動枠組条約（3条3項），および生物多様性条約（前文9項）には，若干の文言上の違いはあるものの，予防原則，または上述の定義が言及されている。その後，1972年のロンドン条約を改正する1996年議定書では，同原則を根拠に海洋投棄を従来の許可制から原則禁止に切り替えた。生物多様性条約の締約国会議で2000年に採択されたカルタヘナ議定書は１条でリオ宣言原則15に言及し，科学的不確実性を根拠に生きている改変された生物（LMO）の輸入を禁止することが可能であると規定する（10・11条）。

なお，同原則が慣習国際法上の原則であるかについては，学説上も国家の見解も異なっている。否定論は，同原則の法的意義に関して，リオ宣言が認めるようにあくまでも政策的な「アプローチ（または措置）」にとどまるのであって，国家に法的拘束力を及ぼす法原則ではないとする。この見解を支持する米国は，気候変動枠組条約の交渉過程で科学的知見の欠如を根拠に温室効果ガス削減義務の導入に反対し，また生物多様性条約の批准も拒否した。一方欧州諸国は，欧州連合条約（マーストリヒト条約）における環境政策の基本原則の中で「予防原則」を挙げるなど，同原則の一般化に積極的である。

わが国において，「予防的な取組方法」（生物多様性３条３項）といった概念が用いられることがあるが，実定法上，予防原則は明定されていない。わが国での予防原則の定義は，国際環境法で用いられている定義がほぼそのまま用いられている。

未然防止原則と予防原則とが対比され，前者はリスクがすでに分かっている汚染物質に対して事前的規制を要請し，後者は，リスクの不確実な汚染物質に対して何らかの対応を要請すると整理されることがある[6]。このような整理も可能であるが，わが国で論じられている予防原則は，リスク評価が行われていない場合であれ，リスク評価の結果不確実性が残る場合であれ，重大かつ回復が困難な環境上の悪影響があると認められる場合に，事前的規制や規制権限の行使の要否について合理的根拠の吟味を，国または地方自治体に要請するものととらえることができると思われる。予防原則に基づく事前的規制や規制権限の行使の当否または適否の判断は，比例原則に基づいて判断されることとなる

6）Nicholas de Sadeleer, Environmental Principles; From Political Slogans to legal Rules(2002)91.

（その比例原則は伝統的な警察比例原則ではない）。大防法に基づく有害大気汚染物質対策に関する勧告の仕組み（18条の41以下）や揮発性有機化合物ついて事業者に自主的取組を求める施策（17条の３以下）などは，予防原則に基づく事前的規制の枠組みといえよう。

5　共通に有しているが差異のある責任

最後に国際環境法において特徴的な「共通に有しているが差異のある責任」原則について解説する。

共通に有しているが差異のある責任原則とは，地球環境保全に対して，グローバル・パートナーシップの観点から諸国家は「共通の責任」を有するが，これまで環境に与えた影響や対応能力などの見地から，その責任の程度に「差異」を認める。この責任の程度の差異は，主として先進国と途上国に二分されるが，このように国際法上，法的権利義務に差異を設ける考え方は，1980年代の「開発の国際法」概念などにも見られる。

この原則は，一般国際法上の衡平（equity）概念から発展してきた原則と言えるが，予防原則と同様にリオ会議を契機に急速に発展した。リオ宣言は原則７で「国は，地球の生態系の健全性及び一体性を保存し，保護し及び回復するために，グローバル・パートナーシップの精神により協力する」ことを確認した上で，「地球環境の悪化への相異なる荷担に鑑みて，各国は共通に有しているが差異のある責任を有する」と規定する。また気候変動枠組条約でも前文（６項）および条約の原則を定める３条（１項）でもこの原則を明記する。

このように同原則は，途上国はもちろん先進国にも受け入れられているが，特に「差異」の根拠については，両者の見解は異なる。途上国はリオ会議の前年に開催された環境と発展に関する途上国会議において北京閣僚宣言を採択し，その中で「環境保護は，国際社会の共通関心事であるが，先進国は地球規模の悪化に対して主要な責任を負っている。産業革命以来，先進国は世界の天然資源を，持続不可能な生産及び消費パターンによって過剰に利用し，地球環境に害を与え，発展途上国に損害をもたらしてきた」ことを強調した。すなわち，途上国にとって「差異」の根拠は，先進国の過去および現在の環境破壊であり，同原則は，先進国に対して新規かつ非特恵的資金援助を要求する根拠として援用されている。他方で先進国は，「差異」が存在する理由として科学技術と資金能力を挙げる。すなわち，現時点でその能力を有している「先進国は，模範を示し，かつそれにより発展途上国および中・東欧諸国がその役割を果たすよう助長すべきである」と述べる。

このような先進国と途上国の見解の対立を内包しながらも，同原則は，多数国間環境条約の中で，その具体化が図られてきた。特に「差異」の内容は，大きく資金・技術供与義務，途上国への特別の配慮，および先進国の特別の義務に大別できる。第一の資金・技術供与義務は，モントリオール議定書（10・10条のA），気候変動枠組条約（４条３～５項），生物多様性条約（16・20条）など，多くの環境条約の中で規定されている。特に資金供与については，「全ての合意された増加費用」を賄うことを目的とし，かつ供与される資金は新規かつ追加的（ODAの代替ではない）であることが特徴である。

次に途上国の特別の配慮については，モントリオール議定書の規制物質の実施スケジュールの猶予が代表的である。すなわち同議定書５条１項は，発展途上締約国に対して，議定書が規定する規制措置の実施時期を10年間遅らせることを認める。

最後に先進国の特別の義務については，バーゼル条約が1995年に先進締約国に途上締約国への有害廃棄物越境移動禁止義務を定めた条約改正を行っている。また，気候変動枠組条約は，締約国を，採択当時のOECD加盟国および旧社会主義国（附属書Ｉ国），ならびにその他の開発途上締約国に分類し，京都議定書では，附属書Ｉ国に対してのみ，数量化された温室効果ガス排出削減抑制義務を設定した。しかしながら，パリ協定では共通に有しているが差異のある責任原則を確認しながらも，先進締約国と開発途上締約の国を明示で分類せず，温室効果ガスの削減について，自発的に「自国が決定する貢献」を提出させることで，結果的な締約国の「差異化」を図っている。

第3章 環境法の主体

1 国際法の主体

国際環境法が,「環境を保全する国際法の一群」である以上, 国際環境法の主体も国際法の主体と同様である。ここでは, 主要な国際法人格としての主権国家, ならびに国際機関, NGOおよび企業を取り上げ, 国際環境法に関連する各主体の活動について概観する。

I 主権国家

国際社会において, 主権国家は主要な法主体であり, 国際法を創り出す主体という意味で積極的主体でもある。主権国家は, 国際法の立法者として, 慣習国際法の形成に携わり, 必要な条約の作成のための合意を行う。また採択された環境条約が効力を発揮するためには, 一般的には条約に定められた締約国数を確保しなければならない。したがって, 国際環境法の形成においても, 国家の行為と意思は不可欠である。

環境条約の義務も, 通常の国際法と同様に, 結果の義務, 実施方法の義務などに分類される。しかし, いずれの義務であっても, 環境保全という目的を達成するためには, 自国が管轄する領域, ならびに自国に居住する住民および操業する企業に対して一定の行動規制を行ったり, 活動を望ましい方向へ誘導しなければならない。そのためには国内法を制定しなければならず, 条約実施のために国内法を制定・改廃することも主権国家の重要な役割である（本章2参照)。結果として, 国際環境法と国内環境法を接続させることも国家の重要な役割である。

併せて，他国が，国際環境法上の義務を履行しない場合，その義務違反を追及し，必要に応じて原状回復や損害賠償を求めることも主権国家の役割である。ただし，国際社会は，国内社会と比較して，司法管轄権が脆弱であり，国連の主要機関の一つである国際司法裁判所でも，環境紛争が提起されることは数少ない（第15章1参照）。

Ⅱ　国際機関

20世紀に入り，国際社会の緊密化と，国際連盟や国際連合（国連）と言った普遍的国際機関の登場により，国際社会で国際機関が果たすべき役割は飛躍的に増大している。環境保全の分野においても，国際機関は，環境条約の立法や実施に重要な役割を果たしている。ただし，国際機関の主体性は，国際法を自ら作成することができず，設立文書（国連憲章，WTO協定等）で主権国家が認めた範囲内でしか，活動することができないという意味で，消極的主体に過ぎない。もっとも，設立文書の目的を黙示的に解釈することにより，その活動範囲を発展的に拡大することは可能である。ここでは，現在国際社会における中心的国際機関である国連を中心に，環境保全における国際機関の役割について概観する。

国連は，第二次世界大戦後，「国際の平和及び安全を維持すること（国連憲章1条1項）」を目的に設立されたが，同時に，「諸国間の友好関係を発展させ（同条2項）」ることや「経済的，社会的，文化的又は人道的性質を有する国際問題を解決することについて，並びに……人権及び基本的自由を尊重するように助長奨励することについて，国際協力を達成する（同条3項）」ことも目的に掲げている。そのために，国連は，国際通貨基金（IMF），国際労働機関（ILO），国連教育科学文化機関（UNESCO），世界保健機関（WHO）をはじめとする専門機関や国連児童基金（UNICEF）国連難民高等弁務官事務所（UNHCR）といった補助機関を設置している。

しかしながら，設立当初の国連は，世界の関心事が戦後復興と冷戦への対処であったこともあり，環境問題をあまり注視していなかった。国連が環境問題に積極的に取り組み始めたのは，戦後復興と高度経済成長の結果，先進国を中心に深刻な公害問題が社会問題化し，オイルショックなどの資源問題が表面化した1970年代になってからである。

1972年に国連は，スウェーデンの呼びかけに応える形で，ストックホルム会議と称する特別総会を開催し，ここで通称「ストックホルム宣言」とこれを実施するための行動計画を採択した。また同会議を契機として，後述する国連環境計画（UNEP）が設置された。

国連の主要機関の中で，環境保全のための中心的機関は，全ての加盟国で構成する総会である。総会は，「この憲章の範囲内にある問題若しくは事項又はこの憲章に規定する機関の権限及び任務に関する問題若しくは事項を討議（国連憲章10条）」することができる。その結果，総会は，必要に応じて環境保全を目的とした国際条約を数多く採択してきた。気候変動枠組条約，生物多様性条約，砂漠化対処条約などは，すべて国連総会で採択された多数国間環境協定である。その他に，総会は，毎年開催される通常会期や特別総会で環境保全に関連する決議を採択する。先述のストックホルム会議の後も，1992年のリオ会議，2002年の持続可能な開発に関する世界サミット（ヨハネスブルク会議），2012年の国連持続可能な開発会議（リオ+20）など，環境保全と持続可能な開発を実現するための世界規模の国際会議を主導し，その都度，重要な決議を宣言の形で採択している。

ただし，上記の会議で採択された宣言を含めて国連総会の決議は，加盟国を法的に拘束する効力を持たないことに留意しなければならない。もっとも，そのことは国連総会決議に何らの法的効果がないことを意味するものではなく，慣習国際法の存在を確認したり，条約形成を促進する国際法の結晶化といった，いわゆる「ソフト・ロー」としての効果を持つことがある。

経済社会理事会も，社会開発問題や天然資源の開発問題とともに人間環境問題について，加盟国や国連諸機関との調整の役割を果たす。近年では持続可能な開発の実現に関連し，国連持続可能な開発委員会を設置したが，同委員会は現在，持続可能な開発目標（SDGs）のためのハイレベル政治フォーラムとして機能する。

安全保障理事会は，平和と安全の維持が主要な任務であるが，安全保障問題が多様化・複雑化してきたことに伴い，たとえば2007年には気候変動をテーマに議論が行われるなど，環境安全保障の観点からの検討を行っている。

国際司法裁判所は，国家間の紛争を法的に解決し，また国連諸機関の活動に対して勧告的意見を与える役割を担う。1992年に環境に関する小法廷を設置するなど，環境紛争に対して積極的な姿勢を見せているが，提訴される環境紛争はそれほど多くないのが実情である。それでも，1997年のガブチコボ・ナジマロシュ計画事件，2010年のウルグアイ川製紙工場事件などで重要な国際環境法に関連する判決を出している。

国連機関の中で，環境保全を目的とする補助機関は，国連環境計画（UNEP）である。先述したように，ストックホルム会議での勧告を受けて，1972年の国連総会で設立が決定した。UNEPは，本部をケニアのナイロビに置き，環境分野における国連の主要な機関として，地球規模の環境課題を設定し，国連システム内にあって持続可能な開発の取組みの中で環境に関連した活動を進める。UNEPはこれまで，環境影響評価など国際的な環境ガイドラインの作成のほか，オゾン層保護条約やその実施協定であるモントリオール議定書など，数多くの多数国間環境条約の立法を支援してきた。2012年の持続可能な開発に関する国連会議（リオ+20）で，UNEPの組織改編が提唱され，国連環境総会が設置され，隔年で環境保全に関する問題について包括的な審議が行われている。

その他に，国際連合教育科学文化機関（UNESCO）や，国際海事機関（IMO）などの専門機関は，環境保全を主要な目的とはしないが，それぞれの機関の活動の中で環境保全に関連する条約を採択する。たとえば，UNESCOは，1972年に世界遺産条約を，IMOは1972年に海洋投棄を規制するロンドン条約をそれぞれ採択している。

また，地域機関として国連欧州経済委員会（UNECE）は，5つある国連の地域経済委員会の一つであるが，環境条約の採択に積極的に関与し，これまで，長距離越境大気汚染防止条約および関連議定書，オーフス条約等，重要な多数国間環境条約の作成に携わっている。

Ⅲ　N　G　O

非政府団体（Non Governmental Organization：NGO）とは，国際社会では，国連をはじめとする国際会議の中で，各国政府や国際機関とは異なる団体を示す名称として使われていた。国連憲章では，経済社会理事会が，その権限内にある事項に関係のあるNGO（公定訳では民間団体）と協議するために適当な取り決めを行うことができる（71条）と規定する。今日，NGOとは，人権NGOや軍縮NGOなど，非営利団体（NPO）を指すことが一般的だが，環境条約の締約国会議に参加するNGOの中には，自動車やエネルギー関連企業の代表によって構成されるいわゆるビジネスNGOも存在する。これらのNGOは，相互に主張や目的が異なるため，その活動内容や行動の範囲も異なる。たとえば，気候変動枠組条約締約国会議では，環境NGO（ENGO），産業界NGO（BINGO），労働組合（TUNGO），研究者NGO（RINGO），少数人民（IPO）などNGOグループを分類している。

言うまでもなく，環境条約は国家間の合意であり，NGOは条約交渉に直接関与することはない。しかしながら，NGOが条約形成に間接的に影響を及ぼすことは可能である。たとえば，国際自然保護連合（IUCN）は，ワシントン条約やラムサール条約といった1970年代に採択された多数国間環境協定の起草に尽力した。また，1992年のリオ会議には，会議に対してNGO地球憲章を提唱し，環境保全に対して市民の立場からの声を届けようとしている。

また，条約交渉中も，NGOは，自国政府の発言や行動を監視し，市民への啓蒙と情報提供を行っている。実際に気候変動枠組条約の締約国会議の際に気候行動ネットワーク（CAN）が選定・公表する「今日の化石賞（Fossil of the Day）」は，気候変動に対する対策や条約交渉に消極的・批判的な国家に不名誉を与えるという形で会議中しばしば注目される。

多数国間環境協定の中には，条約の実施に環境NGOを直接関与させるものもある。たとえば，世界遺産条約に設置されている21か国からなる政府間委員会（世界遺産委員会）の会議には，文化財の保存及び修復の研究のための国際センター（ローマ・センター），記念物及び遺跡に関する国際会議（ICOMOS）

およびIUCNの代表が各１名，顧問の資格で出席することができる（８条３項）。また，世界遺産の登録に際して，締約国から提出された世界遺産の推薦書に対して，ICOMOS（文化遺産）とIUCN（自然遺産）が現地調査を行い，UNESCOの世界遺産センターに対して勧告を行う（14条）。

その他に，ラムサール条約第８条１項に基づき，IUCN（条約公定訳は「自然及び天然資源の保全に関する国際同盟」）は，現在も条約事務局の任務を行うなど，環境条約の実施に寄与している。

このようにNGOが条約制度に関与することができるのは，国際社会において国境を越えたネットワークと現地調査や科学的知見の集積に基づく高度な専門知識によるところが大きい。

Ⅳ　企業（事業者）

企業も環境条約の制定や実施に直接関与することはない。しかしながら，国境を越えて事業展開する多国籍企業や，エネルギーを大量に消費する大企業の活動は，地球環境に少なからず影響を与えることも事実である。元来，自然環境や資源を積極的に利用する側である企業は，国際条約や国内法によって環境規制が厳しくなることを嫌う傾向にあった。しかしながら，地球環境や地域の自然の悪化は，持続可能な開発を阻害するということが認識されてくるに従い，企業も国際的な環境保全活動を無視することはできず，また環境条約制度も，条約の目的達成のために企業の積極的役割を期待する傾向にある。たとえば，地球温暖化を防止するために温室効果ガスの削減の数値目標を各締約国に義務づける京都議定書は，その義務達成のために，「自国の責任において，法人がこの条の規定（注：共同実施）に基づく排出削減単位の発生，移転，又は取得に通ずる行動に参加する事を承認することができる」（６条３項）と規定しており，先進国の企業が他の先進締約国と共同で温室効果ガスの削減事業に直接関与することを認めている。

1999年にダボスで開催された世界経済フォーラムでコフィー・アナン国連事務総長（当時）が提唱した「国連グローバル・コンパクト」は，企業を中心とした様々な団体が，責任ある創造的なリーダーシップを発揮することによって社会の良き一員として行動し，持続可能な成長を実現するために自発的に参加する世界的な枠組みである。翌年正式に発足し,「環境」も「人権」「労働」「腐敗防止」と並ぶグローバル・コンパクトの活動分野である。2020年６月末日現在で，世界の14,685の企業・団体が署名している。

また，2015年に国連が採択した持続可能な開発目標（SDGs）は，企業に活動への直接の参加を期待している。たとえば，持続可能な消費・生産パターンへの移行に貢献するために，発展途上国における持続可能な消費と生産を促進するための科学，技術，革新能力を獲得するための財政的，技術的支援等を国連機関や加盟国だけでなく，企業にも促している。また，17の目標を達成するために設定された169のターゲットの中にも，「特に発展途上国における小規模の製造業その他の企業の，安価な資金貸付などの金融サービスやバリューチェーン及び市場への統合へのアクセスを拡大する」（ターゲット9.3）や「特に大企業や多国籍企業などの企業に対し，持続可能な取組みを導入し，持続可能性に関する情報を定期報告に盛り込むよう奨励する」（ターゲット12.6）など，企業の活動に言及するものがある。

2　国内法の主体

I　国・地方自治体

1　国と地方自治体の役割分担

環境基本法は持続的発展が可能な社会の実現に向けて，環境保全活動につき,「すべての者」による「公平な役割分担」の下に実施されることを要請する（４条）。このすべての者には，国，地方自治体，事業者，国民そして民間の団体が含まれる。

環境基本法は，国が，環境の恵沢と継承（３条），環境への負荷の少ない持続的発展が可能な社会の構築（４条），および，国際的協調による地球環境保全の積極的推進（５条）の三つの「基本理念にのっとり，環境の保全に関する基本的かつ総合的な施策」を担うことを求める。地方自治体については，上記の基本理念にのっとって，国の施策に準じて，地方自治体の「区域の自然的社会的条件に応じた」施策を総合的・計画的に実施することが求められる（7・36条）。

2　国

(1)　組織　「環境の保全に関する基本的かつ総合的な施策」の事務を担うのは環境省である。環境省の長は環境大臣であり，副大臣，大臣政務官，事務次官，地球環境審議官が置かれている。内部部局は，大臣官房，総合環境政策統括官グループ，地球環境局，水・大気環境局，自然環境局，環境再生・資源循環局，環境保健部から構成される（**図表3－1**）。

環境省には，中央環境審議会（環境基41条），公害健康被害補償不服審査会，有明海・八代海等総合調査評価委員会などの審議会（環境省設置7条），特別の機関（行組8条の3）として公害対策会議（環境基45条），施設等機関（国行政組8条の2）として環境調査研修所および国立水俣病総合研究センター，外局として原子力規制委員会，地方支分部局として地方環境事務所（国立公園の管理など担当），生物多様性センター（動植物の分布等の調査担当）が設置されている。

(2)　事務　法令で，国が担当する事務（仕事）とされているものとしては，環境政策（公害対策，生物多様性の保全，循環型社会の形成，気候変動対策等の，環境保全のための政策）に関する基本計画の作成（環境基15条，生物多様性11条，循環基本15条，地球温暖化8条など），環境基準の設定（環境基16条），大防法や水濁法などの公害対策に係る排出・排水基準などの規制基準の設定（大気汚染3条，水質汚濁3条），総量削減基本方針の策定（水質汚濁4条の2），自然環境保全の指定（自然環境）や原子力発電に関する事務などである。

3　地方自治体

(1)　都道府県と市町村　都道府県および市町村は，国の施策に準じて，その「区域の自然的社会的条件に応じた」施策を実施することが要請される。その施策は総合的に行われることも求められており，計画策定から具体的な規制の実施までを担当するとともに，その区域における環境政策を包括的に担うこととなる。

市町村はその区域における住民に身近な環境政策を担当し，都道府県は，広域にわたる施策や市町村間の政策の総合調整を担う（環境基36条）。市町村や都道府県が単独で，環境保全に関する施策を担うのみならず，都道府県相互や市町村相互で共同して担当することもある。たとえば，一般廃棄物処理などは，一部事務組合（自治１条の３・286条）を設立し，あるいは，事務の委託（自治252条の14）などを用いて実施されている。

都道府県や市町村には，自治体ごとに名称は異なるが，たとえば，環境政策課や環境保全課などが設置され，これらが当該地域の環境政策を担当している。

⑵　事務　　地方自治体は，法令で事務の実施が定められている。国の場合は，前述したとおり，環境基準や排出基準等の規制基準や地域指定を担当するが，地方自治体は，法令上，規制基準や施設設置の許認可の事務，改善命令や行為規制等の規制の実効性確保に関する事務を担当することが多い。地方自治法上，地方自治体が担当する事務には，自治事務と法定受託事務の２種類あり（自治２条８・９項），自治体が担当する環境政策に関する事務はこの二つの事務のどちらかに該当する。たとえば，一般廃棄物処理については市町村の自治事務であるが，産業廃棄物処理については法定受託事務とされている。いずれも地方自治体の事務であるが，法定受託事務は「国が本来果たすべき役割に係る」事務と位置づけられている。法定受託事務については，本来国が果たすべき役割を地方に担わせる側面があることから，地方公共団体は統一的な処理等のため処理準則に服したり，法令違反等に対する所管大臣の是正の指示を受けたりすることがある（自治245条の９）。

地方自治体は，法令で実施することが求められている事務以外でも，その区域の自然的社会的状況に応じて，自主条例を制定するなどして，独自の環境政策の実施を行うことができる。

Ⅱ　事　業　者

環境基本法は事業者が担うべき役割を規定している。まず，事業者は，環境法の規制を遵守するために取り組むことは当然のこととして，さらに，操業方法の改善により法令上の基準よりも低い基準を達成することや，事業の実施に当たり自然環境への影響を最小限とするような取組みを行うことが求められる（８条１項・生物多様性基６条）。次に，廃棄物を適正に処理することに加え，事業

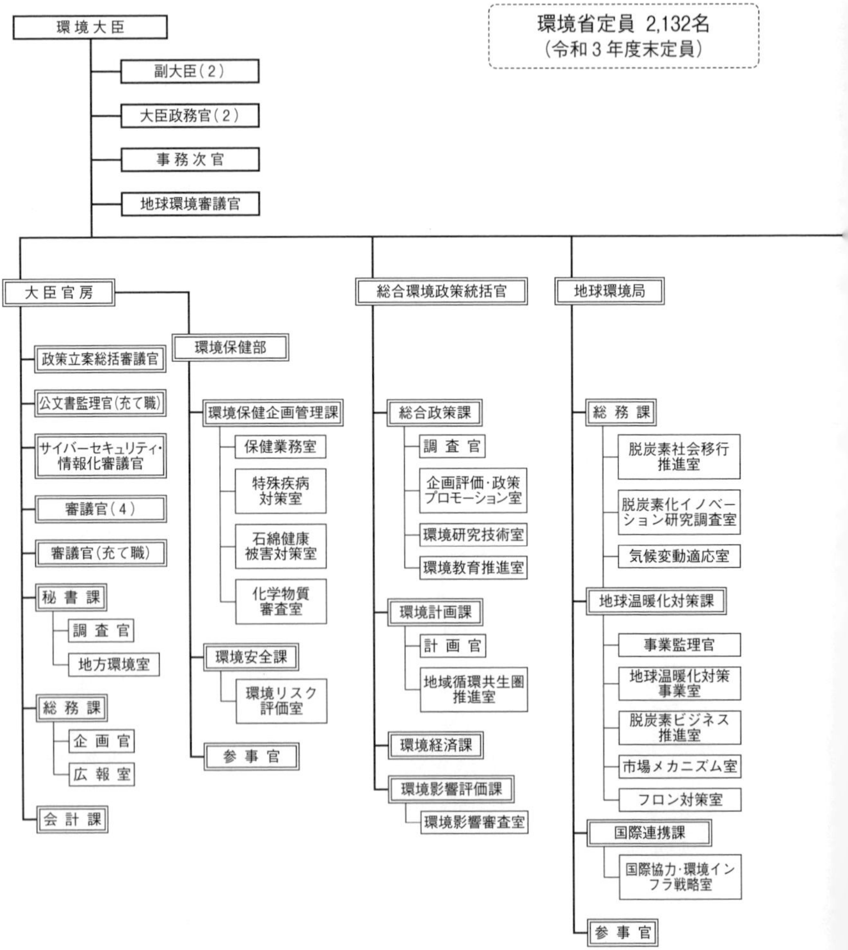

図表３－１　環境省機構図（令和３年度末）

出典：https://www.env.go.jp/annai/soshiki/pdf/organizational_chart_ja.pdf（閲覧日2021年４月23日）

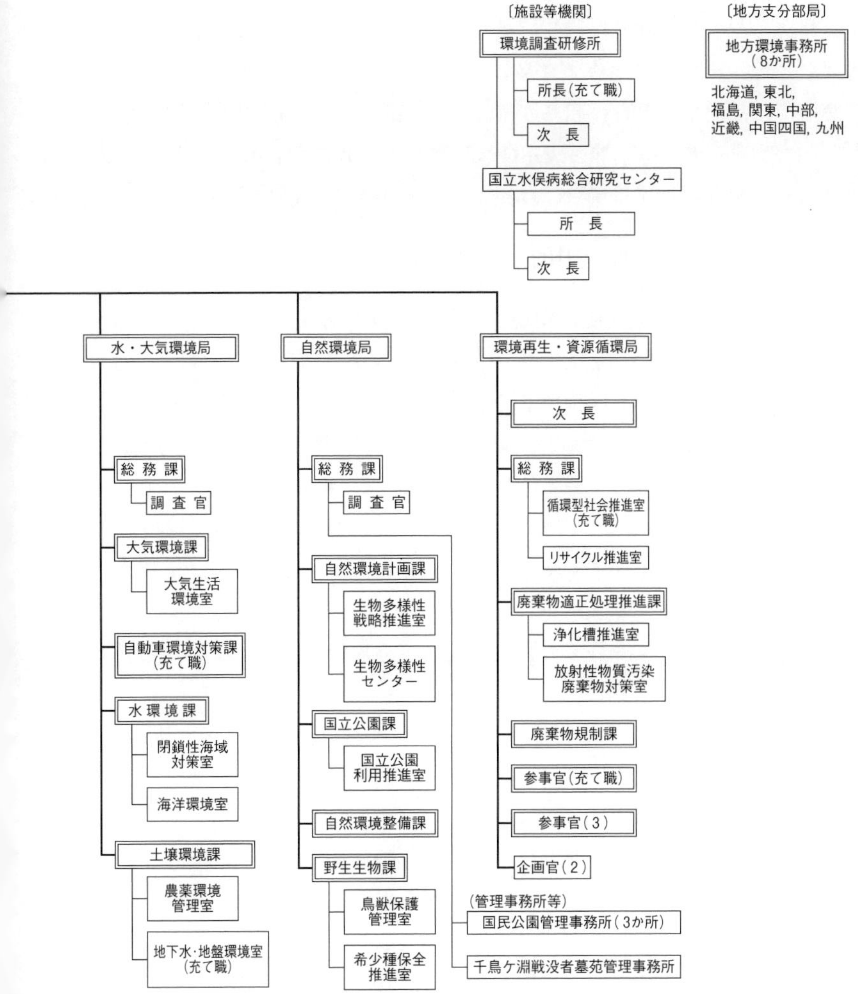

〔特殊会社〕
中間貯蔵・環境安全事業株式会社

〔独立行政法人〕
環境再生保全機構

〔国立研究開発法人〕
国立環境研究所

〔特別の機関〕
公害対策会議

〔審議会等〕
中央環境審議会
公害健康被害補償不服審査会
臨時水俣病認定審査会
有明海・八代海等総合調査評価委員会
環境省国立研究開発法人審議会

者自らが製造した製品が廃棄段階で，処理が困難なものとならないように原材料の選択などを工夫することなどが要請される（８条２項）。さらに，消費者によって使用または廃棄された，自らが製造した製品を収集し，リサイクルすることも要請される（８条３項・循環基本11条３項）。国や地方自治体が商品を購入したり，公共事業を実施する場合には，ここでの事業者に該当する。

Ⅲ　国民・住民・NGO

環境基本法では，国民・住民は環境への負荷をかける主体として，または，国や地方自治体の施策の協力者としての役割が規定されているにすぎない（９条）。これは，循環基本法でも同様である。個別法でも権利主体としてではなく，同様に協力主体として位置づけられている（たとえば，製品を長期間使用すること，再生品を使用することなど［資源有効利用５条等］や，循環資源となったものを事業者に適切に引き渡すことなど［家庭用機器６条，自動車再資源５条］）。環境計画策定にあたり，国民による提案制度など制度化されつつあるものの，規制的手法における参加手続は極めて限定されている。特に問題視すべきは，原子炉等規制法に基づく原子炉設置許可でも参加手続は全く規定されていないことである。

国際環境法ではNGOが重要な役割を担っている。わが国でも，公害問題や自然環境破壊への対処のために国や地方自治体が公害対策や自然保護対策を主導してきたが，環境保護団体や，“invisible”な民間の団体も数多く存在し，これらが公害反対運動や環境保護運動など草の根運動（grass-roots movement）を展開し，わが国の環境保全にとって重要な役割を果たしてきた。たとえば，豊島不法投棄事件では，豊島住民が草の根運動を展開し，廃棄物撤去を実現したことはよく知られている。自然環境保全対策に関しても，生物多様性に関するデータの収集は，国や地方自治体あるいは研究者のみが行っているのではなく，市民も調査活動を行っている。日本初のレッドデータブックは，日本自然保護協会と世界自然保護基金が植物種について1989年に発行したものである（その後，環境庁が動物種について1991年にレッドデータブックを発行している）。わが国の自然環境保護地域の管理も，国や地方自治体だけで行われているわけではない。国立公園や生息地保護地域などに指定されていない地域でも，入会地や共同漁業権によって保護地域の管理が行われている地域もあるし，環境保護団体が国や地方自治体が管理していない地域を購入し管理している例もみられる（国際自然保護連合は，これらの地域を民間保護地域［privately protected are as］と分類している）。

Column①

モンゴルにおける環境保護運動：ノトグという概念を中心に

モンゴル語において環境に当たる用語として，一つにはバイカル･オルチン（自然環境）という言葉がある。たとえば，モンゴル国の環境保護法においては，バイカル・オルチンという用語が使われ，土地，土地資源，水，植物，動物，空気などの保護が述べられている。その一方で，モンゴル語におけるノトグ・ベルチェール（故里および牧草地）或いはノトグ･オソ（故里および水）という遊牧文明に根差した用語も，環境を意味する。こちらは遊牧世界における人間と家畜の生活と生存に適した環境を意味していて，自然と文化が入り混じった複合的な概念である。モンゴルの環境保護運動を理解するためには，このノトグ･ベルチェール／オソ（故里･牧草地／水）という概念がとても重要になって来る。

さて，1990年代からモンゴル国では地下資源の開発による環境破壊が深刻化し，人々の生活と生存に大きな被害と危機をもたらした。そうしたなか，資源開発者側に抗して，各地で住民たちによる環境保護運動が展開された。たとえば，全長435kmを誇り，ウブル･ハンガイを含む三つの県をまたがるオンギ川流域において，1990年代以降に多数の鉱山開発の事業が行われた。その結果，オンギ川は数百kmに渡って断流し，オンギ川の水に頼っていたウラン湖も消失した。こうしたバイカル・オルチン（自然環境）の悪化は，河川流域の住民のノトグ・ベルチェール／オソ（故里・牧草地／水）を破壊し，彼らは生活と生存の危機に晒された。そうしたことから，2001年よりオンギ川住民運動が展開され，モンゴルの草の根レベルにおける環境保護運動の先駆的なものとなった。その後，すでに十数年経ったが，鉱山開発者とオンギ川流域の住民たちの駆け引きは今も続いている。こうした鉱山開発に抗する住民運動は，モンゴルにおける最も持続的な草の根レベルの住民環境運動となっている[1)]。

一方，内モンゴル自治区においても，21世紀に入ってから大規模な地下資源の開発による環境破壊が深刻化し，それにともなって地元住民たちによる環境抗争運動が盛んに

1）The River Movements' Struggle in Mongolia, *Social Movement Studies,* 2015. Vol.14, No. 1 . 92-97.

なった。地元住民たちはノトグ・ベルチェール／オソ（故里・牧草地／水）を守るために命も惜しまずに戦った。たとえば，2011年５月に内モンゴルのシリンゴル盟において，大規模な環境抗争運動が起きた。同月の11日と15日に，地元住民たちは問題となっている開発業者に直接対峙し，私的な実力行使によって問題解決を図ろうとした。その過程において，対立がエスカレートし，二人の住民が命を奪われるという悲劇が発生した。これをきっかけにシリンゴル盟をはじめ，内モンゴルの多くの町で数千人規模の集団的陳情＝集会・デモが行われた。これは内モンゴル自治区の歴史における最大規模の環境抗争運動となり，国際社会からも多くの注目を集めた[2)]。

モンゴルの環境保護運動には，もう一つの形態がある。それは上記の住民抗争運動と異なって，より静かで日常的な実践である。モンゴルの人々は，住み心地のよい環境を，サイハン・ノトグ（良い，美しい・故里）という。今，モンゴルの各地でこうしたサイハン・ノトグを積極的に作って行こうという運動が起きている。たとえば，ウランバートル市の近郊にシャラ・ホーライというコミュニティーがある。このシャラ・ホーライ地域は山間にあり，かつては森が豊富で，自然に湧く泉があり，また質のよい牧草地もあった。ところが，ウランバートル市の急速な人口増加に伴い，シャラ・ホーライ周辺の樹木は不法に伐採され，周辺の森は見る見るうちに消えていった。森が消えた結果，泉の水も枯渇し，かつてのサイハン・ノトグはいまや住み心地の悪いところとなった。そうしたなかで，地元住民のなかから自分たちの手でシャラ・ホーライ地域をもう一度住み心地のよい場所にして行こうという声があがった。そうして出来上がったのがIKH OBOO NURAMTというNPOであり，いまは11の家族会員があり，植林活動を通してサイハン・ノトグづくりに励んでいる[3)]。

さて，モンゴルにおける環境保護運動として，抗争と再建という二つの形態の住民運動について話してきた。そして，そのいずれにおいてもノトグ・ベルチェール／オソ（故里・牧草地／水）という遊牧文明に根差した環境観がその根底に流れていることがわかる。つまり，ノトグという自然と文化が複合した環境概念は，モンゴルの環境保護運動を考える入り口である。

(Uchralt Otede)

2）ウチラルト「内モンゴルの環境抗争運動」棚瀬慈善・島村一平編著『草原と鉱石：モンゴル・チベットにおける資源開発と環境問題』明石書店，2015年，183～205頁．

3）Uchralt Otede. Informal Life Politics in a Mongolian Rural Community: A Spring of Water in the Steppe. https://survivalpolitics.files.wordpress.com/2018/04/living-politics-pamphlet-web.pdf

第4章

気候変動

1　国際法における枠組み

I　気候変動のメカニズムと国際的対応

地球上に存在する大気は，地球に届いた太陽光のエネルギーを吸収し，その一部を大気圏に放出する機能を持っている。すなわち，地球上に大気が存在することにより，急激な気温の変化が緩和されている。このような効果を「温室効果」と呼び，大気中には二酸化炭素，メタン，一酸化二窒素，水蒸気などの温室効果ガスが存在する。これらのガスが適度に存在することで，地球の気候は温和に保たれ，人類をはじめとする生命体が生存できる環境が維持されている。

しかしながら，産業革命以降，人類による，化石燃料の大量消費やフロンガスのような人工の温室効果ガスの生産によって，地球の温室効果は徐々に上昇していった。産業革命以前の大気中二酸化炭素濃度は，約280ppmであったが，2000年には379ppm程度に上昇したといわれている。また，気候変動に関する政府間パネル（IPCC）の第５次評価報告書によると，2100年における世界の地上平均気温は，現在（1986～2005年）と比較して0.3から4.8℃上昇すると予測されている。これにより，地球の気候は大きく変動し，陸上の動植物相の変化や砂漠化，海水温度の上昇に伴う海洋生態系の変容や海面上昇といった現象が起こり，台風や暴風雨といった気象災害，マラリアなど熱帯性感染症の増大などの災害が頻発することが危惧されている。なお，日本では地球温暖化と気候変動がほぼ同じ意味として用いられているが，大気メカニズムの変化から生じる地球温暖化という現象によって気候変動が生じることに留意しておく必要がある。

二酸化炭素をはじめとする温室効果ガスの大気中濃度が変化することにより気候変動が生じることは，19世紀末にすでに自然科学者によって指摘されていたが，地球温暖化が深刻な環境問題であることが国際的に認識されるようになったのは1980年代に入ってからである。1988年に国連環境計画（UNEP）と世界気象機関（WMO）により先述のIPCCが設置され，国連総会も同年に「現在および将来世代の人類のための地球気候の保護」決議を採択し，この問題への積極的関与を開始した。

気候変動問題に対応する多数国間環境協定の国際交渉のために，1990年に国連総会主催の政府間交渉委員会が設置され，先進国と発展途上国の対立や，温室効果ガスの削減行動に積極的な欧州諸国とこれに消極的な米国の対立など，交渉は難航したが，事実上6回の交渉を経て，条約は採択され，1992年のリオ会議で気候変動に関する国際連合枠組条約（以下，気候変動枠組条約）が署名開放された。

Ⅱ　気候変動枠組条約

1992年に採択された気候変動枠組条約は，前文で「地球の気候の変動及びその悪影響が人類の共通の関心事であることを確認し」（第1項），その究極的な目的を「気候系に対して危険な人為的干渉を及ぼすこととならない水準において大気中の温室効果ガスの濃度を安定化させること」と定め，5つの原則として，①共通に有しているが差異のある責任，②途上国への特別な状況への配慮，③予防アプローチ，④持続可能な開発，および⑤持続可能な経済成長のための国際経済体制の推進を掲げる。

これらの基本構造を実施するための条約制度として，条約の最高機関としての締約国会議，事務局，および二つの補助機関（科学上及び技術上の助言に関する補助機関及び実施に関する補助機関）を置く。締約国会議は，いずれかの締約国を議長国として毎年1回開催される。

条約は，附属書に締約国を明記することで，先進締約国と開発途上締約国を分類する。附属書Ⅰには，採択当時のOECD諸国（いわゆる西側先進国）と旧社会主義国が掲げられており，条約交渉時には，これらの締約国に対して，具体的な温室効果ガス排出量の削減数値目標を義務づけるべきという主張も行われたが，合意を得ることはできず，2000年までに1990年の水準に戻すことを目標として，気候変動の緩和策を自国の政策に採用するとともに，関連する情報を定期的に事務局に報告する義務が設定されるにとどまった（4条2項）。附属書Ⅰ締約国のうち，特に西側先進国は，さらに開発途上締約国のために新規のかつ追加的な資金供与の義務などを負う（4条3項）。開発途上締約国を含む全ての締約国は，温室効果ガスに関する自国の目録を作成し，定期的に更新し，公表し，締約国会議に提供する義務を負う（4条1項）。

1994年に発効した気候変動枠組条約は，条約規定に基づき，翌年にベルリンで第1回締約国会議（Conference of Parties：以下会期数をつけてCOP 1）を開催したが，ほとんどの先進締約国の温室効果ガス排出量が削減されていないことが開発途上締約国から厳しく批判された。その結果，温室効果ガス排出量の削減目標を設定するために条約第17条に基づく議定書を作成することについて合意するとともに，開発途上締約国には新たな義務を課さないとする決定（ベルリン・マンデート）が採択された。

Ⅲ　京都議定書

ベルリンでのCOP 1の後，2年間の交渉を経て，1997年12月に京都で開催されたCOP 3で，気候変動に関する国際連合枠組条約の京都議定書（以下，京都議定書）が採択された。

京都議定書の最大の特徴は，条約の附属書Ⅰ締約国に温室効果ガスの排出の抑制および削減に関する数量化された約束を設定したことである（議定書3条および附属書B）。具体的には，附属書Aに掲げる温室効果ガス（二酸化炭素，メタン，一酸化二窒素，および代替フロン等3ガス）の1990年における排出量を100とした際に，2008年から2012年までの平均値を附属書Bで国別に掲げた数値までに削減または抑制することを義務づけた。この約束の達成は，先進締約国を法的に拘束するが，どのような方法で達成するかについては，広い裁量が認められている。

議定書のもう一つの特徴は，数量化された約束の達成を他の締約国と協力し

図表4－1　京都メカニズム

	排出量取引	共同実施	クリーン開発メカニズム
根拠条文	第17条	第6条	第12条
対象国	附属書Ⅰ締約国間		附属書Ⅰ国と開発途上締約国
活動	削減した排出量の余剰を取引	共同で排出削減・吸収源強化の事業を行い，成果として排出枠を獲得	
排出枠単位	排出割当量（AAU）	排出削減単位（ERU）	認証排出削減量（CER）
取得制限	削減義務履行のための国内行動に対して補足的		排出削減抑制約束の一部

て実現することを許容していることである。議定書の中で認められているこの柔軟性措置は，「京都メカニズム」と呼ばれ，共同実施（6条），排出量取引（17条），およびクリーン開発メカニズム（12条，公定訳は低排出型の開発の制度）に分類される（図表4－1）。

これらのメカニズムを含めた京都議定書の細則は，2001年にハーグで開催された第6回締約国会議で合意に失敗したものの，翌年のボンでの再会合で政治合意に成功し，同年10月にマラケシュで開催された第7回締約国会議で「マラケシュ合意」として採択された。

京都議定書は，条約締約国の55か国が参加し，そのうち，附属書Ⅰ締約国の1990年における二酸化炭素排出量の55％を越えて排出する締約国が含まれることが発効の要件である（25条）。第1の要件は，短期間に充足したが，附属書Ⅰ締約国の中で最大の排出国であった米国が議定書の批准を拒絶したことに加え，第2位のロシアの批准も遅れたため，発効は2005年2月まで遅れることになった。

京都議定書は，1997年の採択時において第一約束期間（2008～2012年）の数量化された約束しか規定していなかった。議定書自身は2012年以降も同様の枠組みを継続することを想定していたと考えられるが，条文の中では，2012年以降の枠組みについて，「1回目の約束期間が満了する少なくとも7年前に当該約束の検討を開始する」ことを確認するに留めていた（3条9項）。前述したように，議定書の発効が2012年となり，予想以上に遅れたことから，第二約束期間の約束についての協議は，議定書の締約国会議としての役割を果たす締約国会議の第1回会合（Conference of the Parties serving as the meeting of the Partiesto the Kyoto Protocol：以下CMP）で早速検討が開始された。しかし，当時，京都議定書については，①先進国の中で最大の温室効果ガス排出大国である米国が京都議定書の批准を拒絶し，締約国となる見込みがほとんどなく，②温室効果ガス削減義務を負っていない発展途上国の中にも排出大国（中国やインド）が出現していたという課題を抱えていた。その結果，世界全体の温室効果ガス排出量のうち，京都議定書の下で削減対象とされる総量の割合は，格段に低下していた。米国以外の先進諸国の中でも議定書の削減義務を更新することに不公平感を抱く国が現れ，「ポスト京都」の枠組みについて，京都議定書の改正による継続と京都議定書とは異なる新たな制度といった二つの交渉ルートが併存することになった。結局，2009年にコペンハーゲン（デンマーク）で開催されたCOP15/CMP 5では，京都議定書の第二約束期間の温室効果ガス削減義務について最終的に合意形成に至ることはできず，その後，京都議定書に替わるあらたな枠組を構築する方向で交渉が進められた。

Ⅳ　パリ協定

1　「ポスト京都」交渉――コペンハーゲンからパリへ

2010年のカンクン会議（COP16/CMP 6）以降，各締約国の自主的な削減の

図表４－２　京都議定書とパリ協定の比較

	京都議定書	パリ協定
採択年と発効年	1997年/2005年	2015年/2016年
法的拘束力	あり（国際条約）	あり（国際条約）
対象期間	2008-2012年（第一約束期間） 2013-2020年（第二約束期間）	2020年以降５年ごとに見直し
温室効果ガス削減対象国	先進締約国 ※米国は未批准 　カナダは2012年に脱退	全ての締約国 ※米国は2020年に脱退したがその後 　2021年に再受諾
温室効果ガス削減行動（数値目標）	数量化された削減抑制義務 (QELROs)	国が決定する貢献 (NDCs)
数値目標の拘束力	あり	なし

貢献や，産業革命後の気温上昇を2℃未満に抑えるといういわゆる「2℃目標」など，後のパリ協定に導入される重要な考え方について合意が積み重ねられた。他方で，各締約国の温室効果ガス削減目標の法的拘束力や補償を含めた温暖化に対する適応策など，対立の激しい課題も残されていた。これらの課題の解決に向けて，2015年にパリで開催されたCOP21/CMP11では，主要国の国家元首や首脳が集まり，多くの市民団体や企業が注視する中，最終日にパリ協定が採択され，コペンハーゲンでの決裂から6年を経て，ようやくポスト京都の枠組みがパリ協定という形で合意された（京都議定書とパリ協定の比較について**図表4－2**参照）。

2　パリ協定の主な内容

パリ協定はその特徴として，かなり長い前文を置いている。16項に及ぶ前文の中で，協定は，気候変動枠組条約の目的および原則や途上国の個別のニーズや資金・技術移転の必要性を確認している。また，気候変動枠組条約前文に規定されている「人類の共通の関心事（common concern of humankind）」が，京都議定書には明記されなかったが，パリ協定で再確認された。また，気候変動問題について将来世代を含めた人権問題として位置づけている点や，気候正義（climate justice）の重要性について留意している点も特徴的である。

協定は，第1条で用語について規定した後，第2条1項で，「この協定は，条約（その目的を含む。）の実施を促進するにあたり，持続可能な開発および貧困撲滅の努力との関連において，気候変動の脅威に対するグローバルな対応を強化することを目的」とした上で，「世界的な平均気温上昇を産業革命以前に比べて2℃より十分低く保つとともに，1.5℃に抑える努力を追求すること（a項）」を協定の目的として確認する。このいわゆる「2℃目標」に加えて，小島嶼国が強く主張した「1.5℃努力」も追記された。

そして，この協定の実施は，「共通に有しているが差異のある責任」原則に基づき，第3条においてすべての締約国による「国が決定する貢献（nationally determined contribution:以下，NDC）」の提出を義務づける。これにより，先進締約国と発展途上締約国がともに気候変動に対処することを確保すると同時に，みずからが目標を定めることで，自ずと差異化が実現される。なお，この「貢献」は野心的な努力の下に行わなければならず，また時間とともに前進しなければならない（同条）。なお，このNDCは，事務局が管理する公的な登録簿に記録され（4条12項），パリ協定の締約国会合としての役割を果たす締約国会議（Conference of the Parties serving as the meeting of the Parties to the Paris Agreement：以下CMA）が決定する指針にしたがって公開されるが，京都議定書のように条約と不可分の一体をなす附属書にも明記されないことから，NDCの未達成はただちに協定違反にはならない。なお，緩和について規定する第4条4項で，「共通に有しているが差異のある責任」原則に基づき，先進締約国と発展途上締約国の間で区別を設けている点にも留意が必要である。

適応については，CMA 1で発展途上国の適応の努力が承認される（7条3項）ほか，ジェンダーや先住人民といった対象への配慮も見せている。

適応との関連で，協定に新たに規定されたのは，第8条の「損失と損害（loss and damage)」である。損失と損害とは「人間及び自然のシステムに負の影響を及ぼす現実的及び潜在的な気候変動による影響の発現」と定義され，すでにCOP19で設置された「ワルシャワ国際メカニズム」を拡充･強化する（8条2項)。ただし，COP決定によれば，「協定第8条は，賠償責任（liability）または補償（compensation）の基礎を含むものでも，これらを与えるものでもない」ことに合意する。

パリ協定は，協定の目的および長期目標の達成に向けた全体進捗を評価するために本協定の実施を定期的に確認する制度として「世界全体としての実施状況の検討（global stocktake)」を置く（14条1項)。このメカニズムは，最初の実施状況の確認を2023年に，その後5年ごとに行う（同条2項)。これにより，各国のNDCを積み上げげた世界全体の気候変動問題への対応の現状を把握することをめざす。

協定の遵守手続は，CMA 1でその手続きの詳細を決定するが，京都議定書と異なり，あらかじめ協定の本文で「専門家により構成され，かつ促進的な性格を有する委員会であって，透明性があり，敵対的でなく，及び罰則的でない方法によって機能する」ことが確認されている（15条2項)。

発効要件について，パリ協定は，「55以上の（枠組）条約の締約国であって，世界全体の温室効果ガスの総排出量のうち推計で少なくとも55%を占める温室効果ガスを排出するものが，批准書，受諾書，承認書または加入書を寄託した日の後30日目の日に効力を生ずる」と規定する（21条1項）。中国と米国が同時に批准手続をとったこともあり，採択からわずか11か月の2016年11月4日に協定は発効した。

2　国内法における枠組み

Ⅰ　気候変動対策の重要性

気候変動に関する政府間パネル（IPCC）は，2014年の第5次評価報告書において，温暖化は「疑う余地がない」と結論づけ，現状が放置された場合，今世紀末には，今世紀初頭と比較して地球全体で2.6～4.8℃の平均気温の上昇，最大で0.82mの海面上昇が生ずると予測した。すでに世界中で気候変動による問題が生じてきており，日本国内においても平均気温の上昇，暴風，豪雨などによる被害，農作物や生態系への影響などが観測されている。気候変動は，予想される影響の大きさや深刻さからみて，最も重要な環境問題の一つであり，国際的な協調の下に，国内法における取組みも積極的に推進する必要がある。

日本の気候変動対策は，1989年の地球環境保全に関する関係閣僚会議の設置と1990年の「地球温暖化防止行動計画」策定にはじまるが，その後の展開においては，気候変動に関する国際条約・議定書等の採択，発効を契機として国内法が整備されてきた。

そこで，本節では，前節で学んだ気候変動対策の国際法規範の進展のもとで，それを日本国内で実施するための法制度がどのように整備されてきたかを概観する（Ⅱ）。それを踏まえて，国内法における主要施策の現在までの到達点について学ぶ（Ⅲ）。

Ⅱ　気候変動対策の国際法規範とその国内実施

1　気候変動枠組条約の国内実施

⑴　環境基本法における気候変動対策　「気候変動に関する国際連合枠組条約」（気候変動枠組条約）は1992年に採択され，1994年に発効した。日本が締約国となったのは1993年である。そうした動きの中で1993年に制定された環境基本法では，日本の立法上初めて地球環境問題への対応が定められた。具体的には，地球温暖化を含む「地球環境保全」という概念を規定し（2条2項），国際的協調による地球環境保全の積極的推進を謳い（5条），地球環境保全等に関する国際協力等を規定した（32〜35条）。

同法に基づき策定された1994年の「（第1次）環境基本計画」では，地球温暖化は「長期的な環境問題であり，地球規模の深刻な影響が懸念されることから，科学的知見の充実を図りながら，予防的見地に立って着実に対策を進める」とした。

⑵　気候変動枠組条約上の義務の国内実施　同条約の下で日本が負う主な義務としては，①温室効果ガスの排出・吸収の目録の作成，更新，公表，締約国会合への提出，②国家計画の策定，実施，公表，更新，③途上国への資金供与等が挙げられる。これらの実施にあたり，特段の立法措置は講じられず，前述の地球温暖化防止行動計画をはじめ，既存制度に基づく施策や措置により担保することとされた。

なお，地球温暖化防止行動計画は，1998年に地球温暖化対策推進本部によって「地球温暖化対策推進大綱」が策定されたことにより，その役割を終えた。

2　京都議定書の国内実施

⑴　地球温暖化対策推進法の制定　COP 3（京都会議）での「京都議定書」採択（1997年）をうけて，日本では翌1998年に「地球温暖化対策の推進に関する法律」（地球温暖化対策推進法）が制定された。続く2002年改正では，地球温暖化対策の総合的・計画的な推進を図るための計画として「京都議定書目標達成計画」の規定（旧8条）が追加され，これによって本法は京都議定書の国内担保法として明確に位置づけられた。もっとも，京都議定書の義務を履行する

ための具体的な担保措置は，本法には規定されず，京都議定書目標達成計画において定められていた。

⑵　京都議定書目標達成計画　　京都議定書における最重要な義務は，温室効果ガスの排出削減目標である。日本は，2008年から2012年の第一約束期間において，その排出量を原則1990年比で6％削減するものとされた[1)]。義務の履行方法としては，自国の事情に応じた排出抑制の取組みによるほか，国際的に協調して費用効率的に削減目標を達成できるように，共同実施，クリーン開発メカニズム，排出量取引の三つからなる京都メカニズムに参加し，クレジット・割当量を獲得することが認められた。

京都議定書の下での削減義務の達成に必要な施策や措置は，京都議定書目標達成計画において定められた。同計画は，6％削減目標について，環境庁（当時）および他の省庁から持ち寄られた施策による削減量（0.6％）と森林等吸収源による吸収量（3.8％）を積み上げ，なおも不足する分は京都メカニズムを利用して獲得する（1.6％）という形をとった。各省庁から寄せ集められた多岐にわたる施策や措置が実施され，結果的にマイナス6％削減目標は達成された。

3　パリ協定の国内実施

⑴　地球温暖化対策計画　　地球温暖化対策推進法の2013年改正では，政府は京都議定書目標達成計画に代わり「地球温暖化対策計画」を策定するものとされた[2)]（8条）。日本は京都議定書の第二約束期間（2013～2020年）には参加しないことを決定し，2010年の「カンクン合意」の下で，自国で設定する削減目標の達成に取り組むこととなったためである。その後に続く2016年改正は，COP21（パリ会議）での「パリ協定」の採択を踏まえたもので，同計画の記載事項として新たに普及啓発や国際協力の推進を盛り込み計画内容の拡充を図ったほか，地域における対策の推進も規定した。

パリ協定は，①自国で設定する削減目標を5年ごとに提出・更新し，目標達

1）対象となる温室効果ガスは，二酸化炭素（CO_2），メタン（CH_4），一酸化二窒素（N_2O），ハイドロフルオロカーボン（HFC），パーフルオロカーボン（PFC），六ふっ化硫黄（SF_6）の6ガスとされた。基準年は原則1990レベルであるが，HFC以下の3ガスについては1995年レベルとすることが認められた。

2）その他，温室効果ガスに三ふっ化窒素（NF_3）が追加され，日本でも7ガスが施策の対象となった。

成のための施策や措置を実施することをすべての国の共通の義務とし，また，②目標達成に関する情報提供，目標についての説明義務等を規定している。日本では，地球温暖化対策計画がパリ協定の国内実施措置を定めており，その内容はⅢで述べる。

(2)　気候変動適応法の制定　　気候変動対策としては，その原因となる温室効果ガスの排出削減によって気候変動の進行を抑止するための「緩和策」(mitigation) が最も重要であり，以上にもみたように，国際法でも国内法でも緩和策が先行してきた。他方で，すでに現れている影響や将来的に避けられない影響に対しては，海面上昇に対処するための堤防建設，農作物の品種や作付時期の変更をはじめとする「適応策」(adaptation) も必要となる。

パリ協定は適応策について，適応計画の策定プロセスと行動の実施に関与することを締約国に求めているものの，その実施等は各国の裁量に委ねられている。この点，日本では，「気候変動の影響への適応計画」が2015年に閣議決定されていたが，2018年には「気候変動適応法」が制定され，本法に基づく法定計画として「気候変動適応計画」が同年に策定された。これにより，緩和策に関する地球温暖化対策推進法とそれに基づく地球温暖化対策計画とともに，緩和策と適応策の両輪の法整備が実現された。

Ⅲ　国内法における主要施策

1　地球温暖化対策推進法

(1)　地球温暖化対策計画とその内容　　地球温暖化対策推進法は，国，自治体，事業者，国民の責務を規定する（3～6条）とともに，政府が行う気候変動対策の基本的枠組を定めた枠組法である。このため，具体的な排出抑制等のための措置についてはほとんど規定がなく，それは地球温暖化対策計画（8条）において定められる。

政府が2016年に策定した同計画では，国連に提出した「日本の約束草案」に基づき，温室効果ガスを2030年度において2013年度比で26%削減するという中期目標を掲げ，その実現のために各主体に求められる役割・対策や国の施策を盛り込み，さらに，長期的目標として2050年までに80%の削減を目指すとしている。国の施策として，各省庁から持ち寄られた多数の施策が盛り込まれている点は，かつての京都議定書目標達成計画と同様である。関係する法律も，後述の省エネ法やFIT法をはじめ，「建築物のエネルギー消費性能の向上に関する法律」（建築物省エネ法），「都市の低炭素化の促進に関する法律」（エコまち法），「流通業務の総合化及び効率化の促進に関する法律」（物流総合効率化法），「エネルギー供給事業者による非化石エネルギー源の利用及び化石エネルギー原料の有効な利用の促進に関する法律」（エネルギー供給構造高度化法），「国等による環境物品等の調達の推進等に関する法律」（グリーン購入法），「フロン類の使用の合理化及び管理の適正化に関する法律」（フロン排出抑制法），「環境教育等による環境保全の取組の促進に関する法律」（環境教育等促進法）等，実に多岐にわたっている。

(2) 産業界の自主的取組　温室効果ガス国内総排出量のおよそ半分を占めるエネルギー転換部門・産業部門での排出抑制策として，日本では，企業による自主的取組が重視されてきた。なかでも，日本経済団体連合会（経団連）がかねてより公表している「低炭素社会実行計画」（旧「自主行動計画」）が重要である。これは，各企業が自身で設定する目標を含む排出抑制の計画を経団連がとりまとめ，政府がこの計画および目標実現に向けた取組みの進捗を評価・検証するものである。こうした産業界による自主的取組を尊重し，地球温暖化対策推進法では，事業者に対する具体的な義務づけはせずに，温室効果ガス排出抑制等のための計画の作成・公表に努めることを求めるのにとどまっていた（旧9条）。

(3) 温室効果ガス排出量の算定・報告・公表制度　これに対し，京都議定書発効直後に行われた2005年の本法改正では，気候変動対策の一層の推進を図るため，事業者に一定の手続きの履行を義務づける新たな制度が導入された。具体的には，温室効果ガスの多量排出事業者に対し，毎年度，自らの排出ガスの量を算定し，国に報告することを義務づけ，国は報告を受けたデータを集計・公表するという，温室効果ガス排出量の算定・報告・公表制度である（26条以下）。公表は，企業単位，業種単位，都道府県単位で，温室効果ガスごとになされる。また，何人も，事業所ごとの排出量の開示請求を行うことができ，請求を受けた国は，企業秘密等に配慮しつつ，原則公開するものとされた。この制度は，排出量情報の公表・公開を通じて排出抑制に向けた企業の自主的取組を促進するための情報的手法として理解することができる。

2　省エネ法

1970年代に日本が経験した2度のオイルショックを契機に，1979年に制定された「エネルギーの使用の合理化に関する法律」（省エネ法）は，エネルギーの安定供給の確保の観点から省エネ対策強化のために制定された法律であり，元来は気候変動対策を目的とした法律ではなかった。しかし，特に京都議定書採択以降の数次の改正を通じて，温室効果ガスの排出抑制が同法の目的の一つとして確立され，日本の気候変動対策において重要な地位を占める法律となっている。

省エネ法が規制するのは，①工場等，②輸送，③機械器具の3種であり[3]，それぞれについてエネルギー使用の合理化を図るために講ずべき措置を定めている。たとえば，①②のうち大規模な事業者については，省エネの中長期的な計画の作成・提出や定期報告書の提出といった一定の手続きを履行する義務等が課されている。省エネの具体的な対策は，判断基準を示して事業者の自主的取組を行政指導により促進する方式をとるのにとどまる。③エネルギーを消費する機械器具の製造・輸入事業者については，1998年の法改正以降，「トップランナー方式」が採用されている。トップランナー方式とは，省エネ法が規定する一定の機器に関して，現在商品化されている製品のうちで「最も省エネ性能が優れている機器」の性能以上にすることを事業者に求める制度である。

3　再生可能エネルギーの促進策

発電に際し二酸化炭素の排出を伴う化石燃料の代替エネルギー源として注目されるのが，太陽光，風力，中小水力，地熱，バイオマスなどの再生可能エネルギーである。その導入拡大のため，2011年制定の「電気事業者による再生可

3）以前は住宅・建築物に関する規制も含んでいたが，それらは現在，2015年制定の「建築物のエネルギー消費性能の向上に関する法律」（建築物省エネ法）に移管され，一定規模以上の新築建築物に省エネ基準適合義務を課す等の規制措置とともに，建築主等に自主的な省エネ性能向上の取組みを促す誘導措置を一体的に定めるものとなった。

能エネルギー電気の調達に関する特別措置法」（通称FIT法）に基づき，再生可能エネルギーによって発電された電気の全量について，固定価格での買取りを電気事業者に義務づけるFIT（Feed-in Tariff）制度が実施されてきた。これについては本書第13章2で詳述する。

4　地球温暖化対策税

地球温暖化対策税は，石油石炭税に関連する租税特別措置法の2012年改正によって導入されている。これは，二酸化炭素の排出を伴う石油・石炭・天然ガスのエネルギー利用量に応じて税負担を課すとともに，税収を一般財源に組み入れつつも省エネ対策強化や再生可能エネルギー導入などに充当するものである。ただ，税率が極めて低いことから，税負担を減らそうとする動機づけから生ずる排出抑制効果は高くはない。

5　国内排出量取引制度

温室効果ガスの許容排出総量をあらかじめ設定し，それを各事業者に割り当てて達成を義務づけ，大幅な排出抑制を行った事業者には割当量を下回る分を他の排出量超過の事業者へ売却することを認めるキャップ・アンド・トレード（総量規制＋取引）方式の排出量取引制度は，費用効率的な削減目標の達成を図るための制度である。東京都がこの方式に相当する排出量取引制度を2010年に導入して注目を集めたが，全国を対象とする制度は日本では導入に至っていない[4)]。

Ⅳ　結びにかえて

以上にみたように，気候変動対策に関する最も主要な国内法は地球温暖化対策推進法であるが，法律自体には具体的な措置や施策はほとんど規定されていない。同法に基づく法定計画である地球温暖化対策計画を，各省庁の施策を集約する形で策定し，定期的に見直して更新するという方法で，国際法規範の国内実施が進められている。したがって，今後の国際法規範の進展とともに，地球温暖化対策計画の進捗や見直し・更新の動向を注意深く見守る必要がある。

4）国が試行的に行った排出量取引制度は，事業者が自主的に削減目標を設定するものであり，義務的な排出枠の設定を前提としたキャップ・アンド・トレード方式ではない。

第5章

オゾン層保護

1　国際法における枠組み

I　オゾン層保護問題と条約形成までの経緯

オゾンとは，酸素原子3個からなる気体であり，地表から約10～50km上空の成層圏に存在するオゾンの多い層を一般的にオゾン層と呼ぶ。成層圏オゾンは，太陽からの紫外線を吸収する効果を持ち，海中を含む地球上の生態系を有害な紫外線から保護する役割を果たしている。

一方，クロロフルオロカーボン（CFC）に代表されるフロンガスは，1920年代に開発された人工的なガスであり，人体に無害である上に，無臭・不燃性で化学的に安定していることから，スプレーの噴射剤，冷蔵庫やカーエアコンの冷媒，工業製品の洗浄など人間活動の様々な場面で活用されて，その生産量も年々上昇していった。しかしながら，消費後に大気中に放出されたフロンガスは，長い年月をかけて成層圏まで上昇し，そこで化学反応をおこし，オゾン層を破壊してしまうことが，1970年代になって判明した。自然科学者の指摘により，オゾン層が破壊されることで，紫外線による皮膚ガンや白内障などの健康障害や，生態系の破壊，気候変動などの悪影響を及ぼすことが明らかになった。

そこで，これまで大量のフロンガスを生産・消費していた先進諸国は，積極的にフロンガスの生産や使用を規制する国内措置を講じた。さらに，国際的な抑制措置を求める米国の呼びかけに応じる形で，1977年にUNEPは「オゾン層に関する世界行動計画」を採択し，政府代表と産業界の代表から構成される「オゾン層調整委員会（CCOL）」が設置された。しかしながら，1980年代に南極上空にオゾン・ホールが発見されるなど，オゾン層破壊問題が深刻な地球環境問題であるという認識が急速に高まると，国際条約によりフロンガスを法的に規制する必要性が叫ばれるようになった。UNEPは，1980年の第8回管理理事会で，フロンガスの生産能力の凍結と使用の削減を勧告し，さらに，翌年の第9回管理理事会で，オゾン層を保護するための条約交渉を開始することに合意した。

オゾン層を破壊しない代替フロンの開発によりフロンガスの規制が可能となった先進国と，引き続き安価なフロンガスの使用により工業化を推進しようとする開発途上国の間で条約交渉は難航したが，UNEPの尽力もあり，1985年にウィーンでオゾン層保護のためのウィーン条約（以下，オゾン層保護条約）が採択された。

Ⅱ　オゾン層保護条約

オゾン層保護条約は，前文で「オゾン層の変化が人の健康および環境に有害な影響を及ぼすおそれのあることを認識」した上で，「国連人間環境宣言の関連規定，特に……原則21を想起」する。本文では，一般的義務として，締約国に「オゾン層を変化させ又は変化させるおそれのある人の活動の結果として生じ又は生ずるおそれのある悪影響から人の健康及び環境を保護するために適当な措置をとる」（2条1項）ことを義務づけた上で，「研究及び組織的観測等に協力すること」（3条）および「法律，科学，技術等に関する情報を交換すること」（4条）などについて規定している。

条約は，内部組織として，締約国会議および事務局を設置する。締約国会議は，条約の効力発生後1年以内に，その後は定期的に召集され（6条1項），締約国から提出される情報および補助機関より提出される報告の検討，オゾン層に関連する科学上の情報の検討，オゾン層に関連する適当な政策，戦略および措置の調整の促進並びに勧告，議定書の採択および改正などを行う（6条）。事務局は，締約国会議の準備および役務の提供，報告書の作成および送付，他の関係国際団体との調整などを行う（7条）。なお，締約国会議は，この条約の実施に必要と認められる補助機関の設置を決定することができ（6条4項(i)），科学的知見を評価する科学評価，環境影響評価，技術経済評価の各パネルが設置されているほか，開発途上締約国の多数国間基金が設置されている。

この条約は，いわゆる枠組条約の先駆的存在であり，締約国に具体的なフロンガスの規制義務を課しておらず，議定書および附属書の採択によって，この条約の実施のための措置，手続きおよび基準を定めることをあらかじめ想定している。そのため，条約発効前から議定書交渉が開始され，1987年９月16日にオゾン層を破壊する物質に関するモントリオール議定書（以下，モントリオール議定書）が作成された。

Ⅲ　モントリオール議定書

議定書は，前文で「オゾン層を変化させ又は変化させるおそれのある人の活動の結果として生じ又は生ずるおそれのある悪影響から人の健康及び環境を保護するために適当な措置をとる義務があることに留意」し，「技術的及び経済的考慮を払い，かつ，開発途上国の開発の必要に留意しつつ，科学的知識の発展の成果に基づきオゾン層を破壊する物質の放出を無くすことを最終の目標として，この物質の世界における総放出量を衡平に規制する予防措置をとることによりオゾン層を保護することを決意」する。その上で，具体的な規制措置として，附属書で掲げる規制物質の生産量，消費量並びに輸出量および消費量の算定値を第３条に基づいて決定し，基準年（1986年）と比較した算定値を超えないことを締約国に義務づけている。ただし，議定書は，開発途上締約国に特別の配慮を行っており，規制物質の消費量の算定値が，１人あたり0.3kg未満の締約国については，自国の基礎的な国内需要を満たすために，規制措置の実施時期を10年間遅らせることができる（５条）。

モントリオール議定書の特徴の一つは，締約国に非締約国との貿易規制義務を課している点である。第４条は，議定書発効後１年以内に，締約国は非締約国から規制物質の輸入を禁止し（１項），1993年１月１日以降，非締約国に対して附属書に規定する規制物質の輸出をしてはならない（２項）と規制する。この措置は，非締約国に対して議定書に参加した方が（数量が規制されるものの）フロンガスの取引に参加できるというメリットをもたらし，締約国の増加を促す効果が期待できる。実際にオゾン層保護条約およびモントリオール議定書の締約国は，2020年６月30日時点で198か国であり，主要国を含めたほぼ全ての国の参加を確保している。

また，議定書第８条は「締約国は，その第一回会合において，この議定書に対する違反の認定及び当該認定をされた締約国の処遇に関する手続及び制度を検討し及び承認する」と規定しており，これは，今日ほとんどの多数国間環境協定が設置している遵守手続の先鞭である。同条に基づき，1992年の第４回締約国会合（コペンハーゲン）は，不遵守手続を採択した。同手続にもとづいて設置された履行委員会は，衡平な地理的配分にもとづいて２年の任期で締約国会合が選出した10の締約国で構成される（５項）。委員会は１年に２回の会合を持ち，「事案の友好的解決を確保する（８項）」ことを目的として，他の締約国，不遵守国または事務局からの通報，情報および見解を検討し，適当と考える勧告を締約国会合に報告する。締約国会合が議定書の不遵守についてとりうる措置は，①適当な援助（データの収集および報告への援助，技術援助，技術移転および資金援助，情報移転および訓練を含む。），②警告の発付，③議定書に基づく特定の権利および特権（産業の合理化，生産，消費，取引，技術移転，資金供与の制度および制度的な措置に関するものを含む。）の期限付きまたは無期限の停止があげられている（決定IV/５）。これらの措置は，条約義務違反に対する国家責任の追及ではなく（③についても，条約の運用停止に関する国際法の適用可能な規則であると留保している），むしろ条約独自の制度であり，多数国間環境協定の特徴の一つであると言える。

モントリオール議定書は，1989年１月１日に発効した。その後，議定書は，締約国会合での議論を経て段階的に規制物質の強化を行っている。一般に国際条約の規制強化は，附属書を含む条約の改正によって行われ，改正は，改めて締約国の批准手続を必要とする。しかしながら，議定書は，通常の改正手続に加えて調整という手続きを置き，より柔軟な規制強化に成功している。まず，議定書の改正手続は，オゾン層保護条約第９条を準用し，改正案についてコンセンサス方式により合意に達するようあらゆる努力を払うが，合意に達しない場合には，最後の解決手段として，当該会合に出席しかつ投票する当該議定書の締約国の⅔以上の多数票による議決で採択される。これに対して，規制ガス

図表５－１　モントリオール議定書の強化

締約国会合		内　容
ロンドン（1990）	調整	附属書A（CFCs, ハロン）の削減スケジュール前倒し
	改正	附属書B（CFCs, 四塩化炭素等）の生産・消費規制追加
コペンハーゲン（1992）	調整	附属書A（CFCs, ハロン）および附属書B（CFCs, 四塩化炭素等）の削減スケジュール前倒し
	改正	附属書CのグループⅠ（HCFCs）の消費規制追加 附属書CのグループⅡ（HBFCs）および附属書E（臭化メチル）の生産・消費規制追加
ウィーン（1995）	調整	附属書CのグループⅠ（HCFCs）（消費規制）および附属書E（臭化メチル）の削減スケジュール前倒し
モントリオール（1997）	調整	附属書E（臭化メチル）の削減スケジュール前倒し
	改正	貿易規制の強化
北京（1999）	調整	途上国の基礎的な国内需要を満たすための生産量の削減スケジュールの設定
	改正	附属書CのグループⅠ（HCFCs）の生産規制追加 附属書CのグループⅢ（ブロモクロロメタン）の生産・消費規制追加
モントリオール（2007）	調整	附属書CのグループⅠ（HCFCs）（生産規制）の削減スケジュール前倒し
ギガリ（2016）	改正	附属書FのグループⅠ（HFC17種類）の生産・消費規制追加 附属書FのグループⅡ（HFC-23）の生産・消費規制および排出の破壊の追加

出典：経済産業省のHPを一部修正（https://www.meti.go.jp/policy/chemical_management/ozone/law_ozone_outline.html［閲覧日2021年５月20日］）

のスケジュールの前倒しは，議定書の調整により行われる。この手続きは，締約国会合の決定によりおこなわれるため，締約国の批准手続を必要としない。

2　国内法における枠組み

Ⅰ　オゾン層破壊はなぜ問題なのか

地球を包む大気のうち，地上から約10～50km上空の成層圏には大気中のオゾン（O_3）の約90%が集中して存在する領域があり，これをオゾン層という。オゾン層は，太陽から降りそそぐ有害な紫外線の大部分を吸収し，皮膚ガンや白内障といった病気の発症，陸地や水中の生態系への悪影響から地球上の人や生物を保護する役割を果たしている。ところが，冷蔵庫やカーエアコン等の冷媒，電子部品の洗浄剤などで幅広く用いられてきたフロンガスはオゾン層を破壊することが1970年代後半以降明らかとなり，オゾン層の保護は重大な環境問題として認識されるようになった。しかも，一部のフロンはオゾン層破壊物質であると同時に強力な温室効果ガスでもあり，フロンの代わりに使用されるようになった代替フロンは強力な温室効果ガスである。そこで近年では，気候変動対策のためにも，その排出抑制・削減に積極的に取り組むことが求められている。

本節では，まず，前節で学んだオゾン層保護のための国際法規範と日本の国内法制度がどのような関係にあるかを確認する（Ⅱ）。次いで，国内法における枠組みを主に形成するオゾン層保護法（Ⅲ）とフロン排出抑制法（Ⅳ）について学んでいく。

Ⅱ　オゾン層保護条約・モントリオール議定書とその国内実施

1　条約・議定書上の義務

1985年採択の「オゾン層保護のためのウィーン条約」（オゾン層保護条約）は，適切なオゾン層保護措置をとることなどの一般的義務を締約国に課すとともに，オゾン層保護を目的とする国際協力のための基本的枠組を設定する枠組条約である。具体的な義務は，同条約に基づいて1987年に採択された「オゾン層を破壊する物質に関するモントリオール議定書」（モントリオール議定書）が定めている。

同議定書が締約国に課す主な義務は，①オゾン層破壊物質の全廃に向けて生産量および消費量を段階的に削減するための規制措置と，②議定書の締約国にならない国（非締約国）が貿易上不利になるという状況をつくり出すことで，より多くの国へ加盟を促すため，非締約国との貿易を禁止・制限する措置を実施することである。

2 モントリオール議定書の国内実施

(1) オゾン層保護法の制定　日本がオゾン層保護条約およびモントリオール議定書を批准するに際して，国内担保法として1988年に制定したのが「特定物質の規制等によるオゾン層の保護に関する法律」(オゾン層保護法) である[1]。議定書がオゾン層破壊物質に関して定める最小限の義務は前記①のとおり生産量と消費量の削減であるが，本法はその国内実施措置を規定するのに加えて，排出の抑制および使用の合理化のための措置をあわせて規定している。

(2) 貿易の規制　議定書上の生産規制の国内実施については，概ねオゾン層保護法で担保されているが，消費量（＝生産量＋輸入量－輸出量）の限度を遵守するために必要な輸入規制と，前記②の非締約国との貿易規制の国内実施については，外国貿易の規制を行う唯一の国内法である「外国為替及び外国貿易法」(外為法) で別途担保されている。

3 フロン類の回収・破壊

オゾン層保護法の施行によって1995年末までに主なオゾン層破壊物質の生産が全廃される頃になると，それ以前に生産された製品・機器内に残存している大量のフロンガスが課題となった。その対策としては，機器が廃棄される際に確実に回収してしっかりと破壊し，フロンガスを大気中に出さないようにすることが重要である。フロン類の回収・破壊については，議定書上の義務ではないし，日本では議定書の生産量・消費量の削減義務を達成するための直接的な手法とは位置づけられていない。それでも，フロン類の排出抑制のためには極めて有効な手段であることから，業務用冷凍空調機器およびカーエアコン等の冷媒に使用されているフロン類の機器廃棄時における適正な回収および破壊処理の実施を義務づけた「特定製品に係るフロン類の回収及び破壊の実施の確保等に関する法律」(フロン回収・破壊法) が，2001年に議員立法で成立した。

---

1) その後，オゾン層の破壊が予想以上に進んでいることが判明したことから，規制対象物質の追加や削減スケジュールの前倒しを行うための議定書の改正が数次にわたり行われ，これに対応して，オゾン層保護法も1991年および1994年に改正されている。

Ⅲ　オゾン層保護法

1　オゾン層破壊物質の規制

(1)　製造および輸出入の規制　　オゾン層保護法は，オゾン層保護条約およびモントリオール議定書の的確かつ円滑な実施を担保するため，オゾン層破壊効果を持つ規制対象物質（特定物質[2)]）を削減するための規制を定めている。具体的には，以下のことが規定されている。

①　製造数量の許可　　特定物質の製造者は，その種類および規制年度ごとに，製造数量について経済産業大臣の許可を事前に受けなければならない（4条）。許可制を通じた生産量のコントロールによって，オゾン層破壊物質ごとの総生産量を議定書で定められた一定限度量以下に制限する義務の担保を図っている。

②　輸入の承認　　議定書上の消費量（＝生産量＋輸入量－輸出量）の限度を超えないようにし，また，非締約国との貿易を禁止・制限する措置を担保するため，特定物質の輸入者に対し，外為法52条の規定に基づく輸入の承認を事前に受ける義務を課している（6条）。

③　輸出の届出　　議定書の定める条約事務局への資料の提出義務を実施するためには毎年の輸出量を把握する必要があることから，特定物質の輸出者に，前年の輸出数量等について経済産業大臣に届出をする義務を負わせている（17条）。

④　罰則　　①～③の義務に違反した者には，罰則が科される（30条以下）。

⑤　基本的事項等の公表　　経済産業大臣・環境大臣が定める基本的事項等において，議定書に基づき日本が遵守しなければならない特定物質の生産量および消費量の基準限度を定めて公表し（3条1項），その限度内で製造の許可および輸入の承認を行っている。また，特定物質の生産量や消費量等の国内総量の実績をとりまとめて公表している（3条2項）。

2）法律の規制対象となる「特定物質」については，モントリオール議定書の規制対象物質を，政令で規定している。

⑥　観測および監視　　オゾン層保護条約は，オゾン層の状態等の組織的観測，研究および情報交換を通じて，オゾン層に関する科学的不確実性ないしはリスクの解明に各締約国が協力して取り組むことを求めている（同条約３条）。この規定を受け，気象庁長官がオゾン層の状況および大気中における特定物質の濃度を観測し，その成果を公表すること，並びに，環境大臣が特定物質によるオゾン層の破壊の状況および大気中における特定物質の濃度変化の状況を監視し，その状況を公表することを定めている（22条）。

⑵　排出の抑制・使用の合理化　　本法はさらに，特定物質の排出の抑制および使用の合理化に関して，以下のことを規定している。すでに述べたように，これらの措置の実施は議定書で義務づけられたものではない。努力義務に基づく制度にとどまるものの，議定書の積極的な国内実施措置として理解することができる。

⑦　使用事業者の努力　　特定物質の使用事業者は，使用する特定物質の排出抑制・使用の合理化に努めなければならない（19条）。

⑧　排出抑制・使用合理化指針の公表等　　環境大臣・経済産業大臣は，特定物質の排出抑制・使用の合理化に関する使用事業者の自主的取組についての指針を設定・公表し，主務大臣は指導・助言を行うことができる（20条）。

2　代替フロンの規制

2016年，ルワンダのギガリで開催されたモントリオール議定書第28回締約国会合で，フロンの代わりに使用が増加している物質（代替フロン）であるハイドロフルオロカーボン（HFC）について，規制対象物質に追加し，その生産量および消費量の削減義務を締約国に課す旨の議定書改正案が採択された（ギガリ改正）。HFCは強い温室効果を持つ一方，オゾン層破壊効果を持たないため，京都議定書およびパリ協定の対象とされ，モントリオール議定書の対象とはされてこなかった。しかし，モントリオール議定書の方が明確な削減目標が立てられることから，今般，同議定書の対象とされた。このギガリ改正の国内実施のため，本法は2018年に改正され，2019年１月から施行されている。

今般の改正で，「特定物質に代替する物質であつて地球温暖化に深刻な影響をもたらすものとして政令で定めるもの」を「特定物質代替物質」と定めて新たに規制対象とした[3]（2条2項）。規制内容としては，製造数量の許可制や輸入の承認制等，前述した特定物質の規制措置と同様の仕組みが採用されている。

Ⅳ　フロン回収・破壊法からフロン排出抑制法へ

1　フロン回収・破壊法

(1)　フロン回収・破壊法の仕組み　　フロン類を回収して破壊する取組みは，かつては都道府県などにおける率先行動や関係する産業界の自主的取組によって行われてきたが，回収率は低かった。そこで，2001年に制定されたのがフロン回収・破壊法である。当時すでに「特定家庭用機器再商品化法」（家電リサイクル法）が1998年に制定されていたので，家庭用の冷蔵庫やルームエアコンのフロン類は家電のリサイクルシステムで対応し，業務用のエアコンと冷凍・冷蔵機器（第一種特定製品）およびカーエアコン（第二種特定製品）のフロン類については本法で対応することとされた。このうち，カーエアコンのフロン類に対しては，本法制定の翌2002年に成立した「使用済自動車の再資源化等に関する法律」（自動車リサイクル法）に基づく対策がとられている。

当初の具体的な仕組みは，①第一種特定製品の廃棄者は，都道府県知事によって登録された回収業者に引き渡すとともに処理費用を支払う義務を負い，②回収業者には，その引取義務と破壊業者への引渡義務を負わせ，③最終的には，環境大臣と経済産業大臣の許可を受けた破壊業者において破壊する，④回収・運搬，破壊の際には，主務省令で定める基準を遵守する義務を課す，というものであった。

(2)　行程管理制度の導入等　　法施行後も，廃棄時の回収率は3割程度と低い水準にとどまっていた。その原因の一つは，廃棄後のフロン類の引渡状況を廃棄者自身を含む第三者が確認できる仕組みがないため，フロン類の処理費用を支払って回収業者へ適正に引渡しを行うインセンティブが働かないことにあると考えられた。そこで，2005年策定の「京都議定書目標達成計画」に回収率を60％に向上させるとの目標が掲げられたのを背景に，2006年に改正法が成立

3）これにあわせて，法律名称が「特定物質等の規制等によるオゾン層の保護に関する法律」に改められた（下線部を追加）。

し，フロン類の引渡し等を書面で管理する行程管理制度が新たに導入された。ほかに，フロン類を回収する場面を機器の廃棄時のみならず，リサイクル時，整備時にも拡大する対策強化も図られた。

2 フロン排出抑制法

(1) 抜本的改正の背景　新たな制度の導入や対策強化にもかかわらず，依然として回収率は伸び悩んでいる。加えて，機器使用時に冷媒フロンが大量に漏えいしている事実が判明した。これらの問題に対して，ノンフロン・低GWP[4)]製品の技術開発・商業化の進展，HFCの世界的な規制への動きといった状況の変化も踏まえ，対応が必要とされた。こうした中で，これまでのフロン類の回収・破壊に加え，フロン類の製造から，製品への使用，回収，再生，廃棄までのライフサイクル全般にわたる包括的な排出抑制対策を講ずるため，2013年，「フロン類の使用の合理化及び管理の適正化に関する法律」（フロン排出抑制法）への改称を伴う大改正が行われた。この改正に伴う新たな措置としては，大臣が「判断基準」を示してフロン類やそれを使用する機器の製造業者等にノンフロン化･低GWP化に向けた自主的取組を促進する方式（下記①②）と，機器使用時の適正な管理を促す情報的手法として「漏えい量の算定・報告・公表制度」（下記③）が採用された点が注目された。

その後，2019年には，機器廃棄等の回収率を向上させるための規制強化が図られている（下記⑤⑥）。

現行法の主な内容としては，以下のとおりである（**図表5－2**）。

(2) 使用の合理化に関する措置

① フロン類の製造業者等　判断基準に従い，製造・輸入するフロン類の使用の合理化に関する自主的取組を求めている（9条）。

② 指定製品の製造業者等　業務用エアコン等の指定製品の製造・輸入に際し，判断基準に従い，使用フロン類による環境影響度の低減に向けた自主的取組を求めている（12条）。

4）GWPとは，地球温暖化係数のこと。二酸化炭素を基準にして，他の温室効果ガスがどれだけ温暖化させる能力を持つかを表した数値である。

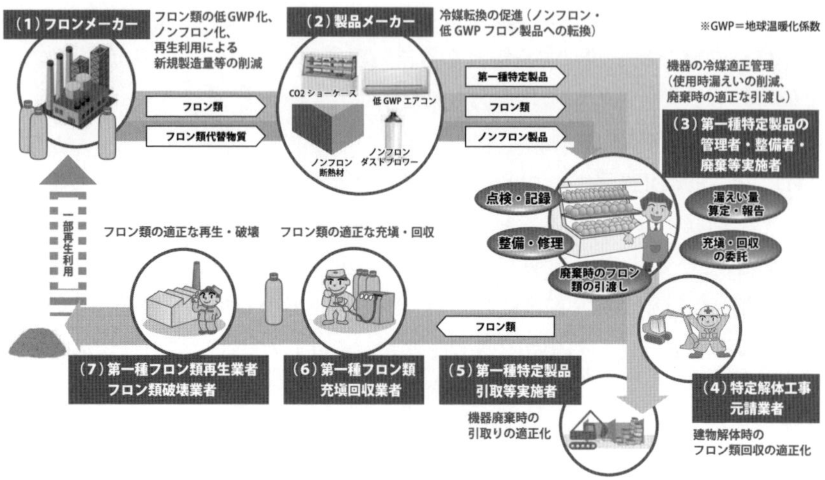

図表5－2　フロン排出抑制法の全体像

出典：環境省「フロン排出抑制法」ポータルサイト（https://www.env.go.jp/earth/furon/［閲覧日2021年6月22日］）

(3)　管理の適正化に関する措置

③　第一種特定製品の管理者　　判断基準に従い，点検等を実施する（16条）。また，管理者のうち一定以上フロン類を漏えいさせた者に対しては，漏えい量の算定・報告・公表制度が適用される（19条以下）。

④　第一種特定製品の整備者・廃棄等実施者　　フロン類の充塡・回収や，機器の廃棄等が必要なときは，都道府県知事の登録を受けた第一種フロン類充塡回収業者に委託やフロン類の引渡しをしなければならない（37・39・41条）。

⑤　解体工事の元請業者　　解体工事の前に第一種特定製品の有無を事前確認し，解体工事の発注者に書面を交付して説明しなければならない（42条）。

⑥　引取等の実施者　　廃棄等された第一種特定製品の引取り等を行おうとする場合，引取証明書の写し等によりフロン類が回収済みであることを確認しなければならない（45条の2）。

⑦　フロン類再生業者・破壊業者　　主務大臣の許可を受けなければならず（50・63条），再生・破壊の際には主務省令で定める基準を遵守する義務を負

う（58・69条）。

V　結びにかえて

オゾン層については，モントリオール議定書と，日本ではオゾン層保護法の成功により，その回復の道筋がみえつつある。しかし，フロン・代替フロンがもたらす気候変動問題とあわせみると課題も少なくない。今後のさらなる対策の推進が求められる。

第6章

大気汚染

1 国際法における枠組み

I 領空主権と大気環境保護

領空とは，国家領域の構成要素の一つであり，領土および領海の上空に設定されている（垂直的限界）。領空の上限を超えると宇宙空間となる（水平的限界）が，その境界線の定義は国際法上まだ確立していない。国家は，自国の領空において完全且つ排他的な主権を有しており，領空の使用についても領域国は広範な管轄権を行使することができる。たとえば，航空機の航路設定や廃棄物の規制など自国国内法を制定することができる。しかしながら，地球上の大気は分割することができない一体のものであり，国境線を越えて自由に移動することができることから，大気汚染が深刻な国際問題となることもまた事実である。

大気汚染が国際裁判で争われたリーディングケースとしては，1941年に仲裁裁判所が判決を下したトレイル精錬所事件が有名である。米国とカナダの国境線を形成するコロンビア川を挟んだカナダ側のトレイルに存在する民間会社経営の精錬所から多量の亜硫酸ガスが発生し，米国側のワシントン州の農作物や森林資源に悪影響を与えた事件で，米国とカナダは仲裁裁判所を設置することによって解決を図った。裁判所は，「いかなる国家も，事件が重大な結果をもたらし，かつその損害が明白で納得できる証拠によって立証される場合には，他国領域内で，もしくは他国領域に対して，または他国領域内の財産もしくは人に対して，ばい煙によって損害を生じさせるような方法で，自国領域を使用したり，使用を許可する権利を有するものではない」（*3 RIAA*, pp.1962-1965）と述べ，国家は領域主権を持つとともに，自国領域を管理する責任があることを確認した。このように大気汚染を防止する一般的義務は，慣習国際法である領域管理責任原則から導き出すことができる。

しかしながら，大気汚染に関する国際裁判の事例はそれほど多くはない。1966年から南太平洋で大気圏核実験を行っていたフランスに対して，オーストラリアとニュージーランドが放射能汚染への懸念から，放射能降下物の堆積が，本国の領域主権を侵害するとして，1973年に国際司法裁判所（ICJ）に提訴した。ICJは，仮保全措置命令の中でフランスに対して両国領域に放射性降下物の堆積をもたらすような核実験を行わないよう指示したが，翌年，フランスの核実験中止宣言の法的拘束力を認めることにより，原告の請求目的は消滅したとして判決を下す必要はないとの結論を下した。また，2008年にエクアドルがコロンビアを相手取り，除草剤の空中散布に対してICJに提訴した事例があるが，2013年に両国の合意が成立し，訴訟が取り下げられた。

Ⅱ　大気汚染防止のための国際条約

大気汚染に関する普遍的な多数国間協定は，まだ存在しないが，一定の汚染物質を地域条約で規制する協定はいくつか存在する。その中でも最も代表的なものは，国連欧州経済委員会が1979年に採択した長距離越境大気汚染条約である。同条約は，1975年の欧州安全保障協力会議の最終文書に基づき，大気汚染から人およびその環境を保護することを決意し，大気汚染を制限し，並びに可能な限り段階的に削減しおよび防止するよう努めることを基本原則として（2条），情報の交換および検討（4条），協議（5条），大気の質の管理（6条），研究および開発（7条）およびモニタリング（9条）によって大気汚染に対処する国家の行動を調整する。なお，同条約は，枠組条約としての性格も有しており，同条約の下に大気汚染物質の長距離移動のモニタリングおよび評価のための協力計画に関する議定書（EMEP議定書）など，具体的な大気汚染物質の削減・規制を義務づける議定書が今日までに8つ採択されている。このうち，ヘルシンキ議定書と呼ばれるいおう排出量等削減議定書では，各締約国が，1980年時点のいおうの排出量の最低限30％を1993年までに削減することを定め，1994年には新たに追加的削減議定書が採択されている。またソフィア議定書と呼ばれる窒素酸化物等規制議定書では，1994年までに窒素酸化物の排出量を1987年時点の排出量に凍結することを規定している他，新規施設および自動車に対して，経済的に使用可能な最良の技術に基づく排出基準を適用することを義務づけている。なお，これらの条約および協定の締約国は，作成した国連欧州委員会の加盟国が欧州諸国以外にも拡大されていることから，米国およびカナダ，東欧，ロシアを含む広範囲の締約国を含むものになっている。また，規律対象も，重金属や残留性有機汚染物質，地表レベルオゾンなどにまで拡大している。

その他に，米国とカナダは，1991年に大気の質に関する協定を署名・発効させている。また，東南アジア諸国連合（ASEAN）は，2002年に煙霧汚染協定を採択し，翌年に発効した。しかしながら，これまで最も煙霧汚染を発生させているインドネシアが批准していない。

日本をはじめとするアジア地域では，黄砂やPM2.5などの大気汚染に悩まされている。黄砂とは，中国大陸内陸部の乾燥・半乾燥地域からの土壌および鉱物粒子が偏西風により飛来する物質で，自然現象に加えて過放牧や農地転換などの土地の劣化によっても発生するといわれている。黄砂により，人間の健康被害の他，家畜や農作物の損害，交通インフラへの障害などの損害が発生する。PM2.5は，ばい煙や粉じんなどの大気汚染の原因となる直径2.5μm（マイクロメートル）以下の粒子である。この非常に細かな粒子は，ぜんそくや気管支炎などの呼吸器系疾患や循環器系疾患を引き起こすといわれている。これらを含めて，日本，韓国および中国といった工業化が進んだ東アジア地域には，大気汚染を規制する国際条約は現在も存在していない。ただし，東アジア地域における酸性雨などの大気汚染問題に対する国際協力の一環として，「東アジア酸性雨モニタリングネットワーク（EANET）」が提唱され，1998年3月から同ネットワークに関する政府間会合が継続して開催されている。ネットワークの目的は，東アジア地域の酸性雨の状況に関して共通の理解を形成すること，および酸性雨の人の健康および環境への悪影響の未然防止または軽減を目的とした地方，国および地域のレベルにおける政策決定過程に有益な情報を提供することであり，2010年には政治的合意文書も採択された。

なお，まだ条約として成立していないが，国連国際法委員会は，2013年から大気の保護に関する条文草案の検討を開始した。この作業は，気候変動，オゾン層破壊，および長距離越境大気汚染を含む関連条約の交渉を妨げるものではなく，そのトピックは，国家およびその国民の損害賠償義務，汚染者負担原則，予防原則，共通だが差異のある責任および発展途上国への資金および技術移転（知的財産権を含む）といった諸問題に対処するものではなく，それを損なうものでもない。委員会は，その後，５つの報告書に基づき作業を進め，2018年の会合で,前文と12のガイドラインからなる「大気の保護に関するガイドライン」の第一読を採択した。

2　国内法における枠組み

I　大気汚染対策の課題

かつて日本では，工場・事業場から排出されるばい煙によって深刻な大気汚染が発生し，周辺地域の住民に深刻な健康被害がもたらされた。こうした公害への対策では，その未然防止と同時に被害の救済が常に課題とされてきた。戦後の相次ぐ大気汚染公害訴訟の先駆けは，1967年に石油化学コンビナートの企業群を相手に損害賠償を求めて提訴された四日市公害訴訟である。同判決（津地四日市支判昭47・７・24判時672・30）は，立地上の過失や疫学的因果関係といった当時の画期的な考え方に基づき，被害住民への損害賠償を認めた。その後，後述する1968年制定の「大気汚染防止法」（大防法）の施行とともに，四日市ぜん息のような激甚な被害は目立たなくなるが，それに代わるようにして自動車排気ガスによる大気汚染が重大な問題となる。そこでは，自動車メーカーの排気ガス対策や国の交通政策のあり方が問われるなかで，道路管理者としての国などの責任を認め，損害賠償とともに一定濃度を超える自動車排気ガスの排出の差止めを命じる尼崎大気汚染訴訟判決（神戸地判平12・１・31判時1726・20）や名古屋南部大気汚染訴訟判決（名古屋地判平12・11・27判時1746・３），メーカーの法的責任を否定はしたものの「新技術を取り入れた自動車を製造，販売すべき社会的責務がある」とした東京大気汚染訴訟判決（東京地判平14・10・29判時1885・23）等の注目すべき判決も出されている。

ただ，被害が救済されても，それは公害地域の環境状況の改善を直ちに意味する訳ではないから，工場・事業場からのばい煙や自動車排気ガスによる汚染や被害を未然に防止するための対策が不可欠である。また，最近では，大気汚染対策を地球規模でとらえる必要性，具体的には，国境を越える大気汚染の対策のほか，大気汚染と気候変動の問題を一体的にとらえる必要も指摘されている。

これらの課題について，本節ではまず，法整備の先行するばい煙などへの大防法の規制（Ⅱ）と自動車排気ガス対策（Ⅲ）の枠組みを学ぶ。次いで，越境・グローバル化する大気汚染問題への対策にも目を向ける（Ⅳ）。

Ⅱ　大防法による固定発生源規制

1　規制の法的仕組

大気環境については，二酸化いおうや二酸化窒素などの一定の物質について，環境基本法16条に基づく「環境基準」が定められている。環境基準は，地域全体で目指すべき環境の質として数値で設定される環境政策上の目標であり，政府は，その達成を図るべく，様々な施策や措置を講ずることになる。

大防法が定める規制の基本的仕組は，①固定発生源である工場・事業場が設置する規制対象施設ごとに汚染原因物質などの排出許容限度を「排出基準」として定め，その遵守を義務づけ，②遵守しない施設に対しては都道府県知事が計画変更命令や改善命令などを発し，③この命令に従わない場合には罰則を科すというものである（規制的手法）。通常，命令の後に罰則が科される（命令前置制）が，悪質な場合には改善命令などを経ることなく，直ちに罰則が科されることもある（直罰制）。

施設の設置者には，新規設置や構造などの変更にあたって，その一定期日前までに知事への届出が義務づけられる。知事は，届出内容を審査し，当該施設が排出基準に適合しないときは，届出受理から一定期間内であれば計画の変更などを命ずることができる。施設設置の後も，施設の設置者には排出量を測定し，その結果を記録することを義務づけておく。知事は，必要な報告を求めたり施設内に立ち入って検査する権限を持ち，こうした監視の結果，義務違反があれば改善などを命ずることができる。

2　ばい煙規制

かつての「ばい煙の排出の規制等に関する法律」（ばい煙規制法）に代えて1968年に制定された大防法が最初に取り組んだのが，ばい煙発生施設から排出される「ばい煙」の規制である。ばい煙とは，物の燃焼に伴い発生するいおう酸化物・ばいじん・有害物質（窒素酸化物など5種類）である（2条1項）。ばい煙ごとに設定される排出基準には，①全国一律に適用される一般排出基準，②大気汚染の深刻な地域で適用されるより厳しい特別排出基準，および，③都道府県が条例で定めるさらに厳しい上乗せ基準があり，いずれも排出口において排気ガス中に含まれる物質の濃度を規制する濃度規制方式である（3条以下）。

さらに，工場・事業場の集合する地域で排出基準による規制では環境基準の達成が困難な場合には，総量規制方式もとられる（5条の2，5条の3）。これは，環境基準の達成において限度とされる地域全体での汚染物質の総量を算出し，それを排出口単位ではなく，事業所単位の排出許容枠として割り当てた「総量規制基準」の遵守をばい煙排出者に義務づけるものである。

これらの措置が講じられてきた結果，近年では多くの物質・項目で環境基準を達成している状況にあり，大気汚染による激甚な健康被害の問題は目立たなくなってきている。もっとも，それをもって「公害が終わった」とするのは早計だろう。そこで次に，多様化する汚染物質・汚染源とそれに対する大防法の規制制度の展開をみていく。

3　多様化する汚染の規制

(1)　粉じん規制　「粉じん」とは，物の破砕や堆積などにより発生・飛散する物質をいい，人の健康被害を生ずるおそれのある「特定粉じん」と，それ以外の「一般粉じん」に区分される（2条7・8項）。

初期からの規制対象物質である一般粉じんの規制では，排出・飛散の防止のため，施設の種類ごとに定められる構造・使用・管理に関する技術的基準の遵守義務が規定されている（18条の3）。これに対し，1989年の法改正で導入された特定粉じんの規制は，人の体内に蓄積され長い年月を経て重篤な疾患を発症させる石綿（アスベスト）を対象としたもので，特定粉じん発生施設を設置する工場・事業場の遵守すべき排出基準が，敷地境界線において大気１Ｌ中石綿繊維10本と濃度で定められている（18条の５）。近年，課題となっているのは建築物の解体作業時の石綿飛散の防止であり，阪神・淡路大震災や東日本大震災での経験も踏まえ，数次にわたる法改正で規制が強化されている（18条の14以下）。

(2)　有害大気汚染物質の規制　「有害大気汚染物質」とは，継続的に摂取されることにより人の健康を損なうおそれのある物質で，大気汚染の原因となるものをいい（２条16項），現在，該当する可能性のある物質（該当可能性物質）として248種類，このうち特に優先的に対策に取り組むべき物質（優先取組物質）として23種類が特定されている。

これらの物質がもたらす危険性については，いまだ十分には解明されていないことから，1996年の法改正時には排出基準の設定は当面見送りとされ，事業者に排出抑制の努力義務が課されたにとどまった（18条の42）。ただし，優先取組物質の中のベンゼン・トリクロロエチレン・テトラクロロエチレンについては，早急な対策を要するとされ，ばい煙規制と比べると緩やかではあるが規制的措置が設けられている。具体的には，当分の間の措置として，施設ごとに濃度に関する排出抑制基準が定められ，その違反に対し都道府県知事は必要に応じて勧告できるとされた（附則９～11項）。

科学的不確実性の解明に向けた対応として，国は，汚染状況の把握，科学的知見の充実，被害のおそれの評価，成果の公表を行うとともに，排出抑制技術に関する事業者との情報交換を行うとされ（18条の43），リスク・コミュニケーションを促進しようとしている。

(3)　VOCの規制　「揮発性有機化合物」（VOC）とは，トルエン，キシレンなどの揮発性を有する有機化合物の総称であり（２条４項），塗料，接着剤，インクなどの溶剤やIT機器の洗浄剤として広く使用されている。それらが大気中に排出されると浮遊粒子状物質や光化学オキシダントの原因となることから，2004年の法改正で排出抑制制度が導入された（17条の３以下）。

VOC規制は，法規制と事業者の自主的取組を組み合わせた対策に特徴がある。VOCの排出量が多く大気への影響が大きい９種類の施設については，濃度に関する排出基準の遵守が義務づけられている。これに対し，小規模であるためにその対象外とされた施設については，排出・飛散の抑制に関する事業者の自主的取組を求めている。

Ⅲ　自動車排気ガス対策

1　大防法による対策

大規模な固定発生源である工場・事業場の場合，規制対象が明確なため，命令・監督といった直接的な規制措置を実施することがある程度可能である。これに対し，移動発生源である自動車の場合には，自動車の所有者や運転者に直接命令を発したり罰則を科したりするには技術的に困難が伴うし，個々人の行為がもたらす環境負荷の低さからいってもなじみにくい。

そこで，大防法は，自動車メーカーに対し，自動車の構造や性能に関する単体規制を行っている。窒素酸化物や粒子状物質などの自動車排出ガスの量について，環境大臣が許容限度を定めた場合には，国土交通大臣はこれを確保できるよう考慮しつつ車両の保安基準を設定する（19条）。この保安基準で規制値を定め，道路運送車両法に基づき，車検で確認して基準不適合の車両の運行を禁止する。1995年には，自動車燃料中の物質量の許容限度による規制も導入されている（19条の２）。

上記のような規制をしても，交通量の多い交差点などでは著しい汚染のおそれがある。その場合の二次的な規制手段が交通規制である。大防法は，都道府県知事の要請に基づき公安委員会が道路交通法上の交通規制を行うことで汚染を抑制するという対策も規定している（21・23条）。

2　自動車NOx・PM法

自動車による大気汚染の深刻化や多様化に伴い，大防法以外の新たな法規制も導入された[1)]。「自動車から排出される窒素酸化物及び粒子状物質の特定地域における総量の削減等に関する特別措置法」（自動車NOx・PM法）（1992年制定，

1）本文でとりあげる自動車NOx・PM法のほかに，自動車のスパイクタイヤによる粉じん対策を定める「スパイクタイヤ粉じんの発生の防止に関する法律」（1990年制定）も重要である。

2001年，2007年改正）は，主にディーゼル車からの窒素酸化物（NOx）および粒子状物質（PM）の排出抑制を目的とし，首都圏，関西圏，中部圏内の指定地域における規制措置を定めている。その主な内容は以下のとおりである。

① 計画　国がNOx・PMそれぞれの総量削減基本方針を策定し，これに基づき，対象地域について都道府県知事が総量削減計画を策定する（6条以下）。

② 車種規制　トラック，バス，ディーゼル乗用車を対象として排出基準が設定されている。基準不適合の自動車については，道路運送車両法に基づく命令により対象地域内での新規・移転登録ができない（12条以下）。

③ 局地汚染対策　知事は，対象地域の中に重点対策地区を指定し，重点対策計画を策定・実施する。重点対策地区内に新たな交通需要を生じさせる建物（劇場，ホテルなど）を新設する者に，同計画を踏まえた排出抑制のための配慮事項を届け出る義務を課す（15条以下）。

④ 使用の合理化　製造業・運輸業などの事業所管大臣が定める判断基準に従い，自動車使用の合理化に向けた事業者の自主的取組を求めている。ただし，対象地域内の一定規模以上の事業者，および，周辺地域内に使用の本拠を有する一定規模以上の事業者については，特に計画的な取組みが要請されることから，排出抑制に関する計画の作成，知事への提出，定期の報告を義務づけている（31条以下）。

Ⅳ 越境・グローバル化する大気汚染問題への対応

1 越境大気汚染問題

東アジア地域の急速な発展を背景に，国境を越えて移送される大気汚染物質によってもたらされる越境大気汚染問題が顕在化してきている。

日本では，以上にみてきたように，国内大気環境において発生した深刻な汚染とその対策がこれまで問題とされ，越境大気汚染は特に問題とならなかった。しかし，近年では，PM2.5や黄砂などの粉じんの飛来，越境汚染による影響が大きいのではといわれる光化学オキシダント濃度の上昇などが問題とされるようになった。欧米に比べて立ち遅れている国際的な観測ネットワークの充実，越境大気汚染を軽減するためのルールづくりが急務である。

2　水俣条約とその国内実施

(1)　水俣条約　　2013年に熊本市と水俣市で開催された外交会議において，「水銀に関する水俣条約」（水俣条約）が採択された。この条約は，先進国と途上国が協力して，採掘から輸出入，使用，排出・放出，廃棄までの水銀のライフサイクル全体の包括的な管理を行うことにより，水銀の人為的な排出を削減し，越境汚染をはじめとする地球規模の水銀汚染の防止を目指すものである。

水俣条約の義務を国内で実施するための法令は多岐にわたる[2)]が，その義務には大気への排出規制の実施が含まれることから，日本が同条約を批准するにあたって大防法改正が2015年に行われた。

(2)　大防法の2015年改正　　水俣条約では，附属書Dに定める5種類の施設[3)]からの水銀の大気排出を規制し，実行可能な場合には削減することとされている。

これを担保する大防法では，当該5種類の施設を「水銀排出施設」とし（2条14項），設置時などの届出義務，排出基準の遵守義務，水銀濃度の測定・測定結果の保存義務などを定めている（18条の26～18条の36）。

さらに，水銀排出施設以外で，水銀などの排出量の多い施設で政令指定する「要排出抑制施設」については，排出抑制のための自主的取組を求めている（18条の37）。これは，条約の対象施設でなくとも，日本において同等の排出量の多い施設については排出の抑制を図ろうとするものであり，積極的な国内実施措置とみることができる。

V　結びにかえて

大防法は従来，国内大気環境を介して国民の健康・生活環境に影響を与える物質に対して規制を行ってきた。温室効果ガスは，地球全体の気候変動を介して影響を与えるものであり，また，直接人体に影響を与えるものではないこと

2）大防法の改正のほか，「水銀による環境の汚染の防止に関する法律」（水銀汚染防止法）の制定，廃棄物処理法の政省令の改正などが行われた。

3）具体的には，①石炭火力発電所，②産業用石炭燃焼ボイラー，③非鉄金属製造に用いられる精錬およびばい焼の工程，④廃棄物焼却炉，⑤セメントクリンカー製造設備。

から，大防法の改正ではなく新法（地球温暖化対策推進法）で対応するようになったとされる。この点にかんがみると，今般の改正により，地球規模の環境保全のために国内での排出を規制するという要素が大防法に加わったことの意義は大きい[4)]。今後，より包括的で統合的な大気環境管理の法システムへと進展を遂げるための歩みを更に進めたものとして評価に値しよう。

Column②

化学物質規制

化学物質の存在は，私たちの生活を便利にする一方で，その不適切な使用および管理は，足尾鉱毒事件，水俣病などの公害病にみられたように，私たちの健康および生命を危険にさらしてしまう。また，化学物質の大気中への放出または水中への排出の長年にわたる蓄積は地球環境にも影響を及ぼす。そんな中，1992年のリオ会議では化学物質管理の問題が取り上げられ議論された。

化学物質の規制に関わる法は，毒物及び劇物取締法，農薬取締法，食品衛生法，労働安全衛生法など多種そして他分野に及んでいる。本コラムでは，化学物質管理という観点で，次の二つの法律を取り上げることにする。第1に「化学物質の審査及び製造等の規制に関する法律（以下，「化審法」という。）」，第2に「特定化学物質の環境への排出量の把握等及び管理の改善の促進に関する法律（以下，「PRTR法」という。）」である。

1　化学物質の審査及び製造等の規制に関する法律（化審法）

化審法は，人の健康を損なうおそれまたは動植物の生息または生育に支障を及ぼすおそれのある化学物質が環境を汚染するのを防止するため，新規の化学物質の製造または輸入に際して，事前にその化学物質の性状を審査する制度を設けるとともに，その有する性状などに応じ，化学物質の製造，輸入，使用などについて必要な規制を行うことを目的とする。まず，新規化学物質の安全性について，国の所管する行政機関が事前に評価を行い，この評価を経た後でなければ新規化学物質を使用できないようにしている。新規化学物質を製造または輸入しようとする者は，あらかじめ，省令で定めるところにより，その新規化学物質の名称その他の省令で定める事項を厚生労働大臣，経済産業大臣および環境大臣（以下，「各担当大臣」という。）に届け出なければならない。各担当大臣は，届出があつたときは，その届出を受理した日から3か月以内に，その届出に係る

4）ただし，増沢陽子「水銀に関する水俣条約とその国内実施」法学教室427号，2016年，57頁は，今般の改正では大防法の目的規定に「水俣条約の実施のため」という文言が追加され，特定の条約に対応するための規定であるということが示されていると併せて指摘する。

新規化学物質について既に得られているその組成，性状などに関する知見に基づいて，その新規化学物質を判定して届出をした者に通知しなければならない。届出をした者は，この通知を受けた後でなければ，当該新規化学物質を製造することができない。

次に，化学物質の化学的変化の容易さおよび生物の体内への蓄積しやすさに基づき，化学物質をいくつかのカテゴリーに分類し，カテゴリーごとに管理方法を定めている。たとえば化学的変化しにくく，生物の体内に蓄積されやすい物質で，継続的に摂取されると人の健康を損なうおそれのある化学物質を「第一種特定化学物質」に分類して厳しい規制を課している。第一種特定化学物質の製造または輸入を行おうとする者に対し，製造，輸入，使用の場面で経済産業大臣の許可を受けることを求めている。また，許可製造業者は，帳簿を備え，第一種特定化学物質の製造について経済産業省令で定める事項を記載しなければならない。第一種に比較すると該当する要件のやや緩い「第二種特定化学物質」は，その製造または輸入をしようとする者に対して，経済産業大臣に届出をするよう求めているといった比較的緩い規制方法を採用している。

2　特定化学物質の環境への排出量の把握等及び管理の改善の促進に関する法律（PRTR法）

製造，輸入および使用の場面で化学物質の規制を行ってきたが，事業者がどのような化学物質をどれだけ排出しているのかについての情報を，国も事業者も把握してこなかった。そこで，化学物質の情報を把握し，化学物質の適正管理を行わせるためにPRTR法が制定された。法の目的は，特定の化学物質の環境への排出量などの把握に関する措置ならびに事業者による特定の化学物質の性状および取扱いに関する情報の提供に関する措置などを講ずることにより，事業者による化学物質の自主的な管理の改善を促進し，環境の保全上の支障を未然に防止することである。PRTR（Pollutant Release and Transfer Register）とは，有害な化学物質がどのような発生源からどの程度環境中に排出されたのか，または廃棄物に含まれて事業所外へ運び出されたのかに関わるデータを把握，集計して公表する制度のことを指す。化学物質取扱事業者は，年に１回，事業所において環境に排出した量および廃棄物として処理するために事業所外へ移動させた量を把握して，主務大臣に届けなければならない。主務大臣は届出があったときは，遅滞なく，当該届出に係る事項を経済産業大臣および環境大臣に通知する。経済産業大臣および環境大臣は通知された事項について電子計算機に備えられたファイルに記録する。この記録は誰でも閲覧することができる。

また，PRTR法は，SDS（Safety Data Sheets）と呼ばれる制度も採用している。指定化学物質取扱事業者は，指定化学物質を他の事業者に対し，譲渡または提供するときには，相手方に対し，指定化学物質などの性状および取扱いに関する情報を文書または磁気ディスクの方法で提供しなければならない。経済産業大臣は，必要のある時に，指定化学物質等取扱事業者に対し，その指定化学物質などの性状および取扱いに関する情報の提供に関し報告をさせることができる。

3　化学物質規制に関わる条約

1990年以降，有害化学物質による国境を越えた汚染に対処するため，国際的な取組みが進められた。まず一つ目は，2004年に発効したPOPs条約（ストックホルム条約）がある。ダイオキシン類，PCB，DDTを含む12種類のPOPs（残留性有機汚染物質）について製造，使用の禁止，排出の削減のための措置をとることを締約国に義務づけている。次に2004年に発効したPIC条約（ロッテルダム条約）がある。締約国は，PCB，アスベストなどを含む40種類の有害物質について，それらの輸入に同意するか否かまたは条件を付すか否かなど，輸入に関する意思を決定する。有害物質を輸出しようとする締約国は，輸入国の輸入に関する意思に基づく同意を経ないと，輸出できないようにしている。

（倉澤　生雄）

第7章

海洋環境保全

1 国際法における枠組み

I 国連海洋法条約の海域区分に照らした海洋環境保護の展開

1 海に関する国際法の発展

海洋環境の保護および保全の認識の高まりは，1972年のストックホルム宣言を契機とする。第3次国連海洋法会議（1973～82年）では，1958年に採択されたジュネーブ海洋法四条約（領海および接続水域，公海，大陸棚，漁業資源保存に関する各条約）を統合し，新たな海洋法制度を成立させた。これが「海洋法に関する国際連合条約」（以下「国連海洋法条約」という）である[1)]。国連海洋法条約はその規律内容の包括性や条約参加の高さから「海の憲法」と称される[2)]。同条約の下には，大陸棚限界委員会（CLCS），国際海底機構（ISA），国際海洋法裁判所（ITLOS）の三つの機関が設立されている。

以下では，国連海洋法条約の区分に従い，領海，排他的経済水域（EEZ），大陸棚，公海，深海底について，海洋環境保護の展開を概観する。

2 領　　海

領海は，上空，海底およびその地下を含めて沿岸国の領域主権に服する（2条1項）。ただし，外国船舶には無害通航権が認められており，その限りにおいて沿岸国の主権は制限を受ける（2条3項・17～32条）。もっとも，沿岸国は，外国船舶の無害通航権を害しない限りで，国連海洋法条約および国際法の他の規

1）本節に記載の条文は，特に断りのない限り国連海洋法条約を指す。
2）当事国数は2020年3月現在，168の国と地域。

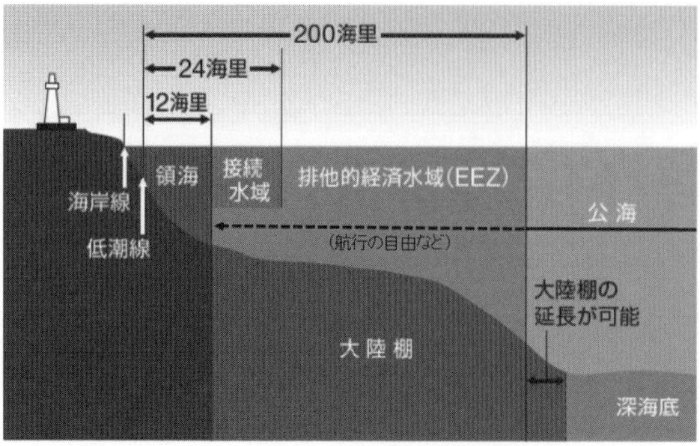

図表７－１　領海・排他的経済水域等模式図

出典：海上保安庁HP（https://www1.kaiho.mlit.go.jp/JODC/ryokai/zyoho/msk_idx.html　閲覧日2021年５月５日）

則に従い，海洋生物資源の保存，環境の保全および汚染の防止などに関し法令を制定する権限を与えられている（21条１項(d)(f)・211条４項）。なお，近年，特定海域において生物多様性の保全といった観点から，海洋保護区（MPA）の設定がみられる。大部分のMPAはいずれかの国の領海内に設定されており，その際，沿岸国は領海において航行の安全を考慮して航路帯を指定することができるが（22条），規制の目的や範囲によっては沿岸国の権限の範囲内に収まるかが問題となる。

3　排他的経済水域（EEZ）

排他的経済水域（EEZ）とは，領海に接続して低潮線（=干潮時の海岸線）から200海里以内で設定できる水域である（57条）。EEZでは，沿岸国には天然資源（漁業資源を含む）その他の探査・開発などの主権的権利が認められている[3]（56条１項）。主権的権利の裏返しとして，沿岸国は以下の義務を負う。①他国の権利に「妥当な考慮（due regard）」を払う義務（56条２項）[4]，②EEZ内の海洋環境を保護し保全する義務（56条１項(b)(iii)），③生物資源を保存する義務（61条），④入手可能な最良の科学的証拠を考慮し，資源を枯渇させず持続的な利用を可

３）沿岸国が領海において有する「主権」と，EEZにおいて有する「主権的権利」の主な相違点は，第１に，EEZの航行制度は公海と同一である（すなわち，領海よりも外国船舶に対してより自由な航行が認められる）こと（58条），および他国に付与される権利は領海に比べて広範であること，第２に，EEZ内では第三国（内陸国および地理的不利国）に権利が認められること（69～70条）である。

４）**アークティック・サンライズ号事件**　ロシアEEZ内の石油プラットフォームに対してオランダ船籍のアークティック・サンライズ号に乗船したグリーンピース環境活動家の抗議活動を受けて，ロシアの沿岸警備隊がアークティック・サンライズ号を拿捕した事件において，2015年，国連海洋法条約附属書Ⅶに基づき設置された仲裁裁判所は，海上抗議活動を航行の自由の一環ととらえ，沿岸国がこれに妥当な考慮を払う必要がある旨判じた。

能にする最大持続生産量（MSY）を実現し得るよう適当な保存措置を講じる義務（61条2項・3項），⑤自国のEEZにおいて年間で漁獲できる数量の上限を漁獲可能量（TAC）として定め，沿岸国がTACの全量を自国で漁獲できない場合には，その余剰分を他国に配分する義務（61条1項，62条2項・3項）など。海洋環境の保護に関し沿岸国が第一次的な責任を負うことは，2015年の西アフリカ地域漁業委員会事件ITLOS勧告的意見で示された[5)]。

気候変動による海氷の融解に伴い世界的な関心が高まっている海域として北極海がある。国連海洋法条約は，氷に覆われたEEZ内で船舶による海洋汚染の防止を目的とした法令の制定・執行の権限を沿岸国に認める（234条）。当該規定に基づきロシアは北極海航路において厳格な航行規則を制定したことから，通航国との間で摩擦を生じている。

4 大陸棚

大陸棚とは，原則として低潮線から200海里までの海底およびその下をいう（76条1項）。大陸棚では，天然資源に対する沿岸国の主権的権利が認められる（77条1項）。沿岸国は，大陸棚における海洋環境の保護・保全について，海洋汚染の防止，軽減および規制のための法令を制定する義務を負う（208条1項，214条）。

5 公海

公海とは，領海やEEZの外側に位置し，いずれの国の主権も及ばない海域を指す。公海上は，公海自由の原則に支配される[6)]。したがって，いずれの国も漁獲の自由を有する（87条1項）[7)]。かつては，漁業資源は無尽蔵であって利用を制限する必要性はないと考えられていた。しかし，漁業資源に対する需要の

5）**西アフリカ地域漁業委員会事件**　地域的漁業機関（RFMOs）による保存管理に参加せず，また参加してもそれに従わずに行われる漁業，いわゆる「違法・無報告・無規制漁業」（IUU漁業）に関し，当該漁業の規制のための責任の所在を西アフリカ地域漁業委員会がITLOSに諮問した事件。ITLOSは，同委員会加盟国のEEZにおける第三国漁船のIUU漁業について，国連海洋法条約上，IUU漁業防止の主要な責任は沿岸国にあるとしつつも旗国にも自国漁船がIUU漁業を行わないように確保する義務（相当の注意義務）があると述べた。

6）**第五福竜丸事件**　1954年，米国が太平洋の公海上（マーシャル諸島ビキニ環礁）で実施した水爆実験によって日本のマグロ漁船第五福竜丸の乗組員が被ばくした事件。1955年，米国は日本側に見舞金（200万ドル）を支払うことで決着をみた。

増加や漁獲能力の増大に伴い，今日，公海上の漁業資源の枯渇が懸念されている。

そこで，国連海洋法条約は，公海漁業に際して主として三つの制約を課した。第１に，公海自由の原則は他国の利益に「妥当な考慮」を払って行使されるべきこと（87条２項）[8)]，第２に，公海上の生物資源の保存のために必要な措置を自国民についてとり，また当該措置をとるにあたって他国と協力する義務を負うこと（117条）[9)]，第３に，締約国は，適切な場合には，地域的漁業管理機関（RFMOs）の設立のために協力する義務を負うこと（118条）。

現在，様々なRFMOsが組織されている。たとえば，マグロ・カツオ類については，５つのRFMOs（中西部太平洋マグロ類委員会，全米熱帯マグロ類委員会，大西洋マグロ類保存国際委員会，インド洋マグロ類委員会，ミナミマグロ保存委員会）によって全世界の海域がカバーされている。また，これら以外にも地域ごとにRFMOsが設立され，それぞれに保護対象として定めた魚類について保存管理措置を採択している（たとえば，日本の主導により作成された北太平洋漁業資源保存条約）。RFMOsは，それぞれの設立文書や決定に基づいて，自らの海域において対象魚種の資源評価を行い，TACを決定し国別割当としてTACを加盟国に配分するという方法をとる[10)]。ただ，こうした資源配分の方式は，RFMOsに加盟しない国を旗国（船舶の国籍国）とする漁船に対しては効果が及ばないという限界がある。

こうした公海漁業規制にもかかわらず，地域的漁業条約の締約国でない国に

７）**ベーリング海オットセイ事件**　米国は，公海上でオットセイを保護する国内法を制定し執行していたところ，オットセイを捕獲したカナダ漁船（当時は英国自治領）を国内法違反として拿捕・処罰した。英国によって開始された仲裁手続において，裁判所は，沿岸国（米国）による公海上の管轄権行使を認めなかったが，同時に英国の捕獲措置も公海自由の原則に反するとした。

８）**アイスランド漁業管轄事件**　本件は国連海洋法条約の解釈・適用事例ではなく，２国間（英国とアイスランドの間）の交換公文の効力について両国の間で争いとなった事件である。1974年，国際司法裁判所（ICJ）は，公海の漁業資源の保存と衡平な解決に対する他国の利益に妥当な考慮を払う義務の存在を認定した。

９）**エスタイ号事件**　カナダが国内法を制定して公海に設定した禁漁区において同法違反を根拠にスペイン漁船エスタイ号を拿捕した事件。本件でICJはカナダの裁判管轄権の欠如を理由に本案判断を下さなかった。

船籍を移した便宜置籍船[11)]による無秩序な漁業（IUU漁業）がRFMOsによる保存管理措置の実効性を弱めている。IUU漁業の公海上での取締りは，旗国が執行の意思と能力を欠く場合には困難となる。これへの対応として，2009年の違法漁業防止寄港国措置協定（2016年発効）は，IUU漁業の疑いのあるすべての船舶（非締約国の船舶を含む）の入港拒否，港の使用拒否，船舶検査などの措置をとることを締約国たる寄港国に義務づける（協定3・9・11・12条）。

また，公海上の生物資源の保全は，地域条約によってMPAの設置という形で表れることもあれば（南極海洋生物資源保存条約や北東大西洋海洋環境保護条約［OSPAR条約］），特別のレジームによって行われる場合もある。後者の例として，海産哺乳動物であるクジラは，1946年の国際捕鯨取締条約（1948年効力発生）という特別のレジームによって管理される。この条約はクジラの保存とクジラ産業の秩序ある発展という二つの目的を掲げる。条約の附表ではシロナガスクジラやミンククジラなど13種の捕鯨に関する具体的な規制措置が定められている。しかし，第8条では附表の規制を受けることなく，締約国に科学的研究のための調査捕鯨（鯨類捕獲調査）を行うことを許可している。この条約によって設立された国際捕鯨委員会（IWC）が1982年，商業捕鯨のモラトリアム（一時禁止）を採択したことを受けて，日本は商業捕鯨から調査捕鯨に切り替えて，南極海および北太平洋で毎年調査捕鯨を実施してきた。これに対し捕鯨反対の世論が強いオーストラリアは，日本の調査捕鯨が国際捕鯨取締条約に違反しているとして，2010年，国際司法裁判所（ICJ）に提訴した（ニュージーランドは

10）**ミナミマグロ事件**　オーストラリアとニュージーランドが日本を仲裁裁判所（国連海洋法条約附属書Ⅶ）およびITLOSに訴えた事件。本件の引き金となったのはミナミマグロ保存委員会での資源量の評価をめぐる対立であった。ITLOSは，1999年，オーストラリアとニュージーランドの主張を認め，「締約国は，ミナミマグロ資源に生じる重大な損害を未然に防止するために実効的な保全措置がとられることを確保するよう慎慮をもって行動すべき」として予防的アプローチの考え方に立ち，日本に対し割当量を超える調査漁獲を中止する暫定措置を命じた。しかし，本命令後，仲裁裁判所は，2000年，この問題について同仲裁が管轄権を有しないとする日本側の主張を認めて，管轄権なしと判断し暫定措置命令の効力を終了させた。

11）船舶に対する国籍の付与は各国がそれぞれ定めるが，船舶と旗国との間には「真正な関係」が存在していなければならない（91条1項）。しかし実際には，船舶所有者は税金などが安価で規制が緩やかな国で船舶を登録することが多い。こうした国籍が便宜的で旗国と船舶との関係が希薄な船舶のことを便宜置籍船という。

訴訟参加)[12]。

さらに現在，国連海洋法条約採択時には想定されていない新たな問題への対応が求められている。国家管轄外の海域の生物多様性（BBNJ）の問題がそれである。公海の自由を基調とする従来の枠組みの限界から，2015年以降，国連で，海洋遺伝資源，区域管理手段，環境影響評価，能力構築・海洋技術移転の4事項を内容とする新協定の作成に向けたプロセスが進行している。新協定が採択されれば，国連海洋法条約の下の法的拘束力ある国際文書である第11部実施協定および国連公海漁業協定に次ぐ第3の実施協定となる。

6　深　海　底

深海底には，マンガン団塊（多金属性団塊），コバルトリッチクラスト，海底熱水鉱床など，希少金属を豊富に含む鉱物資源が膨大に存在する。1967年の国連総会で，大陸棚以遠の海底とその資源を「人類の共同財産」として国際管理下に置くよう提案したことで有名なマルタの国連大使パルドの提案は，国際社会に広く受け入れられ1970年の深海底原則宣言を経て国連海洋法条約第11部に規定された。深海底とその資源に関する全ての権利は人類全体に帰属し，いずれかの国の主権的主張や私的所有は禁止される（136・137条）。

深海底活動に関して一旦汚染が発生すれば海洋環境に甚大な影響を及ぼす可能性が高い。したがって，国連海洋法条約145条に従い，ISAは鉱物資源開発に伴い海洋環境の保護を重視する詳細な鉱業規則を作成している。深海底資源の具体的な開発制度について，ISAによる一元的管理を主張する途上国と，ISAの役割を開発許可の発給にとどめようとする先進国の対立の妥協の産物として，国連海洋法条約では，①ISAの機関である事業体（エンタープライズ）による直接開発と，②ISAの認可を得て，締約国または締約国の保証する企業が行う開発を同時並行的に進める方式（パラレル方式）が採用された（153条2項）。

最近の深海底開発は，上記②の方式が注目を浴びている。これに関し，保証

---

12) **南極海捕鯨事件**　ICJは，2014年，日本の調査捕鯨の調査計画および実施が調査目的を達成するために合理的なものではないとして，国際捕鯨取締条約8条に規定する科学的研究とはいえないと判示した。その後日本は，2019年6月30日に条約から正式に脱退し，日本の領海およびEEZに限定し商業捕鯨を再開した。

国が第11部実施協定上負う法的義務の内容と賠償責任の範囲が問題となった。2011年，ITLOS海底裁判部は，ISA理事会の諮問に応えて，「深海底活動に関連して人および主体を保証する国の責任および義務」に関する勧告的意見を与えた[13)]。

Ⅱ　汚染源別および地域海別の海洋環境保護の展開

1　一般的義務

国連海洋法条約は，「いずれの国も，海洋環境を保護し及び保全する義務を有する。」と規定し，海洋環境の保護および保全に関する一般的義務を置く（192条）。同条は，海洋環境の保護・保全義務を規定するグローバル・レベルの環境条約のうち最初に規定されたもので，すべての国および海域に適用があるという意味において重要である。また192条は，今日，「防止原則（prevention principle)」として慣習国際法化しており，したがって国連海洋法条約の締約国であるか否かにかかわらず，地球上のすべての国が守らなければならない義務である。

海洋環境の保護・保全のための一般的義務の性質として以下３点を指摘できる。第１は，海洋環境を保護し保全するために事前に適切な措置をとること（相当の注意義務)，第２は，192条に規定される一般的義務は，194条の海洋環境汚染防止義務を通して（194条２項)，海洋環境の汚染のすべての発生源を取り扱ったこと（同条３項)，第３は，協力，監視および環境影響評価という手続的義務によってその内容の具体化が図られていること（197〜201・204〜206条)，である。以上諸点の違反が認定された裁判例として南シナ海事件が注目される[14)]。

13）**深海底活動責任事件**　本件意見の要旨は以下の３点である。第１に，保証国が第11部の規定に基づいて負う義務には，保証国自身が負う「直接的義務」と，保証国が契約者に関連して負う「条約規定等の遵守確保義務」の２種類があり，とりわけ前者の義務の履行にあたり保証国に予防的アプローチを課したこと，第２に，賠償責任が成立するには損害の発生と保証国の直接的義務または遵守確保義務の違反が必要であり，かつ，契約者が生じさせた損害と保証国の義務違反との間の因果関係の証明が必要であること，第３に，以上の要件によって救済されない被害者が出てくる可能性に備えて，信託基金の設置が望ましいことである。

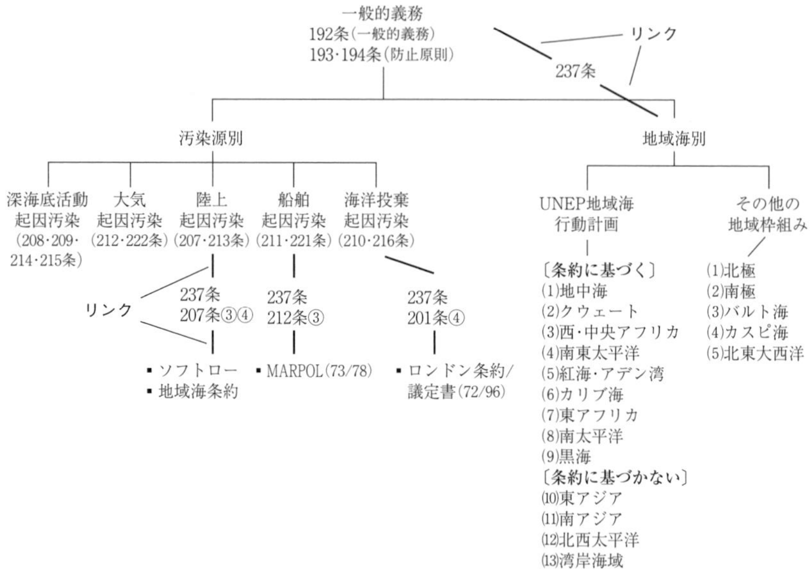

図表７－２　汚染源別および地域海別の海洋環境保護の国際的枠組み

出典：Pierre-Marie Dupuy and Jorge E. Viñuales, *International Environmental Law*, 2nd ed. Cambridge University Press, 2018, p. 114.

２　汚染源別規制

国連海洋法条約では，防止すべき海洋環境汚染の発生源として，船舶起因汚染，海洋投棄起因汚染，陸上起因汚染，深海底活動起因汚染，大気起因汚染の５つに分類した（**図表７－２**）。このうち，以下では，紙幅の都合から，代表的な汚染源である以下の３つを取り上げる。

(1)　船舶起因汚染　　船舶起因汚染は，船舶に搭載された物の輸送という通常のオペレーションまたは輸送時の事故によって生じる。船舶から排出される

14)　**南シナ海事件**　中国が南シナ海に設定した九段線内の主権的権利の主張に対し，フィリピンは異議を唱えて，2013年，国連海洋法条約附属書Ⅶに基づく仲裁裁判を開始した。裁判所は2016年の判決で，海洋環境の保護・保全に関し，①中国による人工島の建設活動が192条および194条１項・５項などの一般的義務に違反していること，②人工島の建設にあたって南シナ海に面する他の国と協力・調整を行わなかったことから123条および197条の協力義務に違反していること，③人工島建設にあたり，206条の環境影響評価を実施する義務に違反していることを認定した。

油による海洋汚染の防止を必要とする認識は，第二次世界大戦後の海運業および石油産業の発達とタンカーの大型化により生じた。20世紀中盤より，タンカーからの廃油や船底洗浄汚水の排出を規制する条約が国際海事機関（IMO）により採択された。1954年の「油による海水の汚濁の防止に関する国際条約」（OILPOL条約）が初期の例である。同条約は，船舶からの油の排出を規制し，船舶の旗国に違反の取締りを求めた。旗国主義の下では，船舶が公海において違法な汚染行為を行った場合，当該船舶を処罰できるのは旗国に限られ海洋汚染の防止に十分に対応できない。この問題点が露呈したのが，1967年にリベリア船籍の大型タンカー，トリー・キャニオン号が英国の沖合の公海上で座礁し，流出した大量の油によって英国とフランスに甚大な被害を与えた事件（トリー・キャニオン号事件）であった。

本件を契機として船舶起因汚染に関する国際条約の整備が急速に進んだ。まず，1969年の「油による汚染を伴う事故の場合における公海上の措置に関する国際条約」（公法条約）では，公海上で外国船舶の事故が発生し沿岸国に重大かつ急迫した汚染の危険がある場合に，公海上で必要な措置をとる権限を沿岸国に認めた。また同年の「油による汚染損害についての民事責任に関する国際条約」（私法条約）は，発生した損害を払拭するための負担を汚染者に負わせるべきであるという考え方（汚染者負担原則）に基づいて，船主に責任を帰属させる一方で，船主の責任限度額を定めた[15)]。1973年の「船舶による汚染の防止のための国際条約」および1978年の議定書（両者を合わせてMARPOL73/78という）は，船舶からの油以外の汚染物質の排出を規制するなど現在の海洋汚染関連条約の中心をなす[16)]。国連海洋法条約も，船舶起因汚染の防止のために，旗国の義務を強化するとともに（217条），船舶の寄港国や沿岸国にも一定の刑事管轄権の行使を認めた（218・220・226条1項(c)）。

15）さらに，私法条約で定められる賠償が不十分な場合に備えて，石油会社から拠出される基金を設立し，これにより損害賠償を補おうとする「油による汚染損害の補償のための国際基金の設立に関する国際条約」（基金条約）が1971年に採択された。

16）北極では，MARPOL条約附属書を改正するかたちで，2015年，IMOによって「極海で運航する船舶のための国際基準」（極海コード）が採択された（2017年発効）。極海コードは，油および油性混合物の海洋への一切の排出禁止など，MARPOL条約よりも厳格な基準を定める。

(2) 海洋投棄起因汚染　海洋投棄起因汚染は，IMOによって作成された海洋投棄規制に関するロンドン条約（1972年採択，75年発効）とその改正議定書（1996年採択，2006年発効）によってカバーされる。同条約および議定書は，船舶，航空機またはプラットフォームその他人工構築物からの海洋投棄を規制する。同議定書の特徴は，予防的アプローチを採用し（議定書3条1項），海洋投棄を原則禁止としたうえで（同4条1項），有害性が一般的に低いと考えられる廃棄物等のカテゴリーを附属書Ⅰにおいてリスト化し，これに該当するものに限り，海洋投棄の検討が可能とする方式をとったことにある（リバース・リスト方式）。

(3) 陸上起因汚染　陸上起因汚染とは，陸にある発生源（河川，三角江，パイプラインおよび排水口を含む）からの海洋環境の汚染のことである。このタイプの汚染は海洋汚染全体の8割を占めるが，各国の領域内で発生する汚染であることや，汚染物質の海洋への流入が累積的であることなどから，国際的な規制は地域的なものを除いてあまり進展していない。

陸上起因汚染の重大性が明るみに出たのが，核燃料再処理工場の稼働に関する紛争であるMOX工場事件[17]や，2011年3月11日に発生した東日本大震災に伴い東京電力福島第一原子力発電所から低レベル放射性物質が海洋に大量排出された事例であった。放射性物質の海中への排出は，前記ロンドン条約議定書の「投棄」の定義に該当せず禁止の対象外となるが，他方，1986年の原子力事故早期通報条約2条（重大事故時の通報義務）の違反を生じたと解釈すべき余地を残す。

3　地域海の保護

今日，地域海の保護の取組みの多くは，1974年に国連環境計画（UNEP）によって設立された「地域海計画（Regional Seas Programme）」に基づく。UNEPの

17) **MOX工場事件**　英国がアイリッシュ海に面する町における核燃料再処理工場の建設・操業を許可したことに対して，2001年，アイルランドは，深刻な海洋汚染をもたらすおそれがあるとして陸上起因汚染に関するOSPAR条約の情報提供義務違反を主張して，同条約の仲裁裁判に提訴し，それと同時に工場の操業差止を求めてITLOSに暫定措置命令を要請した。ITLOSは，緊急性の欠如を理由に暫定措置の要請には応じなかったが，当事国に対して，情報交換，環境リスクの監視，協力および協議を要請した。なお，本命令と内容的に類似した命令を行ったケースとして，ジョホール海峡埋立事件（2003年ITLOS暫定措置命令）がある。

決議により策定された地域海計画は，現在，世界に13ある（**図表７－２**）。そのうち９つの海域が条約によって規律されている。またUNEP以外のレジームによって管理されている海域として，北極，南極，バルト海，カスピ海，北東大西洋がある（**図表７－２**）。このうち，北極以外では海洋環境の保護に関する特別の条約レジームが存在している[18]。なお，日本は日本海および黄海を対象海域とする北西太平洋地域海行動計画（NOWPAP）に参加している（**図表７－２⑿**）。

地域海に関する諸条約の内容の詳細に立ち入る余裕はないが，これらの条約に概ね共通する要素として次の３点が挙げられる。第１は，一般的義務としての汚染防止義務に加え，汚染源ごとに汚染の防止に関する規定を置くこと，第２は，監視，協力，技術的支援，情報交換，環境影響評価といった手続的義務を規定していること，第３は，定期会合の開催や，事務局による支援体制を組み込むなど，組織化の傾向がみられることである。

2　国内法における枠組み

Ⅰ　「海洋の総合的管理」に向けて

1994年の「海洋法に関する国際連合条約」（国連海洋法条約）発効[19]から遅れること10余年，日本ではようやく2007年に「海洋基本法」が議員立法で成立した。「海洋の諸問題は，相互に密接な関連を有しており，全体として検討される必要がある」との同条約に通底する問題意識のもと，本法は環境保全との関連では，海洋の持続可能な開発および利用の実現（１条），海洋の開発および利用と海洋環境の保全との調和（２条），そして，海洋の開発，利用，保全などを総合的かつ一体的に行う海洋の総合的管理（６条）という困難だが極めて重要な課題に，国際的な協調（７条）の下に取り組むことを基本理念に掲げている。

海洋に関する法的枠組は，まず条約や議定書の採択があり，それを前提とし

18）たとえば，南極について，南極条約（1959年），南極のあざらしの保存に関する条約（1972年），南極の海洋生物資源の保存に関する条約（1980年），環境保護に関する南極条約議定書（1991年）がある。
19）日本は，同条約を1996年６月に批准し，同年７月20日に発効した。

て各国が国内法を制定・実施し，航行，漁業，資源開発などの諸活動を法的に規制するという構造になっている。そこで本節では，前節で学んだ国際法規範との関連を踏まえて，かつ，上記の課題も意識しながら，国内法における海洋環境の保全（Ⅱ）および海洋資源の保全（Ⅲ）の枠組みについて学ぶ。最後に，その他の課題についても若干触れる（Ⅳ）。

Ⅱ　海洋環境の保全

1　海洋汚染防止法

海洋環境に対する悪影響のうち，船舶からの廃油の排出や廃棄物の海洋投棄は，大量にもたらされると本来海に備わっている自浄能力では処理しきれず，結果として重大な海洋汚染を発生させる。そのため，早くから対策が講じられてきた。

海洋環境の保全に関する種々の条約・議定書について，日本の国内担保法の中心となるのは「海洋汚染等及び海上災害の防止に関する法律」（海洋汚染防止法）である（1970年制定）。本法は，海洋災害防止措置もあわせて規定する[20]が，海洋汚染の防止に関しては，船舶や海洋施設などからの油，有害液体物質，廃棄物の排出や焼却，船舶から大気への排出ガスの放出などを広く規制する。ここでは，船舶から排出される油などへの規制，陸上で発生した廃棄物の海洋投棄の規制についてみる。

2　船舶に起因する汚染

(1)　油などの排出規制　　船舶から排出される油による海洋汚染への対応に関して，主要な国際法規範は「1973年の船舶による汚染の防止のための国際条約」および同条約の規制内容を強化した「1973年の船舶による汚染の防止のための国際条約に関する1978年の議定書」（MARPOL73/78）である。同条約は，油に加え，有害液体物質，船舶発生廃棄物などを対象とした排出規制および設備規制などの実施を締約国に求めている。

20）この点で，本法は「油による汚染に係る準備，対応及び協力に関する国際条約」（OPRC条約）（1990年採択）の国内担保法と位置づけられる。

海洋汚染防止法が定める同条約の国内実施措置を，油の排出規制を例にみると以下のとおりである。

①　排出規制　　海域における船舶からの油の排出を原則禁止とし，その上で，例外的に許容される場合を具体的に規定する（4条）。

②　設備規制　　たとえば，ビルジ等排出防止設備[21)]の設置などを一定の船舶の所有者に義務づける（5条）。

③　適正管理　　船舶からの油の不適正な排出の防止を担う者として油濁防止管理者を船舶職員の中から選任することを規定する（6条）。その他，油濁防止規程（7条）や油濁防止緊急措置手引書（7条の2）の作成，備え置きまたは掲示，油記録簿の備え付け（8条）などを義務づける。

なお，有害液体物質，船舶発生廃棄物の船舶からの排出規制等は，油の場合とほぼ共通の仕組みとなっている（9条の2以下，10条の3以下）。

(2)　有害水バラストの規制　　バラスト水とは，「船舶の縦傾斜，横傾斜，喫水，復原性又は応力を制御するため，懸濁物質と共に船舶に取り入れられた水」をいい[22)]，空荷になった貨物船などが船体を安定させる「重し」としてタンクに積み込む海水を指す。無積載で出港する船舶が出港地で積み込んだバラスト水には水生生物が混入しており，それが長距離移動を経て積荷地において放出されることから，海洋生態系への悪影響が1970年代以降長い間懸念されてきた。このため，「2004年の船舶のバラスト水及び沈殿物の規制及び管理のための国際条約」（バラスト水管理条約）が採択された（発効は2017年）。この条約は，排出基準を超えるバラスト水の排出禁止措置のほか，船舶ごとに，バラスト水管理計画の作成・実施，バラスト水記録簿の常備などを規定している。

同条約の国内実施措置として，海洋汚染防止法は，「有害水バラスト」（3条6号の2）の船舶からの排出の原則禁止，有害水バラスト処理設備の設置義務，その他の適正管理措置を油の排出規制に準じて定めている（17条以下）。

---

21)「ビルジ」とは船底にたまった油性混合物をいい（3条12号），「ビルジ等排出防止設備」とはビルジなどを船舶内で貯蔵・処理するための設備などをいう（5条1項参照）。

22) バラスト水管理条約1条2項。懸濁物質とは，水中に浮遊・懸濁し，水に溶けない物質のこと。

3　海洋投棄

(1)　廃棄物の排出規制　　陸上で発生した廃棄物の海洋への投棄を規制するのは，「1972年の廃棄物その他の物の投棄による海洋汚染の防止に関する条約」（ロンドン条約）および同条約の規制内容を強化した「1972年の廃棄物その他の物の投棄による海洋汚染の防止に関する条約の1996年の議定書」（96年議定書）である。これらは，現在，①有害性が一般に低いと考えられる廃棄物その他の物をリスト化し，それに該当する物のみ締約国の規制当局から個別に許可を得た上で海洋投棄を認める，②許可に際しては，ⓐ海洋環境の保全にとって重大なリスクとならないか，ⓑ海洋投棄のほかに適切な処分方法がないかを審査するという仕組みを定めている。この仕組みは，海の自浄能力を前提とせずに，不確実なリスクへの対処を予防的に要求するものといえる。

同条約・議定書の国内実施に関しては，海洋汚染防止法が海洋投棄という行為の規制を定め，「廃棄物の処理及び清掃に関する法律」（廃棄物処理法）が投棄可能な廃棄物の品目と品目ごとの判定基準[23]，および，廃棄物処理業の許可制度を定めている。海洋汚染防止法が定める規制措置は，以下のとおりである。

①　排出規制　　海域における船舶からの廃棄物の投棄を原則禁止とし，その上で，例外的に許容される場合を品目，船舶の種類，海域，方法によって具体的に規定する（10条）。

②　許可制　　海洋投棄をする者は，環境大臣の許可を受けなければならない（10条の6）。その際，ⓐ「排出海域の海洋環境の保全に著しい障害を及ぼすおそれがない」こと，ⓑ「海洋投入処分以外に適切な処分の方法がない」ことが許可の基準とされる（10条の8）。それゆえ許可申請者には，申請にあたって，自らの海洋投棄が海洋環境の保全にもたらすリスクの評価や，投棄行為の必要性の検討を行うことが求められる。

③　排出海域の監視　　投棄後には，投棄した海域の状況を監視し，その結果を環境大臣に報告する義務が課される（10条の9）。

23）海洋汚染防止法が定める海洋投棄の規制対象には，廃棄物処理法上の「廃棄物」のほかに，「水底土砂」が含まれるが，その品目指定や判定基準については海洋汚染防止法に規定が置かれている（10条2項5号ロ，同法施行令6条）。

以上にみたように，不確実なリスクへの対処を予防的に要求する96年議定書の国内実施措置として，本法は，投棄可能な廃棄物のリスト化，海洋環境に対する事前のリスク評価と事後の監視を国内法化しており，その意義は大きい。

(2)　二酸化炭素の海底下貯留と規制　　二酸化炭素の海底下での貯留は，気候変動対策になると大きな期待が寄せられている。そこで96年議定書の2006年改正では，海底下投棄可能な物として二酸化炭素が追加された。しかし，海底下に廃棄されたそれが海洋に漏れ出した場合，海洋の二酸化炭素濃度を上昇させることで海洋生態系に悪影響を及ぼしうる。

このため，同議定書改正を受けた海洋汚染防止法の2007年改正で，特定二酸化炭素ガスの海底下廃棄の許可制度が設けられた（18条の8以下）。不確実なリスクへの対処を予防的に要求する点は，この制度も同様である。

Ⅲ　海洋資源の保全

1　海洋生物資源

(1)　資源の持続的利用と環境保全の調和的両立　　水産物に対する世界的な需要拡大の一方，漁業生産量はそれに応える水準にはなっていない。かつては水産大国と謳われた日本でも，国内の総生産量と主要魚種の生産量は減少傾向にある。また，国内の漁業就業者の減少・高齢化といった課題も抱えている。こうした厳しい状況の中で，2001年制定の「水産基本法」は，水産資源の持続的利用の確保（2条3項），国民への水産物の安定供給（2条1項），水産業の健全な発展（3条）に取り組むとしている。さらに今日では，「資源」の持続的利用の観点に加え，海洋の生物資源を地球環境の重要な構成要素ととらえ，生態系の維持・保全という「環境保全」の観点からも取組みを行い，両者の調和的両立を図るべきだとする声が国内外で高まっている（2条2項参照）。

(2)　漁業法とTAC法　　これらの課題に対し，日本が「漁業法」（1949年制定）をはじめ従来の法制度の下で講じてきた対策は，免許制や許可制を通じた「インプット・コントロール」（投入量規制）である。公有水面において漁業を営むことは原則的に自由（自由漁業）という考えを前提しつつ，沿岸域では漁業権の免許制（漁業権漁業）を，沖合・遠洋では操業の許可制（許可漁業）をとることで，水産資源の保護，漁業調整などの観点からその操業隻数，操業期間，漁船規模，漁具・漁法などを制限するという方式である[24)]。

その後，漁獲の総量そのものを直接に規制する方式である「アウトプット・コントロール」（産出量規制）も導入された。日本にとってその契機は，本節の冒頭で触れた国連海洋法条約への批准であった。同条約は，沿岸国に対し，排他的経済水域（EEZ）において資源利用に関する排他的な権利を認め（56条），同時に，最大持続生産量（Maximum Sustainable Yield: MSY）を実現することのできる水準に資源量を維持・回復させるため，入手可能な最良の科学的証拠を考慮して自国のEEZにおける生物資源の漁獲可能量（Total Allowable Catch: TAC）を決定する義務を課している（61条）。この義務の国内担保法として，漁業法とは別に制定されたのが，1996年の「海洋生物資源の保存及び管理に関する法律」（通称TAC法）である。これにより，総量超過の場合には採捕者に対する命令・監督などを通じて漁獲量を管理する仕組みが導入された。

こうして日本でも，インプットとアウトプットの双方から海洋生物資源を保全する体制が一応は整えられた。しかし，TAC設定の対象魚種はわずか８種にとどまり，また，漁業法とTAC法が別個の法律として定められ，相互関連性が希薄なことなど問題も多く，実効性の欠如が指摘されてきた。

⑶　漁業法改正　　その点でみると，2018年の漁業法改正は大きな前進である。改正法は，従来TAC法の下で運用されてきたTAC制度を統合した（TAC法は廃止）。併せて，TAC対象魚種を順次拡大し，早期に漁獲量ベースで８割にまで拡大する方向性も示されている。

改正法が構築する新たな資源管理システムとしては，以下の点が重要となろう。

①　資源管理の基本原則　　資源管理は，資源評価に基づき，TACによる管理を行い，MSYに維持・回復させることが基本であること，およびTAC管理は，個別の漁獲割当て（Individual Quota: IQ）による管理が基本であることが明記された（８条）。

24）インプット・コントロールは，さらに，漁船の隻数，トン数などの規制（狭義のインプット・コントロール）と，漁具などの規制（テクニカル・コントロール）に分けられることもある。

② 漁獲可能量の決定　農林水産大臣は，資源管理の目標等を資源管理基本方針として定め（11条），その目標の水準に資源を維持・回復させるべく，TACを決定する（15条）。

③ 漁獲割当て　農林水産大臣・都道府県知事は，漁獲実績などを勘案して，船舶ごとにIQを設定する（17条）。

今般の改正で，漁業法はその目的が「水産資源の持続的な利用」の確保にあることを明確にした（1条）。ただし，今日に至っても「環境保全」との関連は必ずしも明確にはなっていない。この新たな資源管理システムは，海洋生態系の維持・保全とも調和的に両立しうるものとなるか，今後の運用に注目したい。

2 海底鉱物資源

(1) 海洋基本法からみた海底鉱物資源　資源の安定供給の確保が重要な課題となる中で，新しい鉱物資源として注目されているのが海底鉱物資源である。海洋基本法は，海洋について，「海洋環境の保全を図りつつ海洋の持続的な開発及び利用を可能とすることを旨として，その積極的な開発及び利用」を行うことを基本理念の一つに示し（2条），さらに12の基本的施策の第1項目として，「海底又はその下に存在する石油，可燃性天然ガス，マンガン鉱，コバルト鉱等の鉱物資源の開発及び利用の推進」を定めている（17条）。

(2) 鉱業法改正　開発や調査が進む海底鉱物資源への対応として，2011年に「鉱業法」が改正されている。鉱物の掘採には鉱業権の設定の許可を受ける必要があるが，以前の鉱業法では，①許可の基準に技術的能力などの基準が規定されておらず，また，②先願主義[25]であり，必ずしも開発能力・開発意欲がある者に鉱業権が付与されていなかった。さらに，③試掘・採掘に先立つ資源調査に対する規制がないことから，無秩序な資源調査が問題とされていた。

そこで，改正法では，①技術的能力などの許可基準が導入される（29条）とともに，②先願主義が見直され，最も適切な開発主体を選定する手続きが設けられた（38条以下）。また，③一定の鉱物の探査には許可制が導入された（100条の2以下）。

25）先願主義とは，同一の鉱区について複数の鉱業権設定申請があった場合，先に申請のあった者から優先的に審査を行うという仕組みである。

もっとも，「環境保全」の観点を持つ規定は，ここでも盛り込まれなかった。海底鉱物資源の開発による海洋環境への影響は容易には予測ができず，特に海洋生態系への慎重な配慮が必要とされ，課題も残る。

Ⅳ　その他の課題

近年，マイクロプラスチックによる海洋環境への影響が国内外で注目を集めているが，「美しく豊かな自然を保護するための海岸における良好な景観及び環境の保全に係る海岸漂着物等の処理等の推進に関する法律」（海岸漂着物処理推進法）の2018年改正は，新たに３R推進の視点からの対策を規定した。ほかにも，海洋保護区の設定[26]および管理の充実，サンゴ礁をはじめとする脆弱な生態系の保全，気候変動・海洋酸性化などへの対応，沿岸域の統合的管理と，海洋環境・資源の保全に関する課題は多岐にわたる。今後，海洋の開発・利用と海洋環境の保全との調和的両立を実現しうる，海洋の総合的管理のための枠組みの整備をさらに進める必要がある。

26）これまで，沿岸域に海洋保護区を設定する法制度は存在したが，沖合域にそれを設定する法制度を欠いていた。この点で，2019年の自然環境保全法の改正により，沖合海底自然環境保全地域の指定制度（35条の２以下）が設けられたことは重要である。

第8章

水質環境保全

1　水質環境の保全上の課題

Ⅰ　地球規模の視点でみた課題

周りを海で囲まれた日本にとって，前章で学んだように，国際的な協調の下で海洋環境の保全を推進することは不可欠である。また，日本の食糧は大半を輸入に頼っているが，食糧生産には世界全体の水需要の約7割が投入されていることから，食糧輸出国の水質環境の悪化が日本の食糧事情の悪化に繋がるおそれがある。それならば，これまで日本が公害・環境対策で培ってきた水質浄化技術を活用し，国際貢献・国際協力を展開していくことも有益である。こうして水環境をめぐる国際的な課題は日本にとっての課題でもあるから，水質環境についても，地球規模の環境問題としてとらえる視点が求められる。

とはいえ，これまで日本の環境政策は，地域的な水質汚濁の問題に焦点を置いてきたと言ってよい。そこで本章においても，主に地域の視点から，国内環境法における水質環境保全の枠組みをみていく。

Ⅱ　地域の視点でみた課題

戦後の日本では，急速な産業振興がもたらした経済繁栄の負の側面として，未曾有の水質悪化問題に直面した。それらは健康被害の甚大さと深刻さから，四日市大気汚染事件とともに「四大公害事件」と呼ばれるようになった。熊本水俣病事件（①）と新潟水俣病事件（②）では，工場排水に含まれていた無機水銀が食物連鎖の過程でメチル水銀化して蓄積され，それを摂取した地域住民に深刻な中毒被害が生じた。富山県神通川のイタイイタイ病事件（③）では，工場から排出されたカドミウムが農作物や魚介類に蓄積され，これを長年にわたって摂取した地域住民に骨がもろくなるなどの症状が生じた。すべての事件で加害企業を相手に損害賠償請求訴訟が提起され，被害者である原告側住民が勝訴している（①熊本地判昭48・3・20判時696・15，②新潟地判昭46・9・29判時642・96，③富山地判昭46・6・30判時635・17）。こうした状況を前にして最初に法整備に乗り出したのは，公害地域に間近で接する自治体であり，公害防止条例による排水規制が行われた。それに遅れてようやく国も，全国規模で本格的な対策を講じるようになる。初期の公害諸立法は，工場・事業場からの海や川などへの排水をいかに規制するかに重点を置くものであった。

工場・事業場に対する排水規制はかなりの成果をあげていくが，他方で，人口や産業が背後に集中する内湾・内海，湖沼といった閉鎖性水域では，富栄養化とそれに伴う赤潮や青潮の多発が依然深刻な状況にあった。また，都市化のさらなる進展とともに，工場・事業場に起因する汚染のみではなく，家庭からの生活排水に含まれる汚染物質や，農地や道路のような面的な広がりをもつ汚染源からの汚染物質の流入などに起因する生活環境の悪化が問題となる。さらには，飲料水を念頭に置いた水質浄化対策も課題と認識されるようになった。具体的には，水道水源用の井戸から有機塩素系溶剤が検出される事件の発生を受け，地下水の水質汚濁の防止を図る取組みも開始されたし，結果的に原告の請求は否定されたものの，上水道水源の清浄さを享受する権利という意味での浄水享受権の権利性を主張した琵琶湖総合開発事件判決（大津地判平元・3・8判時1307・24）が注目を集めた。

本章では，水質環境の保全に関する最も基本的な法律である水濁法（**第２節**）と，それを特定の地域的汚染の規制という点で補完する閉鎖性水域における法制度（**第３節**）からみていく。その上で，水環境政策の課題を「流れ」の視点で見渡し（**第４節**），最後に，水循環基本法制定の意義について学ぶ（**第５節**）。

Column③

国際水路の非航行的利用の法に関する条約（国連水路条約）

地球上に存在する国際河川の数は276で，当該河川に接する国は145にのぼる。地球上に存在する淡水のうち，実に６割を国際河川の水が占める。今日，世界人口の約４割が国際河川の水に依存している。そうした国際河川に関し，航行を除くあらゆる利用（農業利用，経済および商業利用，家庭および社会的利用）を包括的に規律する条約が「国際水路の非航行的利用の法に関する条約」（以下「国連水路条約」という）である。この条約は，国連国際法委員会（ILC）における長きにわたる起草作業を経て，1997年５月に採択された（2014年８月発効，2020年３月現在の締約国数は30か国）。本条約は，国際水路の非航行的利用に関する国際法の諸原則を法典化したものであり，国際水路の非航行的利用の分野において世界に二つ存在する普遍的条約（地球上のすべての国に署名を開放した条約）のうちの一つである（もう一つは越境水路・国際湖水保護条約）。

国連水路条約は，全７部，37か条，および附属書からなる。本条約の規律対象である「水路」の代表例は，河川，湖沼，地下水である。「非航行的利用」とは，「国際水路とその水の航行以外の目的のための利用ならびにこれと関連する保護，保存および管理措置」をいう（１条１項）。

第Ⅱ部には，それぞれの領域において国際水路を衡平かつ合理的に利用する義務（衡平利用原則）（５・６条），他の水路国に重大な害を生じさせることを防止するためにすべての措置をとる義務（重大損害防止原則）（７条），水路国間の一般的協力義務（８条），データおよび情報の定期的な交換義務（９条）など，この分野における重要な基本原則が規定されている。

第Ⅲ部の計画措置では，国際水路の利用に係る事業活動の計画国に一定の手続的義務を課す。水路国は，他の水路国に重大な悪影響を与える計画措置を実施しまたはこれを許可する前に，その影響を受ける国に対して，当該措置について事前に通報する義務を負う（事前通報義務）（12条）。その後，通報を受けた国は，通報国に対して，当該計画活動が衡平利用原則または重大損害防止原則に反する旨の回答を行った場合には，両国の間には協議・交渉義務が生じる（事前協議・交渉義務）（17条）。

第Ⅵ部に規定される紛争解決手続の特徴は，いずれかの関係当事国が紛争の平和的解決のために交渉を要請したときから６か月以内に紛争を解決することができなかった場合には，いずれかの紛争当事国の要請により，当該紛争を「公平な事実調査」に付託しなければならないとして，同条約の下に設置される事実調査委員会において紛争解決を行うことを規定した点にある（33条３項）。同委員会は，調査結果とその理由ならびに紛争の解決にとって適切と考える勧告を記した報告書を多数決により採択し，紛争当事国はこれを誠実に考慮すべきものとされる（同条８項）。

（鳥谷部　壌）

2 水濁法による規制

I　法規制の枠組み

水質汚濁の全国的な法規制は，1958年の「公共用水域の水質の保全に関する法律」(水質保全法) および「工場排水等の規制に関する法律」(工場排水規制法) という二つの法律，いわゆる「水質二法」の制定にはじまる。同年に起きた，本州製紙江戸川工場の汚水が魚介類を死滅させたために漁民が工場構内に押しかけ抗議行動に及んだ浦安事件を契機に成立した本法は，日本で最初の公害法律となった。ただ，法目的の中に「生活環境の保全については，経済の健全な発展との調和が図られるようにする」という規定内容（経済調和条項）が明示されていたことから，産業振興に影響を及ぼすような厳格な規制はできなかった。しかも，指定を受けた水域でのみ規制措置を実施するという指定地域制が採用されていたところ,「経済の健全な発展との調和」を理由に地域指定が遅々として進まず，未指定の地域での汚染はますます進行した[1]。そこで，水質二法に代わり，1970年の公害国会において「水質汚濁防止法」(水濁法) が制定された。経済調和条項は入れられず，指定地域制の廃止によって全国の工場・事業場が規制対象となった。

水濁法は，その後の改正で施策や措置の対象を拡大し，今日では，①工場・事業場からのⓐ河川，湖沼，海域などの公共用水域[2]への排水規制およびⓑ地下への浸透水規制，並びに②生活排水対策により，公共用水域および地下水の水質汚濁を防止し，もって国民の健康の保護，生活環境の保全を図っている（1条)。その際，政策目標となるのが，環境基本法16条に基づき設定される「環境基準」である。

1）この点を含め，水俣病関西訴訟では，国・県の規制権限の不行使は国家賠償法上，違法であると指弾された（最判平16·10·15民集58·7·1802)。

2）「公共用水域」とは，「河川，湖沼，港湾，沿岸海域その他公共の用に供される水域及びこれに接続する公共溝渠（こうきょ），かんがい用水路その他公共の用に供される水路」をいい（水濁法2条1項)，下水道法により規律される下水道は含まれない。

公共用水域の環境基準には，人の健康の保護に関する環境基準（健康項目）と生活環境の保全に関する環境基準（生活環境項目）がある。健康項目は，カドミウムや全シアンなどの有害物質27項目について設定され，すべての公共用水域に全国一律に適用されている。生活環境項目は，BOD（生物化学的酸素要求量：河川）やCOD（化学的酸素要求量：湖沼，海域）など，水の汚染状態を示す項目に関する基準値で，河川・湖沼・海域の公共用水域ごとに，利水目的に応じて類型化されている。個々の水域に適用される基準値は，政府または都道府県知事の指定によって決定される。

地下水の環境基準は，健康項目について28項目が設定され，すべての地下水に適用されている。

Ⅱ　工場・事業場からの排水規制

1　規制基準

水濁法は，汚水・廃液を排出する一定の施設（特定施設）を規制対象とし，その施設を設置する工場・事業場（特定事業場）の排出口において，物質・項目ごとの排出許容限度となる「排水基準」（3条）に適合しない排出水を公共用水域へ排出することを禁止している（12条）。排水基準は，環境基準と同様，健康項目と生活環境項目のそれぞれについて設定されている。このうち，健康項目の排水基準は，工場・事業場の規模にかかわりなくすべての排出水に適用されるのに対し，生活環境項目の排水基準は，1日平均の排出水の量が50㎥に満たない工場・事業場には適用されない[3)]。その結果，全体の1割程度の工場・事業場しか規制の対象にはならないが，排出量でみるとかなりの割合が対象となっている。

工場・事業場に遵守を義務づける排水基準には，①全国一律に適用される一律排水基準，②都道府県が条例で定めるより厳しい上乗せ排水基準があり，どちらも排出口における排出水中に含まれる有害物質の濃度により規制する濃度規制方式である。

もっとも，産業や人口の集中する地域では，個々の工場・事業場が濃度で定

3）このように，一定規模に満たない工場・事業場を規制対象から外すことを，「スソ切り」という。

められた排水基準を遵守しても，公共用水域に排出される全体の汚染負荷量は多くなってしまい，環境基準の達成が困難となる。これは，水の入れ替わりがなされにくい内湾・内海，湖沼などの閉鎖性水域で特に問題となった。そこで，1978年の水濁法改正で，総量規制方式が導入された（４条の２以下）。この方式では，環境基準を達成するために削減しなければならない全体の汚染負荷量を算出し，それを排出口単位ではなく，事業所単位の排出許容枠として割り当てた「総量規制基準」が設定される。総量規制基準が設定された場合，その遵守は，前記①または②の排水基準の遵守と併せて義務づけられる（12条の２）。水濁法に基づく総量規制方式は，現在，COD・窒素・りんの含有量を対象とし，東京湾，伊勢湾，瀬戸内海（ただし，CODについては後述の瀬戸内法に基づく。）で実施されている。

２　規制を遵守させる方法

対象施設の設置者には，新規設置や構造などの変更にあたって，施設に関する情報を都道府県知事に届け出ることが義務づけられる（５条１項）。届出をしても直ちに排出水の排出が可能となるのではなく，知事は，届出内容を審査し，排水基準・総量規制基準に違反するおそれのある施設には，届出を受理した日から60日以内に限り計画変更命令や計画廃止命令を発することができる（８条，８条の２）。また，施設の設置後においては，設置者に対して排出水の汚染状態を測定・記録することを義務づけておき（14条），知事は報告徴収・立入検査を行う（22条）。これらの結果，知事は，排水基準・総量規制基準違反のおそれがあると認める場合，処理方法の改善命令や排出の一時停止命令などを発することができる（13条）。

計画変更命令，改善命令などの処分に従わない者に対しては罰則が定められており（命令前置制），それと並び，排水基準などの遵守義務違反に直接，命令を介さず罰則を科す規定も置かれている（直罰制）。

Ⅲ　地下への浸透水規制

地下水は，身近にある水源として広く利用されている。その地下水に汚染した水が地下浸透を介して及ぶと水質汚濁が生じるのだが，地下の環境状況を把握することは容易ではない。しかも，いったん汚染されると除去しない限り残り続けるストック型汚染であり，回復は困難である。そこで，未然防止の観点から，1989年の水濁法改正では，トリクロロエチレン，カドミウム，鉛など，28項目の有害物質を製造・使用・処理する施設（有害物質使用特定施設）を設置する工場・事業場に対し，それらの有害物質を含む水の地下浸透を禁止する（12条の3）とともに，施設の設置に先立って都道府県知事に届出をする義務を課した（5条2項）。他方，過去に蓄積したストック型の地下水汚濁に対する水質浄化対策に関しては，1996年の法改正により，汚染原因者に対して知事が浄化措置命令を発することができる制度が設けられた（14条の3）。

施設の破損や老朽化，作業ミスなどに伴って生じる，意図しない地下浸透も問題である。それに対しては，有害物質を製造・使用・処理する施設に加え，排水を伴わずに貯蔵する施設（有害物質貯蔵指定施設）の設置にも届出義務の対象を拡大し（5条3項），さらに，構造・設備・使用方法に関する基準を遵守する義務（12条の4）および定期点検の義務（14条5項）を課すものとした法改正が2011年に行われた。

Ⅳ　生活排水対策

水濁法では，大規模な工場・事業場による産業系排水を中心に水質汚濁対策が進められてきたが，小規模な工場・事業場からの排出水には生活環境項目に関する規制がかかっていない。また，工場・事業場のような特定の汚染源を点源というのに対し，農地や道路のような面的な広がりをもつ汚染源を面源または非点源といい，土壌や路面を広く流れ出た水が有害物質や有機物を川や海へ運んでいる。良好な水環境をつくっていくためには，炊事・洗濯・入浴・し尿といった私たち住民の日常的行為に起因する生活排水についても対策が必要である。

もっとも，これらの汚染源の問題は，個々の行為そのものは必ずしも社会的非難に値しないため，何らかの措置を法的に義務づけ，強制するような厳格な規制的措置の導入には馴染みにくい。それよりはむしろ，小規模事業者，土地の所有者，そして住民や地元自治体が一体となって，よりよい水環境づくりに主体的に取り組んだ方が有効かつ適切だろう。

1990年の水濁法改正で導入された生活排水対策（14条の5以下）においては，住民や地域にとって身近な行政としての市町村が第一義的な役割を担うとされている。すなわち，都道府県知事が生活排水対策重点地域を指定すると，当該地域内の市町村は，生活排水対策推進計画を策定し，それをもとにして生活排水処理施設の整備，住民の意識啓発に携わる指導員の育成などの具体的措置を行うよう努めるものとされている。

Column④

越境水路・国際湖水保護条約

欧州安全保障協力会議（欧州安全保障協力機構（OSCE）の前身）環境保護会合の要請を受けて，国連欧州経済委員会（UNECE）の下で，越境水路および国際湖水の保護に関する条約の交渉が開始され，２年間の交渉の末，1992年３月に「越境水路および国際湖水の保護および利用に関する条約」（以下「越境水路・国際湖水保護条約」という）がヘルシンキで採択された（96年発効）。本条約は，もともとUNECE加盟国のみに開放されていたが，2012年の条約改正により，UNECE域外の世界中のすべての国に開放され，普遍的条約になった（2020年３月現在の締約国数は42か国およびEU）。

越境水路・国際湖水保護条約の規定は，国連水路条約と比較すると次のような特徴がある。第１に，汚染の防止，軽減および制御について，国連水路条約は，21条で，「人の健康若しくは安全，水路の有益な目的のための利用若しくはその生物資源に対する害を含む重大な害を生じさせうる国際水路の汚染」を防止，軽減および制御すると規定する一方，越境水路・国際湖水保護条約は，「重大な」という言葉を使用せず，「締約国は，いかなる越境影響をも防止し，規制し及び削減する」と規定したこと，また，締約国が防止措置をとるにあたり予防原則に依拠すべきことを明文で規定することにより，締約国により厳しい防止義務を課したこと（２・３条）。

第２に，越境水路・国際湖水保護条約は，厳格かつ詳細な汚染防止義務の規定を置くことから明らかなように，「水質」の悪化防止を主眼とする条約であるのに対し，国連水路条約は，水質のみならず「水量」の配分にも着目している。このことは，国家間における水量の適切な配分を要求するための根拠となる衡平利用原則が，国連水路条約には明文で規定されているのに対し（５・６条），越境水路・国際湖水保護条約にはそうした規定がないことに表される。

第３に，国連水路条約は，越境水資源の管理を行う共同機構の設立について，その設立を検討することができるという弱い表現にとどまるが（８条２項），越境水路・国際湖水保護条約は，締約国に共同機構の設立を前提とし，その任務に関する詳細な規定を置く（９条２項）。

（鳥谷部　壌）

3　閉鎖性海域・湖沼の水質保全

Ⅰ　瀬戸内法

瀬戸内海は，本州・四国・九州に囲まれた，日本で最も大きな閉鎖性海域である[4)]。古来より風光明媚な自然景勝地であるとともに，貴重な漁業資源の宝庫であるという恵まれた自然環境を具えている。ところが，1960年代から高度経済成長に伴い，産業と人口が瀬戸内海周辺に集中し，水質汚濁が急速に進行した。このため，瀬戸内海の環境保全を求める沿岸の住民運動が広がったのを受け，水質保全対策を強力に推進する必要から，1973年に「瀬戸内海環境保全臨時措置法」が5年間の時限法として議員立法により成立した。さらに1978年には，赤潮などの被害に対する富栄養化対策を含む新たな施策を加えた恒久法として，「瀬戸内海環境保全特別措置法」（瀬戸内法）への改称が行われた。

本法に基づく具体的な措置においては，以下にみるように，環境保全の実施が基本的には関係府県の判断にまかされている。法律の実効性は，府県計画の策定とその内容に左右されることになるが，実際の運用に対しては批判も少なくない。

①　基本計画，府県計画　　政府は，中央環境審議会および関係府県知事[5)]の意見を聴いた後，瀬戸内海の環境保全に関する基本計画を策定・公表する（3条）。これに基づき，関係府県知事は，それぞれ当該府県の区域の環境保全に関する府県計画を定める（4条）。

②　施設設置などの許可制　　水濁法にいう特定施設を関係府県の区域において設置し，または構造などの変更をしようとする者は，本法に基づき，知事の許可を受けなければならない（5・8条）。施設の設置・変更は，水濁法では

4）閉鎖性海域に関しては，本文でとりあげる瀬戸内法のほか，「有明海及び八代海等を再生するための特別措置に関する法律」（2002年制定）がある。2000年に生じた異常なノリ不作を背景とする立法措置で，有明海などの総合調査や環境保全のための特例を定めている。

5）関係府県とは，大阪，兵庫，和歌山，岡山，広島，山口，徳島，香川，愛媛，福岡，大分の11府県と，総量規制および富栄養化防止対策に関係する京都，奈良の2府県である（2条2項）。

届出制であるのに対し，より厳しい許可制がとられているのが要点である。許可申請にあたっては，「当該特定施設を設置することが環境に及ぼす影響についての調査の結果に基づく事前評価に関する事項を記載した書面」を添付することが必要とされている。この書面は３週間公衆の縦覧に供され，利害関係を有する者は，縦覧期間満了の日までに，事前評価に関する事項についての意見書を知事に提出することができる。これは，今日でいえば環境アセスメントの実施を義務づけたものであるが，環境影響評価法の制定（1997年）に先立つ1978年当時の措置としては特筆に値する。

③　総量規制　　本法に基づき，瀬戸内海におけるCODの総量削減基本方針が定められる（12条の３）。総量規制の実施に関する具体的規定は水濁法に拠る。

④　富栄養化防止対策　　環境大臣は，りんその他の指定物質を削減するために，知事に指定物質削減指導方針を定めるよう指示することができる（12条の４）。知事は，指導方針にしたがって，事業者などに対して必要な指導，助言，勧告を行う（12条の５）。

⑤　自然海浜の保全等　　関係府県は，条例で，自然海浜保全地区を指定することができ，当該地区内での工作物の新築，土地の形質の変更，鉱物の採掘，土石の採取などの行為をする者に，必要な届出をさせ，勧告・助言をすることができる（12条の７，12条の８）。また，公有水面埋立免許の付与などにあたっては，「瀬戸内海の特殊性」（２条の２第１項）につき十分配慮しなければならないとされている（13条）。

Ⅱ　湖沼水質保全特別措置法

現在，水質環境基準の達成率は，健康項目については100％に近く，生活環境項目については河川ではBODが90％台，海域ではCODが80％台前後に達しているのに対し，湖沼ではCODが50％台と殊更低くなっている。湖沼は，内湾・内海よりもいっそう閉鎖性が高く，一度汚染されると回復が極めて困難な水域だからである。こうして水濁法に基づく一般的な対策のみでは湖沼の水質浄化がなかなか進まない現状から，1984年に「湖沼水質保全特別措置法」が制定され，2005年に一部改正されている。

具体的には以下のことが定められているが，依然として十分な成果があがっているとは言いがたく，本法に基づく対策のほかに独自に条例を定めてさらに厳しい規制措置を講じている自治体もある[6)7)]。

①　基本方針　　国は，湖沼水質保全基本方針を策定し，湖沼の水質保全に関する基本構想その他の重要事項を定める（2条）。

②　湖沼・地域の指定　　環境大臣は，都道府県知事の申請に基づき，環境基準が確保されておらず，特に総合的な施策が必要な湖沼を指定湖沼[8)]に，水質汚濁に関係する地域を指定地域にそれぞれ指定する（3条）。

③　湖沼水質保全計画　　知事は，基本方針に基づき，指定湖沼ごとに湖沼水質保全計画を策定・実施する（4・5条）。

④　規制措置　　指定地域において，水濁法にいう特定施設を設置する工場・事業場に対しては特別の規制がなされる（7条以下）。さらに，水濁法の対象施設ではないが，湖沼の水質を汚染するおそれのある施設を「みなし指定地域特定施設」とし，本法の規制対象としている[9)]（14条）。また，排水を伴わない施設に対しての規制措置も講じられる（15条以下）。これらに加え，指定湖沼の集水域の汚染負荷量の総量について，総量規制が実施される（23条以下）。

⑤　流出水対策　　湖沼への汚水の流入は，工場などの点源からのみではなく，農地や市街地などの面源または非点源からもあり，これへの対策として，流出水対策地区を指定し，流出水対策推進計画を策定・実施する仕組み（25条以下）が2005年改正で設けられた。

6）先駆的な条例として，水源の富栄養化の防止を目的とした1979年制定の「滋賀県琵琶湖の富栄養化の防止に関する条例」が有名である。

7）国の法律でも，琵琶湖の自然環境などの悪化に対し保全・再生を図るため，「琵琶湖の保全及び再生に関する法律」が2015年に制定されている。

8）現在，八郎潟，釜房ダム貯水池，霞ヶ浦，印旛沼，手賀沼，野尻湖，諏訪湖，琵琶湖，児島湖，中海，宍道湖が指定されている。

9）瀬戸内法12条の2にも，これと同様の定めがある。

4 健全な水循環

Ⅰ 「流れ」の視点

ここまで学んできたように，水濁法をはじめ，深刻な公害の発生を契機に発展してきた日本の水環境に関する法制度は，人の健康被害や生活環境の悪化の未然防止を目的の中心に据え，具体的には，維持されることが望ましい「水質」環境基準の達成を政策目標とするものであった。しかもそれは，工場・事業場の排水口に接する海や川などの公共用水域や，特に重点的な対策が必要な閉鎖性水域である特定の海や湖沼を，「場」の視点でとらえ，それぞれの場において水質の維持・浄化のための規制措置を講ずるというものであった。

だが，水は，一つの場には留まっていない。雨が地表に降り地中に浸みこんで地下水となり，あるいは河川や湖沼の地表水となって海に注ぎ出る。海水の一部は大気中に蒸発して雲となり，再び雨となる。そしてその過程には，水と人や生物との様々な形での関わりあいが存在している。だとすると，水環境をこうした「流れ」の視点でとらえ，健全な水循環を維持・回復していくといった取組みもまた重要であり，そのためには，水環境を水質のみではなく，水量，水辺地，水生生物を含めて総合的にとらえていく必要もある。

この点で注目される2014年成立の「水循環基本法」に関しては第５節で述べるとして，それに先立ち，必ずしも網羅的ではないが，水質以外の水環境の保全に関わる法制度の現状と課題について素描しておきたい。

Ⅱ 適切な水量の維持

水量については，平常時において適切な水量が維持されることや，土壌の保水・浸透機能が保たれ，適切な地下水位，豊かな湧水が維持されることが重要である。

たとえば，安定した水量の維持が特に必要とされる水道水源についてみると，法制度はやはり水質の維持・浄化に重点を置いてきた。「水道法」には，国・

自治体は水源およびこれらの周辺の清浄保持に関し必要な措置を講じなければならないと定められており（2条），さらに，いわゆる水道水源二法が制定されている。1994年制定の「特定水道利水障害の防止のための水道水源水域の水質の保全に関する特別措置法」（水道水源法）は，水道の浄化過程で生成されるトリハロメタンなどへの対策として，対策が必要な水道水源水域を対象とする水質保全計画の策定・実施，水質汚濁防止のための規制措置などを規定している。また，同年制定の「水道原水水質保全事業の実施の促進に関する法律」（水質保全事業促進法）は，水道原水の取水地点の水質汚濁に影響のある汚染源を対象に，下水道やし尿処理施設の整備など，水道原水水質保全事業の計画的な実施を促進するための措置を定めている。これに対し，多くの自治体で制定されている「水道水源保護条例」の中には，水質保全の観点に加え，水量維持の観点から水源枯渇のおそれが認められる場合に施設の設置を規制する条例[10)]や，地下水採取を規制する条例がある。

水量に着目した法律が皆無なわけではない。地下水の過剰な汲上げが行われると，地下水を中心とした水循環に大きな影響を与えるだけではなく，地盤沈下を惹き起こす。そこで，1956年制定の「工業用水法」，1962年制定の「建築物用地下水の採取の規制に関する法律」（ビル用水法）は，指定地域内における井戸から地下水を汲み上げようとする者に対し，あらかじめ都道府県知事の許可を受けることを義務づけている。しかし，これらはあくまで地盤沈下の防止が主な目的であり，目下のところ，貯留量・流動量の維持，水利用の合理化などを含む総合的な地下水管理のための法制度については，関係省庁の調整がうまくいかず，実現の目処が立っていない。そのため，工業用水法・ビル用水法の指定地域外では，国の法律による規制がまったく及ばないといった問題が全国各地で生じている。

10）条例が廃棄物処分場の設置などを規制する場合に，憲法94条が「法律の範囲内」で条例を制定できると規定することとの関係で，廃棄物処理法への矛盾抵触の有無が問題となる。紀伊長島町（現 紀北町）水道水源保護条例に関する最高裁判決（最判平16·12·24民集58·9·2536）は，水源の水質・水量の保護を目的とする条例の適法性を認めているものと解される。

Ⅲ　水辺地の保全

水辺地については，人と水とのふれあいの場となり，水質浄化の機能が発揮され，豊かで多様な生物の生育・生息環境として保全されることが重要である。

水辺地と最も関わりの深い法制度は,「河川法」(1964年制定）と「海岸法」(1956年制定）である。河川法は，法の対象となる河川を①一級河川，②二級河川，③準用河川に分け，①は国（国土交通大臣），②は都道府県知事，③は市町村長をそれぞれ河川管理者とし，河川管理施設を自ら設けることなどにより管理するものとしている。河川および河岸などは河川区域と河川保全区域に区分され，河川区域内における土地の占有・土石などの採取・工作物の新築などや，河川保全区域内における土地の形状を変更する行為・工作物の新築などは，河川管理者の許可なく行うことはできない。また，河川の流水の占有にも河川管理者の許可が必要とされる。このような内容を持つ河川法は，1997年の法改正前までは，洪水，津波，高潮などによる災害の発生を防止する「治水」と，河川を適正に利用する「利水」という法目的の実現のため，水辺地の環境保全に十分な配慮を払うことなく，河川環境に大きな影響を及ぼすダム建設を全国各地で進めるための法的根拠として用いられてきた。

海岸法もその点は同様であり，1999年改正前までは，津波，高潮，波浪などによる被害からの「海岸の防護」と，それによって「国土の保全」に資するという法目的を実現すべく，海岸環境を大きく改変するコンクリート護岸工事を進める法的根拠として運用されてきた。

これらの法制度とその運用により，確かに，人口増加に対応し，効率的な経済活動を可能にする基盤整備が進んだ。だが，他方では，水辺地のもつ多面的な機能にまで十分な配慮が払われてきたとは言いがたい状況もあったのである。

こうした状況を大きく変えうる動きと注目されたのが，1997年の河川法改正である。この改正では，法目的に，従来の治水と利水に加えて「河川環境の整備と保全」が掲げられるようになった。その上で，樹林帯といういわば「緑のダム」を人工的なダム・堰などと並ぶ河川管理施設の一つとして規定し，また，河川管理者の定める河川整備計画に住民参加の手続きが新たに設けられた。それに続く1999年の海岸法改正でも，従来の海岸防護と国土保全に加えて「海岸環境の整備と保全」・「公衆の海岸の適正な利用」が法目的に掲げられた。それとともに，油などによる海岸の汚損のおそれや動植物の生息・生育地への支障を海岸管理者が認めた場合には，一定の行為を禁止することができるとされ，さらに，海岸保全基本計画への住民参加手続も定められた。

これらの改正をうけて，国・自治体には，河川法または海岸法を根拠に各種の公共事業を自ら実施する際，改正法で加えられた環境関連の規定に基づき，水辺地の環境保全に一定の配慮を払うことが求められるようになる。また，民間事業者が実施する開発行為への許認可などを判断する際にも，同様の配慮が必要とされる。ただし，これらの規定が具体的にどの程度の配慮義務を課すものであるかは必ずしも明確ではない。結局のところ，国・自治体の側に，従来の公共事業や許認可などのやり方を大きく変えようという熱意があるかどうかにかかっている。

Ⅳ　水生生物の保全

水生生物については，特定の種に限らない水生生物の保全や，地域ごとに特徴のある水圏生態系をそれぞれの地域の意思で保全・再生するため，多様で幅のある水生生物の種や個体群などの保全を図っていくことが重要である。

水生生物の保全と水質の保全は密接不可分の関係にある。そこで，環境基準の生活環境項目のうち，2003年には全亜鉛について，その後さらにいくつかの物質・項目について，「水生生物の保全」に係る環境基準が設定された。これに対応して，2006年には亜鉛含有物につき水濁法の排水基準も強化されている。ただ，個別の物質について規制の対象とするのではなく，水圏の生態系全体の健全性を保全するための対策や，それを進めるための指標づくりを考えるべきだという適切な指摘[11)]にも耳を傾ける必要があるだろう。

11）畠山武道『考えながら学ぶ環境法』三省堂，2013年，183頁以下。

5　水循環基本法

前節の素描からも垣間見えたように，水に関係する法律は相当多岐にわたる。しかも，多くの省庁によって別々に分担管理されている。すなわち，水質をはじめ環境に関する法律（水濁法，瀬戸内法，湖沼水質保全特別措置法など）は環境省であるが，河川管理・海岸管理に関する法律（河川法，海岸法など）や水資源開発に関する法律（水資源開発促進法，特定多目的ダム法など）は国土交通省であり，さらには，水源涵養林や農業用水に関する法律（森林法，農地法など）は農林水産省，水道に関する法律（水道法など）は厚生労働省という具合に，所管省庁ごとに縦割りとなっている。このような行政の縦割り構造が，それぞれの「場」の視点のみではなく，水循環を「流れ」の視点でとらえ，総合的かつ一体的な施策を講ずることを難しくしている。

そうした現状からすると，2014年に水循環基本法が成立したことは，一歩前進である。本法は，「健全な水循環」を，「人の活動及び環境保全に果たす水の機能が適切に保たれた状態での水循環」と定義する（2条2項）。その上で，水を「国民共有の貴重な財産」と位置づけて，健全な水循環の維持・回復のための取組みの積極的推進，水の利用にあたっての健全な水循環の維持への配慮，流域の総合的管理，水循環に関する国際的協調を基本理念に掲げる（3条）。行政の縦割り構造を克服し，水循環の維持・回復のための総合的・一体的な施策を講じていく上では，政府による水循環基本計画の策定（13条），内閣総理大臣を本部長とする水循環政策本部の新設（22条），水循環政策担当大臣の設置（26条）を定めたことなどが重要である。

本法16条は，流域の総合的・一体的な管理を行うため，国・自治体が連携・協力する必要性を謳っているほか，「流域の管理に関する施策に地域の住民の意見が反映されるように，必要な措置を講ずる」としている。水循環の問題は，流域ごとに，その現状，課題，目標は自ずと異なったものとなる。したがって，施策を展開するための枠組みにおいては，住民，利水者，企業，学識経験者，行政など，多くの流域の関係者が適切に役割分担しつつ，連携して一つの目標を形成・共有し，その実現に向けて各自が判断・行動していくことが求められる。

第9章 生態系の保全

1 生物多様性条約——生物多様性の保全と持続可能な利用（国際法における枠組み）

I　地球規模の生態系の危機

地球上には，現在およそ180万種の生物が生息していることが知られているが，未知の生物も多く，実際には数千万から億を超える種が存在すると推測されている。長い時間をかけて形成されてきた多種多様な生物と生態系がもたらす恵みは，人類の生存と福利およびその社会経済の発展に大きく貢献している。しかし，産業革命以降，人間活動の活発化によって地球環境の改変が進み，とりわけ，20世紀後半から加速している世界人口の増加，科学技術の発展，グローバル化および気候変動によって，種と生態系は重大な脅威に曝されている。種と生態系の危機は，花粉媒介種の減少による食料生産への悪影響や，人獣共通感染症のパンデミックの発生など，人の健康と社会経済に甚大な被害をもたらすことも明らかになった。

このような生物多様性の損失という地球規模の課題に対処するため，1992年6月，リオ・デ・ジャネイロで開催された環境と開発に関する国連会議で，生物多様性条約（Convention on Biological Diversity: CBD）が採択された。CBDは生物多様性を国際社会の共通関心事と位置づけて，締約国の保全措置に指針を与え，国際協力を促進するために，様々なプログラムを創設し，検討を行ってきた。本節は，CBDの主要条文と条約実施プロセスの発展を概観し，先進国と途上国の対立の中で，どのような義務が定められ，いかなる保全措置が求められているか，という点を明らかにする。また，地球規模の生態系の危機に対し，国際社会および日本が取り組むべき課題を検討する。

Ⅱ　生物多様性条約の成立

生物多様性（biodiversity）という用語は1986年９月，米国科学アカデミーとスミソニアン協会が主催したナショナル・フォーラムで，生物学的多様性（biological diversity）にかわる造語として初めて用いられ，広く知られるようになった。新たな用語が歓迎されたのは，1973年の絶滅危惧種法の厳格な規制に経済界が不満を抱いていたことに加え，保全生物学の発展によって，種の保護よりも進化のプロセスの保全が重視されるようになり，このような新たな保全の理念に社会の理解と賛同を得るためには，より包括的で耳目を集める用語が必要とされていたためである[1)]。

生態学者らが考案した生物多様性という概念は，新たな保全戦略を模索していた自然環境保全の専門家らにも好感を持って受け止められた。1970年代には，国連および国際自然保護連合（IUCN）の主な関心事は稀少種または移動性の種の保護と，有用天然資源および農業用の遺伝的多様性の保全であり，この時期に採択された自然保全条約の規制内容は限定的で相互の連携もとられていなかった[2)]。このような断片的なアプローチを乗り越えるため，IUCNは新世界保全戦略（1991年）およびグローバル生物多様性戦略（1992年）を公表し，生物多様性を鍵概念と位置づけて，複雑な相互作用によって人類の生命を支えている自然の系を保護するために，包括的な保全戦略を提言した。

国連の下では，1989年，UNEP管理理事会の決定に基づいて生物多様性条約の検討が開始され，1992年，政府間交渉委員会で条文草案の検討が行われた。この過程では，保全を重視する先進国と資源利用および利益配分を求める途上

1）デヴィッド・タカーチ著，狩野秀之・新妻昭夫・牧野俊一・山下恵子訳『生物多様性という名の革命』日経BP社，2006年，52-57頁。同様に，生物多様性概念のプラットフォーム機能を指摘するものとして，及川敬貴『生物多様性というロジック』勁草書房，2010年。

2）特に水鳥の生息地として国際的に重要な湿地に関する条約（ラムサール条約）（1971年），世界遺産条約（1972年），絶滅のおそれのある野生動植物種の国際取引に関する条約（CITES）（1973年），移動性の野生動物の保護に関する条約（ボン条約）（1979年）がある。

国の見解が対立し，交渉は難航したため，合意が成立しなかった項目は削除され，実体規定の多くは一般的義務または締約国の裁量を広く認める「ソフトな」義務として定められた[3)]。また，条約の実施を確保するために，遺伝資源の取得と利益配分，技術移転，資金供与等のインセンティブ措置が含められた。CBDは1992年６月５日に採択され，1993年12月29日に発効した。米国は，資金供与，知的財産権の規定等を不服として，批准をしていないが，締約国数は196か国となり（2021年現在），生物多様性保全という基本理念は国際社会に広く受け入れられている。しかし，明確な規制描置を定めていない枠組条約またはアンブレラ条約として成立したため，成立当初の評価は分かれていた[4)]。

Ⅲ　生物多様性条約の基本構造

1　定義，目的，法的地位

(1)　定義　　生物多様性はすべての生物の間の変異性をいい，種内の多様性，種間の多様性及び生態系の多様性を含む（２条）[5)]。種間の多様性とは，生物種の多様性をいい，種内の多様性とは遺伝子の多様性をいう[6)]。生態系とは生物と生物以外の環境の総体であり，多様な生態系は多様な生物の棲家となり，食物網（food web），送粉関係など，種間の多様な関係性を生み出している。また，森と河川，海との関係のように，異なる生態系は相互に関連し，複数の生態系がなければ生きられない生物も存在するため，進化のプロセスを継続させ，自然の復元力を維持するためには，全てのレベルの多様性を保全する必要がある。

(2)　生物多様性の価値・法的地位　　前文（１文）には生物多様性とその構

3）例えば，予防原則は前文で言及されるに留まり，生物多様性損害に対する責任，保護地域，生物種のリストは含められず，各国の国内施策に委ねられた。Patricia Birnie, Alan Boyle, Catherine Redgwell eds., *International Law & the Environment* (3rd eds.), OUP Oxford, 2009, p.614.

4）Veit Koester, “The Five Global Biodiversity-Related Conventions: A Stocktaking”, *RECIEL*, 11(1), 2002, pp.100–101. *op.cit.,* pp.615–616.

5）保全と利用の対象には野生種だけでなく，栽培種と飼育種も含まれるが（２条，Ⅴ/５，Ⅶ/12など），人の遺伝子は条約の対象外である（Ⅱ/11, para.2）。

6）遺伝的多様性は環境変化に対する集団の適応力を高める。一方，農業用品種の遺伝的多様性の減少は，食糧安全保障上のリスクとなる。Cf.アイルランドのジャガイモ飢饉。

成要素の多様な価値が例示され，その内在的価値も含められている。生きとし生けるもの，すべてを等価なものとして尊重することは，生物多様性の理念からは認められるが，前文（4文）および実体規定では「生物資源」という用語が用いられ，生態系サービスおよびその保全のための生態系アプローチが重視されていることからも，CBDは人間中心主義の立場に立つと考えられている。

また，生物多様性は「人類の共通の関心事」と位置づけられているため（前文3文），国家領域内の生物多様性保全についても，他の締約国が関心を抱き，義務の不遵守の是正を求めることは認められると解されている[7]。

(3)　条約の目的・適用範囲・原則　　第1条は，生物多様性の保全，その構成要素の持続可能な利用，遺伝資源の利用から生ずる利益の公正かつ衡平な配分という3つの目的を定めている，目的実現の手段としては，遺伝資源の取得の機会の提供，技術移転および資金供与が掲げられ，これらは第6条から21条の実体規定と対応している。

条約の適用範囲は，①生物多様性の構成要素については，自国の管轄下にある区域，②自国の管轄または管理の下で行われる作用および活動については，自国の管轄下にある区域およびいずれの国の管轄にも属さない区域（国際公域）と定められ（4条），公海などの国際公域については，直接にまたは適当な国際機関を通じて他の締約国との協力が求められている（5条）[8]。

第3条は自国の天然資源を開発する主権的権利および領域主権の管理責任を「原則」として定めている。本条はストックホルム宣言原則21またはリオ宣言原則2の再陳述であるが，環境条約としては初めて法的義務として定められたため，英国は主権的権利については国際法原則としての地位を認めないとの解釈宣言を行った。後者については損害防止措置の検討が行われ（VI/11），深海底の生態系および国家管轄権を超える地域の生物多様性に悪影響を与える活動についても，本条の適用が認められている（VII/5）。

7）Patricia Birnie, Alan Boyle, Catherine Redgwel, *op.cit.*, p.619

8）海洋保護区（Marine Protected Areas）については，本条に基づき協力が検討されている（VII/28, para.29）。

2　主要な義務

(1)　一般的措置　　(a)　国家戦略・計画　　生物多様性保全および持続可能な利用の確保には，横断的な施策が必要となるため，締約国は国家戦略および行動計画を作成し，関連する計画や政策に，生物多様性保全と持続可能な利用の考慮を反映するよう求められている（6条）。さらに，締約国は，自国の戦略・計画とその実効性について，定期的報告を行い（26条），第6条の実施に関する情報は，クリアリングハウスメカニズム（CHM）を通して公開される（II/7, paras 1,3）。また，国家戦略・計画の策定指針はCOPが決定し，条約の戦略計画の改定時には，これと整合するよう国家戦略の改定も求められる。

(b)　特定・監視　　科学的な管理の基礎として，締約国は附属書Iに掲げられた区分（生態系および生息地，種および群集，ゲノムおよび遺伝子）を考慮して，生物多様性保全および持続可能な利用のために重要なものを特定し，その監視を行うこと（7条(b)）および，著しい悪影響を与える作用・活動の影響を監視することを求められる（7条(c)）。当該作用，活動については，保全または悪影響の回避，最小化の措置（8条(i)，10条(b)），および環境影響評価手続の導入が求められる（14条(a)）。

(2)　生物多様性の保全　　生物多様性の保全には生息域内（*in situ*）保全と生息域外（*ex situ*）保全があり，第8条と第9条がそれぞれの基本要素を定めている。

(a)　生息域内保全　　生息域内保全とは，生態系および自然の生息地を保全し，自然の生息環境内で存続可能な種の個体群を維持し回復することをいう（2条）。第8条は生息域内保全措置として，①保護地域の選定・規制・管理，②隣接地域の管理，③生物資源に関する規制・管理，④生態系・生息地・個体群の維持，⑤自然再生・修復，⑥バイオセイフティに関する措置，⑦外来種の防止・制御・撲滅，⑧先住民族および地域社会（ILC）の伝統的知識（TK），慣行の尊重と利益配分，⑨脅威に曝されている種および個体群の保護規制，⑩著しい悪影響をもたらす活動の規制・管理，および⑪国際協力を挙げている。いずれも「ソフトな」義務であるが，COPの決定により，実施措置の明確化が図られている。

(ア)　保護地域　　保護地域は種と生態系の長期にわたる保全を確保し，水や生物資源の供給により，地域住民の生活・生業を支える点からも重要であるが，CBDはラムサール条約や世界遺産条約とは異なって，国際的に重要な地域の指定，登録は行わず，保護地域の指定・管理を締約国に委ねている。2004年，COP 7で「保護地域に関する作業計画」(Programme of Work on Protected Areas: PoWPA) が採択され[9]，参加型管理，ギャップ分析に基づく重要地域の指定，生態系ネットワークによる保護地域の陸域・海域景観への統合等の基本方針と数値目標が示された。2010年に採択された愛知目標は2020年までに陸域，淡水域の17%，海域の10%を保護地域に指定するという目標を掲げている（目標11)。保護地域の数値目標は保全の推進力になると考えられているため，ポスト2020年目標の検討においても重要な論点の一つである[10]。

(イ)　外来種　　外来種は生態系攪乱の主要な要因の一つであるが，CBDの下では法的拘束力のある国際文書の検討は行われず[11]，任意的な実施指針の採択と情報共有により，実施の促進が図られている。2002年に採択された「防止，導入，影響緩和のための指針原則」(VI/23) は予防的アプローチに基づいて（指針原則１)，侵入防止を最優先し，侵入後の対策としては撲滅が推奨され（指針原則13)，撲滅が困難または資源不足の場合には，封じ込め（指針原則14）および長期的な制御（指針原則15）で対処するという「三段階アプローチ」を提示した（指針原則２)。さらに，外来種がペット，観賞魚，生きた餌・食品などとして持ち込まれた後，「逃げる」リスクに対処するための輸送および取扱い指針 (XII/16, 2014)，非意図的導入の防止に関する補足的指針 (XVI/11, 2018) が採択されている。

(ウ)　先住民族および地域社会 (ILC) の参加と利益の考慮　　ILCのTKの尊重については，８条(j)項アドホック作業部会において，先住民族の権利に関する国際法の発展を背景として，当事者の主体的関与に基づく規範定立が進

9）*Programme of Work on Protected Areas,* UNEP/CBD/COP/DEC/VII/28, 13 April, 2007, *Annex.*
10）*Zero Draft of the Post-2020 Global Biodiversity Framework,* CBD/WG2020/2/3, 6 January 2020, p.9.
11）IMOの下では，2004年，バラスト水管理条約が採択された（2017年９月８日発効)。

められている。いずれも非拘束的であるが，文化・環境・社会的影響評価に関する*Akwé：Kon*ガイドライン（VII/16），文化的・知的遺産の尊重に関する行動規範（X/41），持続可能な慣習的利用のための行動計画（XII/12, B Annex），「自由な，事前の十分な情報に基づく同意（FPIC）」を確保するためのメカニズム・立法などに関する任意的指針（XIII/18），保全および持続可能な利用に関連するTK返還のための任意的指針（XIV/12）が採択されている。作業部会は遺伝資源のアクセスと利益配分に関するボン・ガイドライン（VI/24）および名古屋議定書の採択に貢献し，実施の検討プロセスにおいても，ILCは主要なステークホルダーと位置づけられている。

(b)　生息域外保全　　生息域外（*ex situ*）保全とは，生物の種の構成要素を自然の生息地の外で保全することを指し（2条），動物園，水族館，植物園，生物遺伝資源のその他人工繁殖施設などにおける種の保存がこれにあたる。第9条は域外保全を域内保全の「補完」と位置づけ，自然生息地への再導入，および自然生息地からの捕獲・採捕の規制・管理を要請する（同条(c)(d)）。また，域外保全は「可能な限り」原産国での保全が望ましいとされ，原産国である途上国への支援と協力が求められている（同条(a)(b)(c)）[12)]。

(3)　持続可能な利用　　持続可能な利用とは，生物多様性の長期的な減少をもたらさない方法と速度で生物多様性の構成要素を利用することをいう（2条）。元本に手をつけず，利子のみ利用することに例えられ，生態系の適度な攪乱は種の多様性を維持し，商業的利用から得られる利益は保全と修復のインセンティブとなるとして推奨されている。また，貧困撲滅と持続可能な開発に貢献すると認められ（XII/5），地域住民の伝統的・文化的慣行に従った利用の保護と奨励も定められている（10条(c)）[13)]。但し，持続可能な利用は万能薬ではない。

12) CITESでは，生きたアフリカゾウの大規模な取引と劣悪な取扱いが問題となり自然生息域外の動物園などへの野生種の移送は厳格に規制されることとなった。Resolution Conf.13.9, Resolution Conf.11.20（Rev.CoP18）.

13) 本条や古くからの条約実行を反映する。資源管理条約における aboriginal exemption については，Alexander Gillespie, *Conservation, Biodiversity and International Law,* Edward Elgar, 2011, pp.232-245, esp.241-242. なお，国連先住民族の権利宣言（2007年）は，先住民族の自然資源，土地，水域の伝統的利用を先住民族の「権利」として定めている（26条）。

その実効性は科学的管理，地域社会への利益還元，密猟，違法取引に対する法執行の確保などに依存するため，2004年に採択された「生物多様性の持続可能な利用のためのアジス・アベバ原則と指針」（VII/12, Annex II）は，市場の歪みを是正するための政策調整，順応的管理，参加の確保等による適切な管理を要請している。

(4)　遺伝資源の利用から生ずる利益の公正かつ衡平な配分　　第15条以下では，バイオ・パイラシーに対処するため，途上国が自国の遺伝資源へのアクセスを規制し，資源利用国に利益配分を求めるためのメカニズムが定められている。資源提供国は，自国の主権的権利に基づいて（3条），遺伝資源の取得の機会を定める権限を有し（15条1項），取得の機会の提供にあたっては，事前の情報に基づく同意を求めることができる（同条5項）。資源利用国は，資源取得にあたり，提供国が遺伝資源の利用技術の移転を受けられるよう措置をとり（16条3項），バイオテクノロジーの研究のために遺伝資源の提供を受ける場合には，当該研究活動への提供国の効果的な参加を確保し（19条1項），その成果および利益について，公正かつ衡平な条件で優先的な取得の機会を与えることを促進し，推進するための措置をとる（同条2項）。研究開発および商業的利用から生ずる利益については，相互の合意に基づいて，提供国に公正かつ衡平に配分するための措置をとる（15条7項）。これらについては，第15条と第8条(j)項の下で法的拘束力ある文書の検討が行われ，2010年，遺伝資源へのアクセスと利益配分に関する名古屋議定書が採択された（2014年10月12日発効）。

(5)　環境影響評価　　第14条は，事業レベルの影響評価（EIA）を定める手続き（1項(a)）および計画・政策レベルの影響評価を確保するための適当な措置の導入を求めている（1項(b)）[14]。いずれも実施方法については広範な裁量を許容し，「著しい悪影響」という閾値も認められているが，法的義務として定められている。また自国の管理および管轄下の活動の越境的影響については，

14) SEAのみならず，貿易，租税，農業・漁業，エネルギー，運輸など，生物多様性に悪影響を及ぼすおそれのある「あらゆる」政策・計画の影響評価が含まれる。Neil Craik, "Biodiversity-inclusive Impact Assessment", in Razzaque & Morgera eds, *Biodiversity and Nature Protection Law*, Edward Elgar Publishing (part of Encyclopedia of Environmental Law), 2017, p.433.

回避および最小化のために，相互主義に基づく通報，情報交換および協議の促進が求められている（１項(c)）。

2006年のCOP８で，「生物多様性インクルーシブな影響評価に関する任意的指針」とSEAガイダンス草案が承認され（VIII/28），2012年には，これらの海域および沿岸域への適用が決定された（XI/18）。いずれも非拘束的指針であるが，締約国の国内法の発展，変革の指針として，また，開発援助実務への影響により，実質的な国際標準とみなされている。

Ⅳ　条約の実施評価

締約国会議には締約国と共に，市民社会，ILC，ビジネス・セクターなどもオブザーバーとして多数参加し，開かれた議論の下で，条約の実施状況の検討が行われる（23条）。

条約の実施については，締約国の定期的報告の検討と（26条），科学的補助機関による概況評価が行われている（25条２項(a)）。2000年代以降は，国連持続可能な開発目標の下で，中長期目標を含む戦略計画の策定と，実施状況の点検・評価が行われるようになり，自然を基盤とした社会の課題解決と，持続可能な社会への移行が目指されている。

１　戦略計画・目標，生物多様性の主流化

2002年のCOP６で，2010年までに生物多様性の損失の現在の割合を大幅に削減するという2010年目標が採択された。これを嚆矢として，2010年のCOP10では，「2050年までに自然と共生する社会を実現する」という長期目標（ビジョン）と，「2020年までに生物多様性の損失を食い止める」という中期目標（ミッション）を掲げた戦略計画（2011～2020），およびその重点領域について20の個別目標を定めた愛知目標が採択された。

一方，農地拡大，地下資源の採掘，電源開発等の土地利用変化が生物多様性の急速な劣化をもたらしているとの危機感を反映して，2016年，COP13は「生物多様性の主流化宣言」を採択した[15)]。生物多様性の主流化とは，統合的かつ

15）UNEP/CBD/COP/13/24, *Cancun Declaration on mainstreaming the conservation and sustainable use of biodiversity for well-being.*

一貫した方法で，生物多様性の保全・管理，利用，修復に取り組むことを指し，あらゆる政策決定に生物多様性の考慮を包摂し，政策・戦略レベルの影響評価に基づいて，土地利用計画や金融・投資の流れを変えることが求められている[16)]。

2　科学的評価と政策決定

中長期目標の点検評価には科学的評価は不可欠だが，2010年目標については，当初は評価指標が定められていなかった。総括時には生きている地球指標（living planet index：LPI）が用いられ[17)]，LPIは戦略計画（2011～2020）にも用いられている。2018年の報告書では，1970年から2014年の間に個体群のおよそ６割が減少し，特に中南米の熱帯地域で顕著な減少がみられると評価されている。

2012年４月，生物多様性と生態系サービスに関する科学的研究を評価し，政策提言を行うための独立した政府間組織として,「生物多様性および生態系サービスに関する政府間科学―政策プラットフォーム」（IPBES）が設立された。IPBESは2019年，第１次『地球規模報告書』を公表し，評価対象のうち約100万種が絶滅の危機に瀕しており，種の大量絶滅が進行しつつあることを明らかにした。IPBESの最近の報告書では，生物多様性とパンデミックの関係が明らかにされ，生物多様性保全と気候変動対策を一体的に取り組むべきことも提言されている。IPBESの科学的評価は，IPCCの評価報告が気候変動レジームの発展に寄与してきたように，生物多様性保全の取組みを加速させることができるだろうか。少なくとも，CBDの下では，野心的目標を掲げ，科学的評価に基づいて，法と政策統合により社会変革を促すアプローチには締約国の間でコンセンサスがある。このような取組みをさらに推進するためには，国際的に合意された目標の実現へ向けて，国内法政策を適切に調整するという視点が，今後は益々重要となるであろう。

16）宣言の附属書には農業，漁業・養殖，森林管理およびツーリズムにおける主流化指針が含められ，2018年のCOP14では，エネルギー，鉱物資源開発，インフラ事業における主流化も含められた（XIV/３）。

17）LPIは，1997年，WWF・WCMCの共同プロジェクトとして開始され，生物（脊椎動物）の分布記録をもとに，種と個体群がどの程度減っているかを明らかにし，変化の傾向を統計的に解析した包括的かつ定量的な指標である。

V　生態系の危機への国際的対応——今後の課題

CBDは保全生物学の発展と，途上国の資源ナショナリズムの主張を背景として成立し，生態系を一体として保全するという理念の下で，締約国の保全を促進し，利益配分に関する国際的な規則を定立すると共に，地域社会の持続可能な開発を支援する国際協力の枠組みとして，発展を遂げてきた。

しかし，近年の科学的評価においては，生物多様性保全に関する国際的な取組みは十分な成果をあげることができず，生物多様性の損失は，人類の存続を脅かすおそれのある危険水準に近づきつつあることが危惧されている。

このような生態系の危機に対しては，保護地域の拡大，密猟・違法取引の規制強化に留まらず，より抜本的な対策が求められる。第1に，都市計画，インフラ・電源開発，農漁村基盤整備等，幅広い施策に生物多様性の考慮を統合する「生物多様性の主流化」を推進し，戦略，計画レベルの影響評価，持続可能アセスメント等の導入により，意思決定の透明性と合理性を確立する必要がある。第2に，他国の生物多様性に依存し，豊かな消費生活を享受してきた日本については[18]，サプライチェーン全体を見直して，責任ある消費と生産を確保することが求められる。第3に，人の健康と生態系，経済活動の関連性の認識に基づいて，生物多様性と生態系サービスへの金融，財政投資を促進し，雇用創出，パンデミックの予防，気候変動適応策を一体的に進める緑の復興への期待が高まっている。これらの施策に幅広い支持を得るためには，生物多様性の価値の客観的評価と共に，その固有性，代替不可能性の理解の基礎となるセンス・オブ・ワンダーの醸成が不可欠であり，教育と啓発の充実が求められる。

Column⑤

環境と貿易

ある国が人の生命・健康または環境の保護を目的として国内規制を導入し，外国産品

18）IUCNレッドリストに掲載された絶滅危惧種の絶滅に関する「遠隔責任」は，日本は米国に次ぐ世界第2位である。Lenzen, M., Moran, D., Kanemoto, K. et al. International trade drives biodiversity threats in developing nations. *Nature* 486, 109–112（2012）. https://doi.org/10.1038/nature11145

の輸入を制限した場合，このような「非貿易的関心事項」の考慮に基づく貿易制限措置とWTO協定との整合性はどのように判断されるのだろうか。また，多数国間環境条約が条約目的達成の手段としてまたは参加のインセンティブとして，貿易制限を定める場合があるが，参加のインセンティブとして非締約国への貿易制限を定める場合，非締約国がWTO加盟国であれば，GATT第１条の最恵国待遇原則と抵触する可能性がある。条約に基づく輸出入規制または禁止は，数量制限を禁止するGATT第11条と抵触するおそれもある。持続可能な開発という目的の下，環境保護と自由貿易が共に推進されるべき重要政策であるとすれば，両者の緊張関係をどのように調整すべきだろうか。

GATTは第１条で最恵国待遇を，第３条で内国民待遇を定め，いずれも「同種の産品」について無差別平等な取扱いを求めている。また，第11条は輸入の数量制限を禁止し，第20条はこれらに対する一般的例外を定めている。GATTの紛争処理機関はこれらを厳格に解釈し，例外が認められる範囲は限られていた。しかし，このようなアプローチは環境保護団体の批判に曝されて，1994年のWTO成立後は見直しが行われている。WTO設立協定前文には環境の保護・保全および持続可能な開発という目的への言及が含められ，規定の解釈に影響を及ぼすと共に，WTOの下で「貿易と環境に関する委員会（The Committee on Trade and Environment: CTE）が設立されて，貿易と環境分野の政策調整のための検討が続けられている。CTEにおける議論は進展していないが，WTO成立後に採択された多数国間環境条約（カルタヘナ議定書，PIC条約）の前文には貿易協定との相互補完的（相互支援的）関係が明示され，事務局間の連携により，紛争の事前回避が図られている。WTOの紛争処理機関における解釈も変化し，未だ断片的ではあるが，両分野の調和が目指されるようになった。

1　同種の産品

「同種の産品」は，①産品の物理的特性，②市場での最終用途，③消費者の好みや習慣，④関税分類などの基準に照らしてケースバイケースで判断され（1970年国境税調整事件GATT作業部会報告），従来は物理的特性が同じであれば，原則として同種の産品とみなされていた。したがって，たとえば，イルカ混獲防止措置をとらずに漁獲されたマグロの輸入禁止措置のように，環境に配慮した「生産工程及び生産方法（process and production method: PPM）」に基づく異なる取扱いはGATT３条の内国民待遇違反となる可能性がある[19]。この点について，WTO成立後のEC・アスベスト規制事件上級委員会は（WT/DS135/AB/R，2001年４月５日採択），「同種の産品」か否かは「市場における競争関係の性質と程度」に着目して判断すべきであるとして，アスベスト繊維に発ガン性があることは広く認められ，市場における競争関係に影響を及ぼすから，アスベスト製品と類似品（非アスベスト製品）は「同種の産品」ではないと判断し，異なる取扱いを行っても，３条４項に違反しないと判断した。

19）ただし，本文中で言及したマグロ・イルカ事件とエビ・ウミガメ事件では，PPMは国外の輸出国で生じたものであり，国外の産品非関連の措置や政策を規制することは第３条の対象ではない，として，３条の内国民待遇ではなく，輸入数量制限の禁止を定めた第11条が適用された。

2　一般的例外

GATT第20条は一般的例外を定めている。環境規制が第３条または第11条違反と判断されても，第20条の要件を満たせば，例外として許容される。環境規制については第20条の(b)号または(g)号が関連し，申立国は(b)号または(g)号の要件の充足を立証した後，当該措置が恣意的に適用されず，隠れた保護措置とはならないという第20条柱書との適合性を示す必要がある。

(b)号の人および動植物の生命・健康に必要な措置という「必要性」の要件について，GATT時代には「合理的に利用可能な他のより貿易制限的でない代替手段がないこと」と狭く解釈されていた。マグロ・イルカ事件Ⅰ（1991年９月３日提出，未採択）の小委員会は，米国は「関係国の間で多国間条約を締結するというより貿易制限的でない代替手段を尽くしたと立証していない」として，米国の禁輸措置は(b)号の要件を満たさないと判断した。また，GATTの起草過程に基づいて，領域外の健康や環境保護を目的とする貿易制限措置は20条によって正当化されないとも述べている。これに対し，EC・アスベスト規制事件小委員会（WT/DS135/R，2001年４月５日採択）は，「必要性」は理論的に代替措置が存在するだけでなく，加盟国の経済的，行政的現実の観点から合理的に利用可能か，政策目的達成のために十分有効であるかという点に照らして判断すべきであると述べ，「必要性」要件の過度な厳格性を緩和して，アスベスト輸入禁止措置と(b)号との適合性を承認した。

(g)号は，「有限」天然資源の「保存」に関する措置は，国内の生産または消費に「関連して」実施される場合に限り，例外として許容されると定めている。

「有限天然資源」は，起草時には鉱物資源や非生物資源と想定されていたが，WTO成立後の米国ガソリン基準事件上級委員会は（WT/DS２/R，WT/DS２/AB/R，1996.5.20採択），大気汚染防止政策も「有限天然資源の保存」措置であると認めている。また，エビ・ウミガメ事件の上級委員会は（WT/DS58/AB/R１，1998年10月12日提出），「WTO設立協定前文に示された環境保護の重要性や正当性」に照らして「発展的」解釈を行い，「有限天然資源」には，生物および無生物資源，再生可能資源および再生不可能資源が含まれると判断した。

「関連性」の要件については，有限天然資源の保存を「主要な目的とする」措置でなければならないとして，マグロ・イルカ事件Ⅰ・Ⅱ（1994年６月16日提出，未採択）では，米国の貿易制限は他国の政策変更を目的とするもので，この要件を満たさないと判断されていた。しかし，米国ガソリン基準事件で上級委員会は，貿易制限措置と有限天然資源の保存目的との間に「直接的関連性」ではなく，「実質的関連性」があれば足りると判断し，また，輸入産品と国内産品を同一ではなく「公平に」扱っていれば十分であると緩やかな判断を行った。エビ・ウミガメ事件の上級委員会も，ウミガメが有限天然資源であることには国際的合意があるとして，混獲防止措置はウミガメ保存のための措置であり，国内でも同様の措置をとっていることから，米国の措置は(g)号の要件を満たすと判断した。

20条柱書について，エビ・ウミガメ事件小委員会はマグロ・イルカ事件と同様に，「多国間貿易体制を損なう一方的措置は認められない」と判断していたが，同事件の上級委員会はこれを条文上の根拠を欠く「過度の拡大解釈」として退けて，環境条約を締結するよう交渉する義務があるとはいえないと認めつつ，越境的または地球規模の環境問題に対処するためには，最大限国際協力と合意に基づくべきであり，一方主義は可能な限り回避すべきであると判断した。その上で，20条柱書の目的は，例外を援用する国の権利と他の加盟国のWTO法上の貿易の権利との均衡を図ることにあると述べ，他国の状況を考慮せず米国の漁法を一方的に押しつけたこと，目的達成のための代替措置もあり得ること，輸入許可の認証手続が不透明で手続的公正（due process）が保障されていない点は「恣意的な差別」にあたると判断した。さらに，米国が近隣諸国とはウミガメ保存のための国際取極めを締結する努力を行いながら，申立てを行ったインド洋諸国との間ではこれを怠っていること，および移行期間や技術移転について異なる取扱いをしていることは「正当と認められない差別」にあたるとして，以上を踏まえ，米国の貿易制限は20条柱書に違反すると判断した。

尚，マグロ・イルカ事件II小委員会は，(g)号の適用対象は領域国管轄内の有限天然資源に限られないと判断していたが，エビ・ウミガメ事件上級委員会は域外天然資源の保存を目的とする措置の可否について明言していない。米国はその後，インド洋諸国と協議を行い，技術支援および資金供与を行った上で，貿易制限を行い，マレーシアが再提訴を行ったが，上級委員会は米国の措置は20条柱書の要件を満たし適格と判断した（WT/DS58/23，2001年11月26日採択）。一方的措置によるPPMの域外適用が積極的に肯定されたわけではないが，措置の柔軟性を確保することにより，20条柱書違反が治癒されたとの趣旨である。

3　エコラベル

ライフ・サイクルの観点から環境負荷を軽減した製品を認証し，表示するエコラベルは近年，多くの国で導入され，森林，漁業，農業分野で普及している。エコラベルは環境保護および持続可能な資源管理を促進するための有効な手段であるが，国内生産者に有利な形で認定されると貿易歪曲的となるため，認定プロセスの透明性および平等性が確保されなければならない。マグロ・イルカ事件小委員会（WT/DS381/R，2011年9月15日回付）は，米国の「ドルフィンセーフラベル」の認証基準は平等で，認証プロセスも差別的ではなく，最終的には消費者の自由な選択に委ねられているとして，GATT第1条1項の最恵国待遇違反にはあたらないと判断した。もっとも，このような産品非関連のPPMに関する表示規格につ

図表9－1　1本釣り漁業のMSC認証（海のエコラベル）のツナ缶

いてTBT協定が適用されるか否かは明確ではなく，原産国の状況に適合しない過重な負担を求める場合はGATT第3条違反となるとの指摘もある。しかし，グローバル経済が地球環境の悪化を加速させ，環境，食品安全，動物福祉などに対する消費者の関心も高まる中，任意の表示については，WTO協定との整合性を確保しつつ，貿易と環境の相互支援的関係を確保するための実践的なアプローチとして賢明な利用を模索すべきではないだろうか。

（遠井　朗子）

2　国内法における枠組み

Ⅰ　生物多様性基本法の制定に至るまで

1993年以前の我が国の自然環境保護に関する法は，基本法としての自然環境保全法，個別法としての鳥獣保護法，自然公園法，文化財保護法，種の保存法などであった。特に，公害対策法制としての公害対策基本法とならんで，我が国の環境保護法制のさきがけであった自然環境保全法は，その制定時点において自然環境の基礎調査の実施（4条），自然環境保全基本方針の策定（12条），自然環境保全地域の指定（14条以下）といった大きくは三つの柱で構成されていた。この自然環境保全法は，高度経済成長当時において自然環境の保護を社会に浸透させる大きな意味を持つ法であったが，その後の環境政策の対象領域の拡がり，環境そのものを総合的にとらえる必要性，規制手法の限界，国際協調といった面から新たな基本法制の枠組みが求められた。

生物多様性条約を批准しかつ環境基本法を制定した1993年以降，法制度面において生物多様性の保全に向けた整備が動き出すこととなる。特に環境基本法においては，「生態系が微妙な均衡を保つことによって成り立っており人類の存続の基盤である限りある環境が，人間の活動による環境への負荷によって損なわれるおそれが生じてきている」（3条）との認識を示しつつ，環境の保全に関する施策の策定・実施において確保すべきことの一つとして，「生態系の多様性の確保，野生生物の種の保存その他の生物の多様性の確保が図られるとともに，森林，農地，水辺地等における多様な自然環境が地域の自然的社会的条件に応じて体系的に保全されること」（14条2号）を明示した。そこでは「種を含めたつながり」[20]，つまり人間にとって貴重でない種なども含めて生態系を守ろうとする意図，および施策の「実施」段階においても生物多様性を意識すべきこと，そして「現在」だけでなく「将来の世代の人間」がその恵みを享受することを目的とした点（3条）などが示され，生物多様性の確保にむけて踏み出した内容となっている[21]。しかし環境基本法は，あくまで理念および政策に関する計画法の域をでない面もあり，生物多様性保護に向けた具体的政策内容については，生物多様性条約に基づく生物多様性国家戦略にゆだねられてきた。

さて，これらの整備を行った段階において，当時の環境省は，生物多様性条約への対応についてはこれら既存の法律の運用あるいは生物多様性国家戦略に基づく実施で十分との立場であった。しかし，生物多様性条約においては「予防原則的思考」，「生態系等の生息地域内保全」，「伝統的な知識・工夫・慣行の利用」，「事業計画案及び計画・政策に対する環境影響評価」，さらには「エコシステムアプローチの実施」への要請がされているところ既存の法律ではこれらに対応しきれないこと，既存の野生生物保護制度の網から抜け落ちる動植物種の存在があること，野生生物保護法制の理念や管理手法の古さ，意思形成に対する市民参加の不十分さ，そして当時この問題に対する自治体間の温度差などが指摘されていたため，新たな枠組みが必要とされていた。これらを前提にした全国の環境保護団体の主張および運動により，議員立法である「野生生物保護基本法案」が提案され，その後，紆余曲折の末，2008年，生物多様性基本法が制定された[22]。

また，海洋の生物多様性の保全については，2007年に海洋基本法が制定され，2011年には海洋生物多様性保全戦略が策定されるとともに，2016年に「生物多様性の観点から重要度の高い海域」の抽出・公表などがなされてきている。

20）及川敬貴『生物多様性というロジック』勁草書房，2010年，34頁。
21）畠山武道『自然保護法講義（第2版）』北海道大学図書刊行会，2004年，29頁。
22）その経緯について詳しくは，日本自然保護協会編『改訂生態学からみた野生生物の保護と法律』講談社，2010年，31頁参照。

Ⅱ　生物多様性基本法

1　生物多様性基本法の性格

生物多様性基本法は，環境基本法との関係では「下位法」として位置づけられる。他方で，生物多様性保全に関する他の個別法との関係では「上位法」として位置づけられ，その他の「関係する個別法」全体に対して生物多様性保全に関する共通の理念や枠組みを提示するものとなっている。問題は，後者における「関係する個別法」の範囲をどの程度ととらえるべきかであろう。同法附則２条において，国の省庁に対して，本法の目的を達成するために「生物の多様性の保全に係る法律」の施行状況についての検討を加え，その結果に基づき「必要な措置を講ずるもの」，とされていることから，生物多様性基本法の目指す理念を，具体の施策において，また立法政策において，いかに広範な法に敷衍させるかが課題となる。

以下では，生物多様性条約との異同を意識しながら若干の内容の検討を行ってみたい。

2　生物多様性基本法の内容

まず，生物多様性に関する「基本認識」について，生物多様性基本法の前文において，生物多様性は「人類の存続の基盤」であり，さらに「地域独自の文化の多様性」も支えるものであるとする一方，これまでの人間の活動によって「深刻な危機に直面」していることを指摘する。そして，我々には，生物多様性のもたらす恵沢を「次の世代に引き継いでいく責務」があり，「持続可能な社会」の実現を目指すことを述べる。この問題意識は生物多様性条約と基本的に同じである。

次にその「目的」については，生物多様性基本法と生物多様性条約で違いがみられる。生物多様性条約では，「生物多様性の保全」，「その構成要素の持続可能な利用」，「遺伝資源の利用から生ずる利益の公正かつ衡平な配分」の三つを示すが，生物多様性基本法１条では，前二者のみが示され「遺伝資源の利用から生ずる利益の公正かつ衡平な配分」については明文上触れられていない。この点は後述する。

「定義」に関して，生物多様性基本法上の「生物多様性」は，「様々な生態系が存在すること並びに生物の種間及び種内に様々な差異が存在すること」（2条1項）とする。同じ規定が生物多様性条約にもあるが，生物多様性条約では，それに加えて「すべての生物……の間の変異性をいうもの」との指摘がある。これは，「人の手入れも視野に入れた自然」ということを含めた概念であり，我が国の「里山」の考え方につながるものである。さらに，当初の法案では「生物多様性の保全等」の定義が置かれその中には，「生物多様性の保全」とその「持続的な利用」の両者が含められていたが，立法段階での議論の中で「持続可能な利用」の定義のみが生物多様性基本法の中で残ることとなった[23)]。

生物多様性基本法の「基本原則」としては，ここでは二点触れたい。同法3条2項では「生物の多様性の利用」は「生物の多様性に及ぼす影響が回避され又は最小となる」よう「国土及び自然資源を持続可能な方法で利用」する旨示されている。この点は，「持続可能な利用」の定義（2条2項）ともあいまって，生物多様性の構成要素の利用においては生物多様性への影響を回避ないし最小化する規範を示すものといえよう。同じく3条3項・4項においては，「予防原則」の趣旨を明らかにしつつ，「順応的な取組方法」により対応することとしている。これは，生態系がもたらす価値に適切な評価を行い，不確実で不完全な科学的知見を前提に事業を監視つつも最新の知見の集積を行いながら，長期的・包括的に，そして順次管理の目標や事業の見直しを行う考え方（順応的管理）であり，エコシステム・マネジメントと呼ばれる。

この「順応的管理」について法的にみると，本来行政活動は国民住民の権利制限を伴う場合もあることから，法による厳密な定義づけ，不確実な概念の排除，当該行政処分を行った効果の明確化，救済手法などを意識した規制が目指される。しかし，順応的管理の場合は，不確実な科学的知見をもとに順次事業の見直しを行うことから，法による厳密な定義づけができず，つまり行政の判断に法が裁量を与える形とならざるを得ない。この行政裁量をどのようにコントロールするかが問題であり，事業を行う前の計画策定手続の充実などが課題

23）畠山武道「生物多様性基本法の制定」『ジュリスト』1363号55頁。

となる[24]。

3　遺伝資源の利益の公正・衡平な利用――ABSについて

既にみたように，生物多様性条約との違いとして，生物多様性基本法では，その目的において「遺伝資源の利用から生ずる利益の公正かつ衡平な配分」（以下「ABS」とする。）が明文上触れられていないことが挙げられる。

この点，2010年に名古屋で開催されたCOP10においては「名古屋議定書」が採択され，生物の遺伝資源利用で生まれる利益について，提供国側と利用国側とで公平に配分するために各国が整えるべきルールが定められた。しかし，遺伝資源などを外国から持ち込んで研究開発などに利用することの多い我が国は，このABSについて当時国内で合意が得られず，2014年の名古屋議定書発効時点でもバイオ関連企業，大学などの研究機関などとの調整が間に合わず，さらに東日本大震災関連の問題への対応などから，批准ができない状況が続いていた。そこではたとえば遺伝資源の利用とはどのような行為が該当するか，国内手続がどの程度厳しいか，過去に遡及しての分担の可能性などへの対応が問題となっていた[25]。しかし，2017年にようやく一定の調整のうえ閣議決定がなされ，現在は六つの省が共同で所管する「遺伝資源の取得の機会及びその利用から生ずる利益の公正かつ衡平な配分に関する指針」（2017年５月18日）が出されている。

この問題は，生物多様性を保全するための具体的負担が問題となった場面であり，特にこれまで生物資源の「金銭的価値」をコストととらえてこなかった産業界，大学そして各省庁との調整の難しさを表している。今後「ESG投資」や「自然資本」といった考え方との向き合い方が問題となろう。

4　生物多様性国家戦略

生物多様性条約を批准した後，2008年に生物多様性基本法ができるまでの間，生物多様性に関する施策を遂行する要となっていたのは生物多様性国家戦略である。これは「行政計画」としての性質を持ち，行政の予算措置の根拠となっ

24）畠山武道「生物多様性保護と法理論」環境法政策学会編『生物多様性の保護』商事法務，2009年，９～10頁。

25）朝日新聞2016年２月４日付け朝刊。

たり，既存の施策の方向性を示したりすることにつながるものである。1995年に第１次戦略が公表されて以降，2002年，2007年，2010年，2012年とこれまで５次にわたる戦略が公表されている。2007年の第３次戦略までは法律に基づく計画ではなく，生物多様性条約６条(a)を根拠としていたが，2010年の第４次戦略からは，生物多様性基本法11条に基づく法定計画として位置づけられ，濫立する計画間の関係性が整理されることとなった。

特に2002年の生物多様性国家戦略では，「生物多様性の危機の構造」として，①開発や乱獲など人間活動に伴う負のインパクトによる生物や生態系への影響，②里山の荒廃などの人間活動の縮小・生活スタイルの変化に伴う影響，③移入種などの人間活動によって新たに問題となっているインパクト，という「三つの危機」と整理し，その後の「国土の空間的特性･土地利用に応じた施策」,「横断的施策」,「基盤的施策」という対応の方向性を示している。たとえば，②からは「SATOYAMAイニシアティブ」，③からは外来生物法の制定などが導かれている。その後第５次戦略において，「第４の危機」として地球温暖化問題を含めた「地球環境の変化による危機」が追加されている。

さらに，国家戦略だけでなく生物多様性地域戦略も大きな役割を果たしており，2021年２月末時点で45都道府県，18政令市，94市町村などで策定されている。

2021年６月の時点で，環境省の研究会において，次期の生物多様性国家戦略に向けた検討が行われており，政府間組織としてのIPBESの地球規模評価報告書で特定された生物多様性損失・劣化の５大直接要因や間接要因への対応，あるいは国内的な要因である人口減少・東京一極集中に対する課題が検討されている[26)]。

Ⅲ　個別法における生態系・生物多様性の保全

1　従来の保全の仕組みと法

生態系や生物多様性を保全する仕組みは「生物多様性」と名の付く法以外に

26）環境省　次期生物多様性国家戦略研究会第１回資料「生物多様性国家戦略の概要と今後の議論の進め方」（環境省ウェブサイト参照 http://www.biodic.go.jp/biodiversity/about/initiatives5/files/03_siryou.pdf［閲覧日2021年６月４日]）

環境基本法

生物多様性基本法

- 自然環境の保護を目的とする法
  - 自然公園法
  - 自然環境保全法
  - 鳥獣保護法
- 新たな問題へ対応するための法
  - カルタヘナ法
  - 外来生物法
- 開発・産業振興等も目的の法
  - 河川法
  - 土地改良法

図表９－２　生態系・生物多様性の保全に向けた法の分類

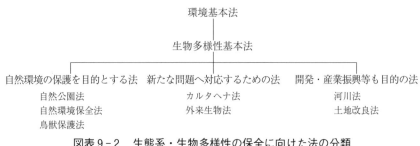

も存在する。むしろ国民や事業者への具体的規制は，法律名に「生物多様性」という名のつかない個別の法においてなされてきており，これら「個別法」によってどのように生物多様性の保全に向けた実効的な施策を行うかが，重要な課題となる。

さて，そのような個別法も大きく三つに分類される（図表９－２）[27]。一つ目は，生物多様性条約が批准される前から自然環境（生物多様性）を保護することを法目的としてきた法律，二つ目に近年の新たな問題に対応する目的で作られた法律，そして三つ目に，開発や産業振興などの公益も法目的としてきた法律である。

2　自然環境の保護を目的とする法

自然環境の保護を目的とした法律としては，自然公園法，自然環境保全法，鳥獣保護法，種の保存法といった法律がある。

このうち自然公園法や自然環境保全法においては，特定の空間を面的に規制するため「保護区域」を設定し，行為を規制して自然を保護する仕組みが用いられてきた。たとえば自然公園法においては，「自然公園」として，国立公園，国定公園，都道府県立自然公園など地域を「指定」（５条）し，「公園計画」（７条）のもとで「公園事業」（９条）を実施するとともに，一定の行為の禁止（20条３項），中止命令（34条）などの行政処分を発し，違反者には罰則を科すなどする（82条

27）かかる個別法の分類および図表９－２については，及川敬貴，前掲『生物多様性というロジック』，39頁以下を参考にして作成した。

以下)。この区域を設定し規制をする方法については課題も指摘されており，たとえば，他の法律に基づく指定区域との重複指定の可否の問題，あるいは開発許容区域と混在する場合における地域全体としての保全への支障の問題などが指摘される。

一方で，特定の動植物種を点的に指定してその捕獲，殺傷，取引などを規制する仕組みを持つのが，鳥獣保護法や種の保存法である。たとえば，鳥獣保護法においては，動植物の捕獲や採取を規制する捕獲規制（8条）と，その取引も禁止する取引規制（23条）がある。これは種の保存法でも同様であり，我が国に生息する希少種について「希少野生動植物種保存基本方針」（6条）に基づき「希少野生動植物種」を指定し（4条2項），原則として生きている個体を捕獲，採取，殺傷，損傷を一部の例外を除き禁止するとともに（9条），捕獲等の許可制を定め（10条）譲渡し等を一部の例外を除き禁止する（12条）。また2013年の同法改正により，個体等について販売または頒布を目的として陳列・広告を禁止した（17条）。さらに「国際希少野生動植物種」については個体の登録制を設け（20条），2017年には登録票について当該個体が死んだ場合でも当該登録票を返納せず別の個体に適用することを防ぐため，個体識別措置の義務づけや有効期間の導入を図る改正を行った（21条6項，22条1項4号等）。

この点的な規制の課題としては，保護鳥獣の指定が体系的に整理できていないことや（鳥獣保護法），指定する種が一部限られていること（種の保存法）などが指摘される。もっとも，たとえば，鳥獣保護法の場合は鳥獣保護区を指定（28条）して保護措置を行っており，面的な規制と点的な規制が併用されることも多い[28)]。

なお，絶滅危惧種の取引に関して，とくにワシントン条約の附属書Ⅰ，Ⅱ，Ⅲにおいて掲載されている対象種の場合，外為法により輸出入を制限している。特に附属書Ⅰにリストアップされる種（約1082種：2019年11月26日時点）については，商業目的の国際取引は原則禁止されるなど，輸出に関しては外為法48条第3項（輸出貿易管理令2条1項，別表第二）に基づく経済産業大臣の許可，輸入

28）吉村良一他編『環境法入門（第4版）』法律文化社，2013年，104～105頁。

については外為法52条（輸入貿易管理令４条３号）にもとづく承認を受ける必要がある。

さて，これらの自然環境の保護を目的とした法律は，生物多様性条約の批准や生物多様性基本法の制定をうけ改正がなされている。とりわけ，各法律への目的規定などに「生物多様性」を確保するとの文言が付け加わったことは重要である。たとえば自然公園法の場合，2002年改正で「国の責務」の一つとして「自然公園における生態系の多様性の確保その他の生物の多様性の確保を旨として」との条文が追加され，2009年改正では，法目的に「生物の多様性の確保に寄与すること」が追加されている。このことにより，上記の様々な規制の仕組みは，その法目的のために実施することが予定され，法の執行の場面で重要な意味を持つことなる。ただ，たとえば自然公園法などは目的規定に「優れた自然の風景地を保護」や「その利用の増進」が含まれており，それら他の目的との関係をどう考えるかが問題である。

また，生物多様性保全の考え方の導入の効果として，単に違反行為を禁止するというだけでなく，より積極的に生態系・生物多様性の保全を目指して行動する事業が新たに設けられている。「生態系維持回復事業」（2009年改正後の自然公園法２条７号，38条以下）や「鳥獣保護区における保全事業」（2006年改正後の鳥獣保護法28条の２）がそれである。従来の規制とあいまって，生物多様性の保全へむけた積極的な施策の展開が求められる[29)]。さらに，地方において，たとえば徳島県や北広島町のように条例制定を通じてこれらに向き合う自治体も増えてきている。「生物多様性条例」を制定し，国だけでは規制の実効性確保も含めて不十分な部分を地方公共団体が埋める試みは注目されるべきである。

3　新たな問題へ対応するための法

科学技術の進歩やグローバル化など，従来の自然環境の保護を目的とした法律だけでは対応できない課題へ向き合う必要性から制定されたのがカルタヘナ法や外来生物法といった法律である。すなわち，たとえば遺伝子組換え技術によって遺伝子レベルでの生物多様性を損なわれないようにすること，あるいは

29）この間の改正のまとめについては，神山智美『自然環境法を学ぶ』文眞堂，2018年，122頁以下。

グローバル化の進展によって従来そこに存在していない生物が持ち込まれることを防ぐことなどである。それぞれカルタヘナ議定書（2000年），生物多様性条約８条h項への国内対応のために制定された。

これらの法律で利用されている考え方が予防原則である[30)]。つまり，ここで取り扱われる問題は科学的な知見の不確実性が高い場合でも，生物多様性の保全に向けた措置をとることを要求する。たとえば，外来生物法では「特定外来生物」（２条１項）に政令で指定されると，一定の場合を除き，飼養，輸入，譲渡し，放出が禁止され（４条から９条の２），措置命令（９条の３）の対象となる仕組みを持つ。その一方で特定外来生物とまではいえない生物については「未判定外来生物」（21条）として省令で指定し，輸入について届出をさせたうえで「判定」（22条）を行い，「在来生物とその性質が異なることにより生態系等に係る被害を及ぼすおそれがあるものでない旨」の通知を受けなければ輸入できない（23条）としている。必ずしも，生態系を撹乱するとまで科学的に認められない場合においても規制を行う仕組みである。さらに，外来生物法においては，以上に該当しないとする種について，行政指導レベルであるが，環境省と農水省とで「生態系被害防止外来種リスト」を作成し，適切な行動の呼びかけを行っている。

4　開発，産業振興なども目的とする法

生物多様性の保全に向けて一つの鍵になるのが，開発や産業振興などの根拠となる個別法に，いかに生物多様性の保全という考え方を浸透させるかがある。ダムや道路の建設によって生物多様性が損傷されてきた面もある中で，それら公共事業の根拠となる法律において，生物多様性の保全が明記され，具体の許認可などに影響を与えることの意味は大きいように思われる。

その嚆矢は，1997年の河川法の改正であろう。従来は「治水」と「利水」であった目的規定の中に「河川環境の整備と保全」を加え，「河川管理施設」として「樹林帯」（３条２項）も加える改正を行った。その効果としては，予算獲得の根拠とすることや「緑のダム」の可能性についての検討などが挙げられる

30）「入れない」「捨てない」「拡げない」という外来種被害予防三原則とされている。

し[31]，私見では許認可における考慮事項としても重要な要素となりうる。

このような改正は，1999年の海岸法改正，1999年の食糧・農業・農村基本法制定，2001年の土地改良法改正などでもみられる。農水省，経済産業省，国土交通省などの省庁所管の法律およびその執行において，生物多様性保全の考え方が拡大することが望まれる。

Ⅳ　生物多様性と訴訟

1　自然の権利訴訟における生物多様性

我が国の行政訴訟においては，行政訴訟を提起できる者の範囲について，「法律上の利益を有する者」（行訴９条１項）でなければならない旨定められているが，この法律上の利益の有無の判断をめぐって生物多様性が議論されてきた。とりわけ，「生物多様性が保護された中で生活する利益」を，個別法が，「公益」として保護するものとするのか，個々人の「個別的利益（私的利益）」として保護するものと解するのかについて，裁判所は，「公益」として保護するものとする考え方が示されてきた。その結果，当該行政処分を争う第三者の原告適格は否定され，訴訟そのものが却下されてきている（詳細は第15章第２節を参照）。たとえば，エゾナキウサギ事件（札幌地判平29・５・22LEX/DB25448759）では，「生物多様性が保全された良好な自然環境を享受する利益」に関して，国有財産法18条６項の趣旨を踏まえ，当該利益は法が保護する利益であるとする一方，原告の個別的利益を保護するものではなく，公益として保護することにともなう「反射的利益」に過ぎないとして訴えを却下している。

我が国の行政事件訴訟法が，個人の権利利益の救済を目的とした主観訴訟を中心に構成されており，個人の権利利益とは関係のない客観訴訟は「法律に定める場合において，法律に定める者」しか提起できないこと（42条），さらに，現段階で自然保護に関する客観訴訟が立法的解決を見ていないことなどからこのような結論を裁判所は出し続けていると思われる。しかし，既にみたように生物多様性保全，自然環境の保全という目的が様々な個別法の中に組み込まれ，

31）松田芳夫「河川法改正への道のりと背景」（http://www.rfc.or.jp/pdf/vol_59/p_06.pdf［閲覧日2021年６月４日］）

さらに以下のように行政処分を行う際の考慮要素として無視できないものとなってきている。にもかかわらず，生物多様性をめぐる紛争について，行政処分の名宛人のみしか訴訟提起できないとする考え方には疑問も指摘される。紛争の合理的解決（横浜保育所民営化事件：最判平21・11・26民集63・9・2124）の観点からは，環境NPOや研究者団体など訴訟提起にふさわしいであろう者について訴訟提起の資格を認めたり，あるいは立法の整備も含めて検討されるべきであろう[32]。

2　実体判断における生物多様性の考慮

生物多様性に関する実体判断としては，行政処分などを行う際の裁量判断において，生物多様性の保全を考慮（重視）すべき場面で考慮（重視）したのかどうかという形で問題となる。

近年の裁判例として海岸法占用許可事件（最判平19・12・7民集61・9・3290）では，海岸を占用する際に取得しなければならない海岸法の占用許可申請に対する許否の判断において（海岸37条の4），最高裁が，「同法37条の4の前記立法趣旨からすれば，一般公共海岸区域の占用の許否の判断に当たっては，当該地域の自然的又は社会的な条件，海岸環境，海岸利用の状況等の諸般の事情を十分に勘案し，行政財産の管理としての側面からだけではなく，同法の目的の下で地域の実情に即してその許否の判断をしなければならない」と指摘をしている。直接に生物多様性について判断したわけではないが，「地域の実情に即して」判断することを最高裁が明示したことの意味は大きい[33]。

さらに，住民訴訟の4号請求訴訟である北見道路事件（札幌地判平25・9・19LEX/DB25502559）では，道路の建設事業における裁量判断において，生物多様性条約8条の意味について，「直ちに一定の具体的な行為を義務づけているものと解することはできない」が「条約8条の趣旨を著しく没却するような行為が行われた場合」は裁量濫用となり違法となる旨示している。国内における法の考慮の問題として考えるとすると，環境基本法14条や同法19条の適用の問

32）平成21年の最判は，処分性に関する議論であるが，この視点そのものは別の訴訟要件の解釈においても検討していくべきであろう。

33）及川敬貴『生物多様性というロジック』勁草書房，2009年，66頁。

題ともいえよう[34]。

V　課　　題

このように立法政策面，司法判断の面でも生物多様性の保全が浸透しつつあるが，課題も指摘できる。

順応的管理の問題に関しては，「科学的に確実な知見に基づくものでない」ことへの理解が関係者間で共有されないという「失敗」が指摘されている[35]。

生態系を守る区域設定や主体の問題もある。人間が定めた市町村や都道府県という区域でと生態系の区域が一致していないが故に，より効果的に政策を進めるための区域設定や体制をどう整備するかも課題であろう。また区域指定をしたり，行為規制を行った場合の損失補償の在り方も問題となる。

「生態系ネットワーク」の形成なども進めなければならない。様々な主体を結びつけるための生物多様性地域連携促進法をいかに活用していくかという点も指摘できよう。多数の領域にまたがる問題であるがゆえに，上記で述べた以外に，警察や教育委員会などの関係も含めて，行政の縦割りをどう総合化していくかという問題もある。

将来の世代に生態系・生物多様性がもたらす恵みをつなげるために，これらの課題にいかに積極的に取り組むことができるかが問われている。

Column⑥

英国における生態系の保全

英国国民と自然保護

英国における生態系の保全や自然保護というと，ナショナルトラストを思い浮かべる人が多いかもしれない。ナショナルトラストは，国民や住民の善意による寄付や会費によって，動植物の生息地である土地を買い取ったり文化的建物を保存したりすることによって，自然や文化を守る活動およびその活動を行う民間団体のことを言う。英国の産業革命の結果，多くの人々が都市に集中し，資本家による土地などの囲い込みが行われ，

34) 神山智美「道知事による道路事業負担金支出は財務会計上の義務に違反しないとされた事例」『新・判例解説Watch』環境法No 1 参照。

35) 宮内泰介編『なぜ環境保全はうまくいかないのか』新泉社，2013年，31頁。

工場化がなされたため，その周辺では大気汚染，水質汚濁など多くの自然が破壊される状況に対して，自然や文化の保護という目的のため立ち上げられた。国は，これに一切の経済援助をしない代わり，法による支援を行った。1907年ナショナルトラスト法では，保存・管理する資産については他者への「譲渡」ができないこと，保有財産の管理のための規則を制定でき，入場料の徴収権を付与した。同じく1937年の改正ナショナルトラスト法では，「保存誓約」の仕組みによって所有資産周辺における開発などを防止することが可能となった。そして1931年改正財政法では，ナショナルトラストへ寄贈・遺贈された資産は相続税が非課税となる仕組みが整えられた。

さて，英国では，以上のように土地を「所有して」自然や生態系を守る仕組みとともに，土地を「所有せず」，当該地域の指定およびその規制を行いながら自然や生態系を守る方法も取られた。特に国立公園制度などは，国が当該地域を買い取って入植や居住を禁止して保全する「営造物型」（米国型）ではなく，地域を指定して規制する「地域制型」が取られてきた。これは，貴族などが土地を所有してきた歴史や英国の国土の狭隘さといった事情だけでなく，保護対象について「人の手を加えて守る」という考え方が背景にある。すなわち人がそこに住み続け，地域に住む人が長年培われてきた方法や伝統をふまえてその地域の自然を守ることこそが，持続可能な仕組みであるとの考え方である。そして，国立公園管理者と地方自治体，ナショナルトラストと農業事業者・地域住民など多様な主体間でのパートナーシップが行われてきている。そこでは，単に自然を守るという側面だけではなく，自然を守る仕事をつくり雇用を生み出す，という側面も強調され，経済的な活動も含めた持続可能性をもつものとして運営されている。

このような英国型の自然環境・生態系保護制度の整備については，英国国民の農村景観の保全への強い要請がある。多くの国民は，仕事は都市部で行うが余暇や老後は農村部で過ごす，という考え方を持っている。特に余暇の部分については，1949年国立公園・カントリーサイドアクセス法において，当該地域の自然・生態系の保全だけではなく，「楽しむ機会」を推進することも規定されている。この点は，英国の自然環境また生態系の保全が労働運動の成果とされていることとも関係する。さらに老後，農村で暮らすことを考える国民にとっては，生活環境そのものの問題ととらえられ，国民一人一人の大きな関心事となっている。（畠山武道他編『イギリス国立公園の現状と未来』北海道大学出版会，2012年参照）

生態系サービスの評価

近年，英国では，生態系サービスの持つ価値を評価し，それを様々な意思決定に組み込んでいく試みが行われてきている。

英国環境・食料・農村地域省（DEFRA）は，2007年，エコシステムアプローチを組み込むためのアクションプランを定め，広範囲の事業でエコシステムアプローチをとることを求める。そこでは，エコシステムサービスの価値を正当に評価し，評価方法を示している。

さらに，最近では「自然資本」に関する取組みが進んでいる。「自然資本」とは，森林，土壌，水，大気，生物資源など，自然によって形成される資本（ストック）のことで，経済学上の「資本」の概念を拡げたものである。これに対し，自然資本から生み出されるフローを生態系サービスとしてとらえる。自然資本を正当に評価して国の会計制度や企業の意思決定の場面で利用することによって，国民生活の安定や企業経営の持続可能性を高めることにつなげようとするものである。DEFRAは，2020年 3 月に「自然資本アプローチの実現」に関するガイダンスを発表し，環境の経済評価の方法，自然資本を政策やプロジェクトの評価に含める方法，会計制度への組込み，自然資本を都市計画や地域経済にどのように活用するか，といった点について示している。

自然資本の考え方については，我が国でも一部企業などが導入を始めており，今後様々な活動を行う上で重要視される考え方となるように思われる。（庄村　勇人）

第10章 土壌の保全

1 土壌汚染の諸相

母なる大地とよばれているように，人間は土壌の上で生活をし，土壌の恵みである農作物を摂取することで生存している。私たちの暮らしと土壌とは切っても切れない関係にある。この土壌が汚染されれば，私たちは生活する場所を失うとともに，安全な食物までも失うことになる。本章では，わが国で土壌を保全するための法制度に焦点を当て，誰が，どのような方法で土壌を保全しようとしているのかを説明していく。

I 農用地における土壌汚染防止

わが国の土壌汚染は，明治期の足尾銅山鉱毒事件による渡良瀬川流域の農作物被害に端を発する。その後，1960年代にイタイイタイ病を引き起こした富山県神通川流域農用地のカドミウム汚染が有名である。水質汚濁とも関連しているが，カドミウムが溶け込んだ河川の水は，下流地域に広がる水田の灌漑に利用されてきた。そのため，これらの重金属類は，水田土壌中に蓄積してきたのである。この水田で収穫された米には，高濃度の重金属が蓄積されていき，この米を摂取することにより人間に健康被害をもたらすようになった。また，重金属類が土壌において一定の濃度以上蓄積されていくと，農作物の生育そのものにも影響を及ぼすようになる。1967年に制定された公害対策基本法には，「公害」の中に「土壌汚染」を含めていなかった。しかし，1968年に厚生省（当時）が，イタイイタイ病の原因がカドミウムであることを認めたこと，カドミウム米が相次いで発見されるなど社会不安をもたらすようになると，1970年の公害国会における一連の法改正において，公害対策基本法の公害の中に「土壌汚染」を追加した。また，健康被害をもたらす農畜産物の生産を防止するために，汚染された農地を復旧していくことが必要になり，農用地の土壌の汚染防止等に関する法律（農用地土壌汚染防止法）が制定された。これがわが国の土壌汚染に関する法制度の始まりである。

Ⅱ　工業化に伴う土壌汚染

1970年代には，東京都の化学工場が廃棄物を未処理のまま地中に埋めていたために工場跡地の六価クロム汚染などが発覚した。その後も工場跡地の土壌汚染問題は続いており，日本全国で問題となっている。また，1980年代には，電子部品洗浄に用いられていたトリクロロエチレンなどの揮発性有機化合物による地下水汚染も広範囲に及んでいることが明らかになり，このことを契機にして地下水汚染にも目が向けられるようになっていった。

2018年に築地から移転した豊洲市場の場所は，かつての工場跡地にあたる。元々，海面下にあった土地であったが，浚渫および埋立てをすることで陸地に変えた場所である。この埋立てには，汚染されていた浚渫工を使用していた。そのうえ，1956年から1988年にわたり東京ガスが都市ガス製造を行い，その過程で発生したベンゼン，シアン化合物などの有害物質が高濃度で検出されていた。それゆえ，工場操業に伴って汚染されてきた土壌を，汚染されていない土壌を上に載せることにより汚染物質を遮蔽する措置として「盛り土」を行う必要があった。しかしながら，市場のために建設された建物の地下に，計画通りに「盛り土」がなされておらず地下空間が存在していることが発覚した。この地下空間においても有害物質が高濃度で検出されており，汚染物質を遮蔽できていないのではないかという疑念が生まれた。食品を扱う市場であるにもかかわらず，様々な有害物質が検出され，市場の移転の適否を含め一大問題となったのである。このように工場跡地の土壌汚染というのは，そのまま未利用のままにしておくときには問題となりにくいが，再開発を行い，新たな用途として利用しようとするときに発覚することが多い。

Ⅲ　放射性廃棄物と土壌汚染

2011年３月11日に発生した東北地方太平洋沖地震によって東京電力福島第一原子力発電所で大規模な事故が起こり，大量の放射性物質が大気中に排出された。この放射性物質は広範囲に拡散しているが，とりわけ周辺地域の土壌を汚染することになった。汚染された土壌の「除染」と廃棄物処理が復興の足かせとして報じられているところである。除染については，放射性物質汚染対処特措法（平成二十三年三月十一日に発生した東北地方太平洋沖地震に伴う原子力発電所の事故により放出された放射性物質による環境の汚染への対処に関する特別措置法）が規定している。したがって，放射性廃棄物の除染は，本法に基づいて対処するようになっている。主な仕組みは，第１に，大臣による地域指定の実施，第２に，指定地域の汚染状況調査，第３に，除染等の措置を盛込んだ計画の策定，第４に，除染等の措置の実施である。

環境大臣は，事故由来放射性物質による環境の汚染が著しいと認められることその他の事情から国が土壌等の除染等の措置並びに除去土壌の収集，運搬，保管および処分（以下「除染等の措置等」という。）を実施する必要がある地域を「除染特別地域」に指定する。

環境大臣は，事故由来放射性物質による環境の汚染状態が環境省令で定める要件に適合しないと認められ，またはその恐れが著しいと認められる場合には，その地域をその地域内の事故由来放射性物質による環境の汚染の状況について重点的に調査測定をすることが必要な地域として「汚染状況重点調査地域」に指定する。

国は，除染特別地域内の事故由来放射性物質による環境の汚染の状況について調査測定を行いその結果を公表する。また，環境大臣は，除染等の措置等を総合的かつ計画的に講ずるため，特別地域内除染実施計画を定める。国は，この計画にしたがって除染等の措置を講じる。

都道府県知事または政令指定市の市長は，汚染状況重点調査地域内の事故由来放射性物質による環境の汚染の状況について調査測定を行いその結果を公表する。都道府県知事または政令指定市の市長は，除染等の措置等を総合的かつ計画的に講ずるため，除染実施計画を定める。市町村はこの計画にしたがって除染等の措置を講じることが定められている。

除染をめぐっては，より広範囲の除染を求める住民の声とその費用を国が負担するのかそれとも自治体が負担するのかをめぐる負担の問題，除染によって発生した除染土壌の保管場所をどこに確保すべきなのか，最終処分場をどこに設けるべきかをめぐり今なお深刻な問題が残されている。

Ⅳ　土壌汚染の環境基準の設定

公害対策基本法には，土壌汚染に関する環境基準を設定する規定が存在していた。しかしながら長期にわたって環境基準を設定しないままにしていた。1991年にようやく，鉛やトリクロロエチレンなどについての土壌汚染に係る環境基準が設定された。その後，基準項目が追加されてきており，現在29項目について環境基準が設定されている。

2　農用地の土壌汚染防止――農用地土壌汚染防止法

Ⅰ　農用地土壌汚染防止法の目的，概要

前述のイタイイタイ病の発生，カドミウム汚染米の流通という事態に直面し，健康被害を及ぼす恐れのある農産物の生産を防ぐために，汚染された農地の復旧が焦眉の課題となった。そこで，1970年に農用地土壌汚染防止法が制定された。法の目的は，特定有害物質による農用地の土壌汚染を防止すること，汚染された土壌に対して適切な措置を講じることで，人の健康を損なう恐れのある農畜産物の生産を防止したり，農畜産物の生育を阻害することがないようにすることである。これらを通じて国民の健康および生活環境の保全を目指している（1条)。汚染された農地で生産された食物を人が摂取すること，または汚染された農地で生育された植物を飼料にして育てられた家畜を人が摂取することによって，健康被害が発生しないようにすることを意図した法律である。

このために，大きく三つの内容が規定されている。第1に，都道府県知事は，

人の健康を損なう恐れのある農畜産物の生産を防止すること，または農畜産物の生育を阻害することになりそうな地域を「農用地土壌汚染対策地域」として指定する。なお，放射性物質による土壌汚染の地域は，本法の指定対象から除外されている。第2に，都道府県知事は，農用地土壌汚染対策地域と指定した地域内にある農用地について，特定有害物質による汚染を防止すること，または特定有害物質の除去を行うこと，もしくは合理的な利用を行うことのために，農用地土壌汚染対策計画を策定する。第3に，農用地土壌汚染対策計画に基づき必要な公共事業を実施する。以下では，それぞれについて詳細にみていくことにする。

Ⅱ　農用地土壌汚染防止法の定める手段

1　農用地土壌汚染対策地域（以下，「対策地域」と記す。）の指定

都道府県知事は，一定の地域内にある農用地の土壌およびそこで生育する農作物などに含まれる特定有害物質の種類および量などから，人の健康をそこなう恐れがある農畜産物が生産されたり，農作物などの生育が阻害されると認められたり，その恐れが著しいと認められるものとして政令で定める要件に該当するものを対策地域として指定することができる（3条1項）。施行令第2条が指定要件を規定している。たとえば，農用地において生産される米に含まれるカドミウムの量が米1kgにつき0.4mgを超えると認められる地域などが示されている。

2　農用地土壌汚染対策計画（以下「対策計画」と記す。）の策定

都道府県知事は，対策地域を指定したときは，当該対策地域について，その区域内にある農用地の土壌の特定有害物質による汚染を防止し，もしくは除去し，またはその汚染に係る農用地の利用の合理化を図るため，遅滞なく，対策計画を定めなければならない（5条1項）。計画において，以下の事項を定めることを求めている（5条2項）。土壌の汚染状況に応じた利用区分および利用方法の基本方針（1号）。汚染防止のためのかんがい排水施設等の新設，管理または変更，特定有害物質による汚染除去のための客土その他の事業，汚染農用地の利用の合理化を図るための地目変更その他の対策（2号）。汚染農用地の汚染

状況調査に関する事項（3号）。

3　特別地区の指定

都道府県知事は，対策地域内にある農用地のうちに，その土壌および当該農用地に生育する農作物などに含まれる特定有害物質の種類および量などからみて，当該農用地の利用に起因して人の健康をそこなう恐れがある農畜産物が生産されると認められる農用地があるときは，当該農用地において作付けをすることが適当でない農作物また農作物以外の植物で家畜の飼料の用に供することが適当でないものの範囲を定めて，当該農用地の区域を特別地区として指定することができる（8条）。都道府県知事は，特別地区内の農用地で，指定された農作物を作付けしないよう，または家畜の飼料に供しないように勧告することができる（10条）。

4　監視，立入調査など

都道府県知事は，農用地の土壌の特定有害物質による汚染の状況を常時監視する（11条の2）とともに，農用地の土壌の特定有害物質による汚染の状況に関し，調査測定を実施してその結果を公表する（12条）。

農林水産大臣もしくは環境大臣または都道府県知事は，農用地の土壌の特定有害物質による汚染の状況を調査測定するため必要があるときは，その職員に，農用地に立ち入らせ，調査測定させまたは必要最少量に限り土壌もしくは農作物などを無償で集取させることができる（13条）。

3　土壌汚染対策法の仕組み

I　土壌汚染対策法制定までの経緯，法の基本的な構造

1　土壌汚染対策法制定の経緯

立法としては，上記の農用地土壌汚染防止法が先行したが，農地以外の土壌汚染，とりわけ工場操業による廃棄物の不十分な処理による土壌汚染も深刻な広がりをみせていた。しかしながら，農用地以外の土壌汚染対策に対する国の対応は遅かった。1970年に改正された公害対策基本法は，公害の一つとして新

たに「土壌汚染」を追加していたにもかかわらず，土壌汚染に関する環境基準（平成３年環境庁告示第46号）が定められたのは1991年になってからである。

1990年代には，国に先行して地方公共団体が条例を制定して土壌汚染の対策を施すようになっていた。いくつか例示するならば，自治体が事業場跡地を公有地として買い取る際に，事業者に対して土壌環境基準に即した土壌汚染対策を要請する例，または一定規模以上の建築物を建設する場合には，事業者に対して土壌汚染対策を求める例，あるいは工場の移転・廃止の際に，事業者に対して土壌汚染対策を求める例などが挙げられる。土壌汚染対策費用をだれが負担するのが適切なのか（汚染原因者なのか土地所有者なのか），土壌汚染の原因不明な場合に誰が汚染対策をすべきなのかなど，自治体ごとに経験が蓄積されていった。そして2002年になって，国会は，地方公共団体の取組みから得られた知見を活用しながら土壌汚染対策法を制定することとなった。

2　土壌汚染対策法の基本的な構造

基本的な構造は，第１に，土壌汚染状況調査，第２に汚染区域の指定，第３に汚染土壌の搬出に関する規制を主たる内容とするものである。

まず，都道府県は，土壌汚染状況を把握するために，土地の所有者，管理者，占有者（以下，「所有者等」と記す。）に対して，環境省大臣の指定を受けた指定調査機関に，当該土地の特定有害物質による汚染状況調査を実施させ，都道府県知事に報告させる。この報告によって都道府県知事は，どこの土地がどのような有害物質に汚染されているのかを把握する仕組みになっている。

次に，都道府県知事は，土壌汚染状況調査を踏まえ，当該土地の特定有害物質による汚染状態が環境省令の定める基準に適合しないと認めるときは，当該土地の区域を特定有害物質によって汚染されている区域として指定する。そして，都道府県知事は指定区域の台帳を作成し保管する。台帳には指定区域の所在地，土壌汚染状況調査の結果などが記載されていて，誰でも閲覧することができる。土地取引を行う際に，対象土地の汚染状況を事前に把握させ，取引の健全化を図らせる意味がある。また，都道府県知事は，指定区域内の土壌について，人の健康に被害を及ぼすまたは及ぼす恐れがあると判断したときには，当該土地の所有者等に，汚染の除去，汚染の拡大防止など必要な措置を講じるよう命令することできる。なお，土地の所有者等と汚染原因者が異なる時には，原則として汚染原因者に対して措置を講ずるよう命令するものとした。また，土地の所有者等が措置を講じる際に生じた費用について，法は汚染者負担原則に基づき，所有者等は汚染原因者に対して請求することができるものとしている。

土壌汚染のある土地の土壌をみだりに外部に搬出することまたは不適切な方法で処理をおこなうことによって土壌汚染を拡大してしまう恐れがある。そこで，指定区域の土地の形質変更を行おうとする者は，環境省令で定める事項について都道府県知事に届出ることにしている。都道府県知事は，届出の内容が基準に適合しないと判断するときには，届出者に対して変更を命令できる。

このような基本構造の下，土壌汚染対策法が運用されてきたが，運用する中で様々な問題点が指摘されるようになり，2009年に，土壌汚染対策法の一部を改正する法律により改正が行われた。そして，同法附則に法律の施行５年を経過したときに法の見直しを行う旨の規定が置かれており，この規定に基づき改正作業が進められ，2017年に土壌汚染対策法の一部を改正する法律（平成29年法律第33号）が制定され，再度改正されている。以下では，2017年の改正法による現在の法について説明していく。

Ⅱ　2017年改正後の土壌汚染対策法

1　法の目的

法の目的は，特定有害物質による土壌汚染を把握するための措置および汚染による人の健康被害を防止する措置を定めることによって，土壌汚染対策を図り，国民の健康を保護することである（１条）。土壌の汚染から健康に被害を及ぼす場合として考えられるのは，①汚染土壌の摂食または皮膚からの吸収による経路，②汚染土壌から有害物質が地下水に溶出し，その地下水を飲用する経路，③汚染土壌から有害物質が農作物に蓄積し，その農作物を摂食する経路がある。③については，前出の農用地土壌汚染防止法が対象とするところである。したがって，本法が対象とするのは①，②の経路による健康被害を防ぐための措置を定めることになる。また，法の目的に「国民の健康を保護すること」を掲げていることから，汚染による生活環境への影響などは，本法の保護法益外の扱いになる。また，本法は土壌汚染を事前に防止するための措置を定めるものではない。土壌汚染を引き起こす水質汚濁，廃棄物の不法投棄などに対しては，水質汚濁防止法，廃棄物処理法などが規律している。そのため，本法は，すでに発生した土壌汚染について，その現状把握と汚染除去の措置といった汚染後の対策について規定するものである。

土壌の汚染については，工場のような人為などに由来する汚染のほか，当初から土地に存在している自然由来の汚染もある。自然界に元から存在している特定有害物質に由来する自然由来の汚染について，法制定当初は人為などに由来する汚染と複合する場合に限って本法の対象としてきた。しかしながら，自然由来の汚染であったとしても，調査結果から土壌の汚染が把握されているにもかかわらず，適切な措置を講じまたは管理を行わなければ，結果的に汚染を拡大することになり，国民の健康の保護という本法の目的を達成することができない。そこで，今日では，自然由来の汚染であっても本法の規制対象にしている。

2　特定有害物質

土壌汚染を引き起こす物質のうち，人の健康に被害を及ぼす恐れのあるものにかぎり「特定有害物質」として，本法の対象としている。例示的に鉛，砒素，トリクロロエチレンを掲げ，これ以外の物質については政令で規定している（2条）。なお，放射性物質による土壌汚染は，前出の放射性物質汚染対処特措法が規律していることから，本法の対象から除外している。

3　土壌汚染状況調査

土壌汚染は，大気汚染および水質汚濁と異なり局地的に発生する特徴がある。そのため，大気汚染または水質汚濁における調査のように定点観測によって汚染状況を把握するのが困難である。また，汚染の可能性の低い土壌も含めてすべての土地の土壌汚染状況を調査するというのも現実的ではない。そこで，法は，土壌汚染の可能性の高い土地をいくつか類型化して規定し，その土地を調査対象としている。具体的な類型は以下のとおりである。

(1)　使用が廃止された有害物質使用特定施設の敷地（3条）　　特定有害物質

を製造，使用または処理する水濁法の特定施設（有害物質使用特定施設）が設置されている工場または事業場の敷地が対象になる。このような土地は，そこに設置された施設の配管からの特定有害物質が漏洩したり，不適切な取扱いによって地表へ放出するなどした結果，土壌汚染が生じやすい。これまで，有害物質使用特定施設の使用が廃止された場合に土壌汚染調査の実施を義務づけてきたが（3条1項），操業中の施設の敷地における土地の形質変更を行うときまたは土壌の搬出を行う場合，あるいは，有害物質使用特定施設が廃止された場合であっても当該敷地を工場として使用し続ける場合には，汚染状況調査は免除されていた。しかしながら，このような土地においても一定程度の土壌汚染が確認されてきたことから，土地の形質変更を行う場合（軽易な行為は除く）には，汚染された土壌の拡散が生じる恐れが高いため，土地の所有者等は都道府県知事に届出ることを規定した。

⑵　土壌汚染の恐れがある土地の形質の変更が行われる場合（4条）　土壌汚染の恐れのある土地で土地の形質変更を行うと，掘削工事などをしたことで汚染された土壌が露出してしまうことが考えられる。また，掘削工事によって採取された汚染されている土壌が他の地に運搬されて表層の盛土に利用されたり，地下水などに接する形で埋立てに用いられたりすることで汚染が拡大してしまうことが考えられる。このような新たな汚染を防ぐために，特定有害物質による汚染の恐れがある場合には，土地の形質変更をする前に形質変更をしようとする者に調査させ，土壌汚染が見つかったときには対策を講じさせる必要がある。そこで，一定規模（3000㎡）以上の土地の形質を変更しようとする者に，着手する30日前までに都道府県知事に届出を義務づけている。都道府県知事は届出を受けた場合に，その土地が特定有害物質で汚染されている恐れがあると認めるときには，土地の所有者等に土壌汚染状況調査を行わせることができる。

⑶　土壌汚染による健康被害が生ずる恐れがある土地の調査（5条）　法3条に規定する施設の敷地は土壌汚染が起きやすい所であるため定型的に規定した。これとは別に，都道府県知事が，土地の個別の状況からみて健康被害の恐れがあると判断したときには，当該土地の所有者等に土壌汚染状況調査をするよう命ずることができる。

(4)　自主的な土壌汚染調査（14条）　　法は，上記(1)から(3)の場合に土壌汚染状況調査をすることにしている。(1)から(3)に該当しなくても，土地の所有者等が土地取引を行う際に，自主的に土壌汚染調査を行うことがある。自主的な調査によって自身の所有地などが特定有害物質に汚染されていることを把握したにもかかわらず本法の対象にしないとすれば，汚染された土壌がそのまま利用されて健康被害を引き起こす，または不適切な形質変更によって，汚染度が搬出されてしまい汚染の拡大を引き起こしてしまう恐れがある。そこで，自発的な土壌汚染調査でも一定の要件を満たせば，次に記述するように，法が規定する区域指定手続に取込管理できるようにしている。

4　区域指定

土壌汚染状況調査が行われた結果，一定の基準を超える特定有害物質が検出された土地について，汚染の拡散を防ぐために土地の形質変更の規制を行う必要が生じる。そこで都道府県知事は，汚染状況調査の結果，土壌含有量基準を超える有害物質がある時に区域指定を行い，指定された区域を台帳に記載する。指定区域内の土地というのは，土壌汚染が存在していることを示すため，土地取引を行うにはネガティブな情報になってしまう。そこで，所有者等に当該土地の浄化などの措置を積極的に行わせることによって区域指定の解除を受けさせ，台帳からその記録を削除させることを意図していた。ところが，実際には土地所有者等は，ネガティブな情報を排除したいがために，法の定める手順ではない自発的な土地の掘削除去という方法で浄化作業を進めてしまう傾向にあった。取引にかかる土地について所有者等が掘削除去を行い，その土地から特定有害物がなくなること自体は望ましいことである。しかしながら，そこから掘削された土壌が適切に管理されていないと，かえって汚染を広げることになってしまう。そこで，区域指定のあり方が見直されることになった。この区域については，人の健康被害をもたらす恐れがあるかどうかにより「要措置区域」または「形質変更時用届出区域」に分類して，異なる取扱いをしている。

(1)　要措置区域（6条）　　土壌汚染状況調査の結果，特定有害物質による汚染状態が環境省令の定める基準に適合せず，特定有害物質による汚染により健康被害を引き起こすまたは引き起こす恐れのある区域である。環境省令の定める基準とは，汚染状態が土壌溶出量基準または土壌含有量基準（地下水等経由の摂取リスクまたは土壌を直接口にすることによるリスクから策定された基準）に合致せず，土壌汚染の摂取経路のある区域である。健康被害を引き起こす恐れがあるため，汚染除去を行う必要のある区域になる。都道府県知事が要措置区域に指定すると，その土地の所有者等に対して，汚染除去等計画を策定して都道府県知事に提出するよう指示する。指示にしたがって汚染除去等計画を作成し提出をした者は，当該汚染除去等計画にしたがって実施措置を講じなければならない。そして，実施措置を講じた後に，都道府県知事に報告しなければならない。健康被害に関わる土壌であるために，都道府県知事は，このプロセスでは複数回関与することで措置が適切に行われるようにしている。なお，要措置区域は土地の形質変更を原則的に禁止している。

⑵　土地形質変更時要届出区域（11条）　　土壌汚染状況調査の結果，土壌が汚染されてはいるが摂取経路がない区域である。健康被害を生じる恐れがないため，汚染の除去などの措置が不要な区域である。土地の形質変更を行おうとする者は，都道府県知事に届出をしなければならない。

土地形質変更時要届出区域においても，土地の土壌の特定有害物質による汚染が専ら自然または専ら土地の造成に係る水面埋立に用いられた土砂に由来するものとして環境省令で定める要件に該当する土地における土地の形質の変更，あるいは人の健康に係る被害が生ずる恐れがないものとして環境省令で定める要件に該当する土地の形質の変更のときには，形質変更の工事を実施するときにではなく，環境省令の定める期間ごとに事後の届出を行うという例外的措置を設けている。

5　指 定 の 解 除

都道府県知事は，要措置区域の台帳および形質変更時要届出区域の台帳を作成保管している。そして国民から台帳の閲覧を求められたときには閲覧させなければならない。土地取引を行う者にとって，取引対象の土地の汚染状況を知るには，この台帳は不可欠なものといえる。土地の所有者等が，特定有害物質の除去を行った結果，指定事由が消失した場合には，都道府県知事は当該指定を解除することになる。なお，指定事由が消失して指定を解除しても，指定された記録は台帳から抹消されず，指定履歴は掲載されたままになる。

6　汚染土壌の搬出規制

汚染土壌を措置区域または土地形質変更時要届出区域（以下,「要措置区域等」という。）外に搬出することは，汚染を拡散させる危険を有する。そのため，法は要措置区域等外へ搬出する行為に対して規制を行うとともに，搬出された土壌を取り扱う者，土壌処理方法についても規制を行っている。

(1)　土壌の搬出規制（16条）　汚染土壌を要措置区域等外へ搬出しようとする者は，搬出に着手する日の14日前までに，汚染状態，汚染土壌の体積，汚染土壌の運搬方法，運搬する者の氏名など，都道府県知事に届出なければならない。都道府県知事は，届出内容が環境省令で定める土壌運搬に関する基準に違反している場合には変更を命じる。また，汚染土壌の処理を汚染土壌処理業者に委託しない場合には，汚染土壌処理業者に委託することを命じる。搬出しようとする者とは，搬出に関する計画内容を決定する者を指す。土地の所有者等と土地を借りて開発行為を行う開発業者の関係では開発業者がこれに該当する。工事の請負と工事の発注者との関係では発注者がこれに該当すると考えられる。

(2)　汚染土壌の処理の委託（18条）および管理票（20条）　汚染土壌を要措置区域等外へ搬出する者は，一定の例外を除いて汚染土壌処理業者に委託しなければならない。汚染土壌の不適切な処理を回避するため，都道県知事の許可を得た者に処理を行わせている。

また，汚染土壌の運搬から処理に至る一連の経過が適切に行われていることを追跡できるよう管理票（マニフェスト）の交付制度が定められている。汚染土壌を要措置区域等外へ搬出する者は，汚染土壌の運搬または処理を他人に委託する場合には，当該委託に係る汚染土壌の引渡しと同時に，当該汚染土壌の運搬を委託した者に対し，特定有害物質による汚染状態，体積，運搬または委託した者の氏名などを記載した管理票を交付しなければならない。運搬を受託した者は，運搬を終了したときには管理票に環境省令で定める内容を記載してから，委託した者に管理票の写しを送付しなければならない。汚染土壌の処理について委託された者がいるときには，運搬を受託した者は処理を受託した者に管理票を回付しなければならない。汚染土壌処理の受託者が処理を終了した時には，回付された管理票に環境省令で定める内容を記載してから，当該処理を委託した者に管理票の写しを送付しなければならない。管理票の写しの送付を受けた者は，一定期間，当該管理票の写しを保管しなければならない。汚染土壌の運搬，処理または土地の形質変更への使用のいずれかにおいて問題が生じた時には，都道府県知事は検査などを行うことができる。その際に管理票の記載内容が用いられることになる。

(3)　汚染土壌処理業者（22条）　　要措置区域等外へ搬出された汚染土壌の処理を業として行う者は，汚染土壌の処理の事業に供する施設ごとに都道府県知事の許可を受けなければならない。汚染土壌の処理の事業に供する施設とは，汚染土壌の処理を行う事業場の敷地に設置される汚染土壌の処理の用に供する施設の総体（たとえば汚染土壌の受入もしくは，保管設備，汚水や大気有害物質の処理設備，事業場内において汚染土壌が移動する通路など）のことをいう。

7　指定調査機関

3で記した土壌汚染状況調査は，その結果によって要指定区域または土地形質変更時要届出区域への指定がなされ，土地の所有者等は，指定の区分に従う土壌汚染に対する措置を実施することになる。このように，調査結果次第で土地に対する土壌汚染対策の方針が左右されていくことになるため，調査結果の信頼性を保たなければならない。そこで，法は，調査を的確に実施することができる者を環境大臣または都道府県知事が指定し，土壌汚染対策法に基づく土壌汚染状況調査は，この指定を受けた者だけが行えるようにしている。この指定を受けた者を指定調査機関という。指定調査機関には，的確な調査を行うために，技術管理者を置く必要があり，技術管理者の指揮監督の下で調査を行う。

Ⅲ　土壌汚染が争われた例

土地の売買契約において，契約時に契約当事者双方が認識していなかった土地の土壌汚染が判明したときに，買主は民法570条に基づき，売主に対して瑕疵担保責任による損害賠償請求ができるのだろうか。従来，下級審判決では，土地の土壌汚染の存在をもって瑕疵と認定し，その損害賠償として有害物質の除去費用などを認定する例もあった。ここでは，最高裁まで争われた事案について紹介しておく。

買主が買い受けた土地の土壌にふっ素が含まれていた。しかしながら，ふっ素は契約時には法令に基づく規制対象になっていなかった。また取引観念上も，ふっ素に起因して人に健康被害を発生させるという認識もなかった。このような状況下で，土地の売買契約を締結した。ところがその後，環境基本法16条1項に基づき土壌に含まれるふっ素について環境基準が告示された。これを受けて土壌汚染対策法は，ふっ素を特定有害物質と規定した。また，同法施行規則で，ふっ素の溶出量基準値および含有量基準値を定めた。本件土地について土壌の汚染状況調査を行ってみたところ，その土壌に溶出量基準値および含有量基準値を越えるふっ素が含まれていることが判明した。これを受けて買主は，売主に対して瑕疵担保責任に基づく損害賠償請求訴訟を提起したという事案である（最判平22・6・1民集64・4・953）。

原審（東京高判平20・9・25金判1305・36）では，通常の利用を目的とする売買契約の対象となる土地の土壌は，人の健康を損なうほどの有害物質を含んでいないということが土地の備えるべき品質，性能にあたるとする。その上で，土地の土壌に含まれていた物質が，売買契約締結当時の取引観念上は有害であると認識されていなかったが，その後，有害であると社会的に認識されたため，新たに法令に基づく規制の対象になった場合であっても，有害物質が人の健康を損なう程度に土地の土壌に含まれていれば，民法570条にいう瑕疵にあたると判断している。人の健康を損なう土壌汚染が客観的に存在していれば，社会的にそのようなものと認識されていなかったとしても，それが隠れた瑕疵にあたるものとして瑕疵担保責任を認めるという見解であった。これに対して，最高裁は，売買契約締結当時の取引観念上，それが土壌に含まれることに起因して人の健康に係る被害を生ずるおそれがあるとは認識されていなかったふっ素について，本件売買契約の当事者間において，それが人の健康を損なう限度を超えて本件土地の土壌に含まれていないことが予定されていたものとみることはできず，本件土地の土壌に環境基準を超えるふっ素が含まれていたとしても，そのことは，民法570条にいう瑕疵には当たらないと判断している。最高裁は，客観的な汚染状況ではなく，契約当事者がどのように認識していたのかという主観的な要素を重視して瑕疵担保責任の有無を判断していることがわかる。(なお，2020年施行の改正民法では「瑕疵担保」という文言は用いられなくなっており，代わりに「契約の内容に適合しない」という文言が用いられるようになった。一般的には「内容不適合」と称されている。そして民法562条以下で，損害賠償請求以外にも追完請求，代金減額請求など各種の請求を行えるように改正されている。)

Column⑦

韓国の環境保護運動：有機農業運動の事例

1960年代以降，韓国政府が主導した急速な産業化により深刻な公害問題が浮上した。政府の環境政策は1963年公害防止法の制定と共に始まったが，70年代の重化学工業政策が始まると環境汚染はもっと深刻化した。一方，政府は食糧問題の解決と重工業成長を後押しするため，70年代に入ってから「緑の革命」の旗印の下，食糧増産に拍車をかけた。主食の米の増産が緑色革命の中心となっていたが，これは化学農法に適合する稲の品種開発と普及から，農薬や肥料支援そして政府による収穫物の買い上げに至るまで，一連の過程に政府が介入する「増産体制」を構築して行われた（キム，2017)。何より緑色革命が70年代における国家主導の農村近代化運動である「セマウル（新町）運動」と統合される過程で，化学農法は政治と経済の中央集権化を図る手段として，政府は農村共同体を国民国家体制へ編入させた。化学農法を通じて政府は1977年に緑色革命を達成したと宣布し，米の支給も遂げたが，過度な化学農法はすでに70年代から深刻な水質と土壌汚染のみならず，食品安全問題まで引き起していた。特に，農薬中毒が農村において深刻な社会問題になっていた。1982年国立保健院の調査によると，農民の82%が農薬中毒を経験していたとその実態を報告されている（メイル經濟新聞，1982年12月４日)。

このような状況下で，韓国の有機農業運動は化学農法を中心とする国民国家に対する代替案として，地域コミュニティという空間から生まれたのである。緑色革命の絶頂だった1976年，キリスト教を信じる40名余りの農民らは，自然と人の健康を脅かす化学農法は「神様のご意思に背くものだ」と考え，「正農会」を結成し，有機農業運動を始めた。化学肥料と農薬を使用していなかったため，労働量は増え収穫量は減り経済的損失もあったが，冷戦時代の軍事政府が食糧増産を国家安保と直結させた当時，彼らは「パルゲンイ（「赤」という意味，共産主義者を蔑むために使われた言葉)」と疑われ，村で孤立させられたことまであった。それにも関わらず有機農業運動が可能だった理由は，一つ目に正農会内に自律的なコミュニティを重視するキリスト教民族主義の伝統があったためであり，二つ目に正農会創立に直接的な影響を与えた日本愛農会との無教会主義ネットワークのおかげで，国家主義が蔓延した社会においても孤立されなかったからである。特にこれら二つの団体は有機農業のみならず，平和を交流の主題にすることで，1920年代から続いてきた両国の無教会主義の平和思想とデンマークをモデルとしたキリスト教農村運動の伝統をつなげている。

コミュニティに基づく有機農業運動の伝統は，政府が食糧支給から農産物の市場開放に政策を変えた1980年代にも続いた。農村の人口が減少すると共に安価な農産物が輸入されたことで，農民らは農産物の増産を図るために，より多くの化学肥料と農薬を使うようになり，食品安全と環境問題などはさらに深刻になった。1970年代のコミュニティを中心とした有機農業運動は減少し続けた農村人口のため限界にぶつかっていたが，韓国初の有機農生協である「ハンサルリム（‘共に生き，共に活かす’ の意味）」が1986年に設置されると同時に生協運動と結合することで大きく成長した。ハンサルリムは1970年代カトリック原州（ウォンジュ）教区を中心で活動していたカトリック農民会と在野民主化運動の有志たちにより始まった。1980年代の初め，彼らは日本の兵庫県で行った「提携」モデルに着眼し，消費者と生産者を括る「都農共同体」をつくり，消費者は生産者が安定的に生産できるよう支援した。ハンサルリムは自らを一般的な生協ではなく，自然と人間を合わせた共同体の協力に焦点を合わした生命思想に基づく生命運動と称する。特に消費者と生産者が都農共同体の中でお互い協力し合うことから，消費者の利益を優先する他の消費者生協と区別できる。

韓国の経済成長が都会中心，そして工業化を主として行った過程で自然は暮らしの空間ではなく，生産の資源として認識されてきた。有機農業運動は自然と人間を共存させる農村共同体の代替案としての空間を提示した点で，一般的な環境保護を超えた意味を持つ。また，1940年Lord Northbourneが初めてorganic farmingという用語を使ったときから，有機農業は土壌の保存を超えて分権化（ローカライゼーション ）された社会を目指す農法であった。政治と経済の中央集権化が特に激しい韓国で，それまでの社会運動の論議が国家の役割に対するものから離れられなかったことに比べ，有機農業運動の歴史は自律的なコミュニティに基づいた運動がいかに重要であるかを示す。労働運動，学生運動などの過去社会運動を率いた組織的な運動が少なくなった今，有機農業はオルタナティブ教育，オルタナティブエネルギー，ローカル貨幣など多様なコミュニティ中心の社会運動と環境運動をつなげる架け橋のような役割を担っている。

（Yonjae Paik）

第11章
廃棄物処理・リサイクル

1　国際法における枠組み

I　有害廃棄物の越境移動および処分に関する国際的規制

人為的な活動によって発生する廃棄物は，かつて，発生場所の近くに埋め立てるなどして処理されてきた。しかし，産業化や科学技術の発達につれ，廃棄物の発生量が急激に増加するとともに，国際的な移動をも伴うようになった。1980年代，欧州先進国から環境規制の緩いアフリカの途上国へと有害な廃棄物（ダイオキシンや重金属の含まれた焼却灰など）が事前の連絡や通告なしに輸出され，土壌や河川の汚染が問題となる事例が相次いだ（ココ事件[1)]やギニアビサウ事件[2)]など）。こうした状況変化に鑑み，有害廃棄物の越境移動が地球的規模での国際問題として認識されるようになった。

1　バーゼル条約

有害廃棄物の越境移動の規制に関し，国連環境計画（UNEP）が中心となって検討が行われ，1989年に「有害廃棄物の国境を越える移動及びその処分の規制に関するバーゼル条約」（以下「バーゼル条約」という）が採択された（1992年発効，2020年3月現在の締約国数は日本を含む186か国と1機関［EU］）。

バーゼル条約は，有害廃棄物等の国境を越える移動およびその処分の規制に

1）**ココ事件**　イタリアの会社が建築材料の名目でPCBやダイオキシンなどを含む有害廃棄物を輸出し，ナイジェリアのココに投棄した事件。

2）**ギニアビサウ事件**　ギニアビサウ政府が国民総生産（GNP）の4倍相当の収益を見返りとして，先進国から大量の有害廃棄物の受け入れを許可する契約交渉を行った事件。

ついて，国際的な枠組みを定め，廃棄物によってもたらされる危険から人の健康および環境を保護することを目的とする。同条約によって規制されるのは，「有害廃棄物」と「他の廃棄物」（両者を合わせて以下では「有害廃棄物等」と表記する）の国境を越える「処分」である（1条）。「有害廃棄物」に該当するのは，埋立てや焼却などの最終処分に加えリサイクルを行うために輸出入される附属書Ⅰに掲げられる廃棄物（医療廃棄物や鉛蓄電池，廃油，めっき汚泥，廃石綿，シュレッダーダストなど）であって，かつ附属書Ⅲに掲げるいずれかの特性（毒性や感染性など）を有する廃棄物を指す（同条1項）[3]。他方，「他の廃棄物」とは，家庭から収集される廃棄物と，家庭の廃棄物の焼却から生じる残りかすを指す（同条2項，附属書Ⅱ）。

バーゼル条約の最大の特徴は，有害廃棄物の越境移動に関する規制手法として，「事前通告と同意」の手続きを採用したことにある（4条1項）。すなわち，輸出国は，輸入国から書面による同意を得られない場合には，輸出を許可せず，または禁止する義務を負う（同条同項(c)）。こうした手続きを経ることなく行われた有害廃棄物等の越境移動は「不法取引」となる（9条1項）。そして，締約国は不法取引を防止し処罰するために適当な国内法令を制定する義務を負う（同条5項）。しかし，国内法が整備されてもその間隙を縫うようにして，輸出物のなかに有害物質が混入する事例がみられる[4]。

以上のように，バーゼル条約の越境移動規制は，事前通告と同意の手続きにより，基本的に環境被害への対処を輸入国自身の判断に委ねた。すなわち，輸入国は，この手続きを通じて，有害廃棄物等の輸入の可否を自ら決定する権利を認められている。ただしその一方で，同条約は，有害廃棄物等が「環境上適正な方法で処理されないと信ずるに足りる理由がある場合」には，輸出を許可

3）これに対して，原則として条約の規制対象外となる物の例としては，鉄くず，貴金属のくず，固形プラスチック，紙くず，繊維くず，ゴムくずなどが挙げられる。

4）**ニッソー事件**　日本はバーゼル条約上の義務を実施するための国内法令として「特定有害廃棄物等の輸出入等の規制に関する法律」（バーゼル法）を制定しているが，1999年に日本からフィリピンに輸出された貨物のなかに，同法の規制対象である特定有害廃棄物等の一つである「医療系廃棄物」が意図的に混入され，フィリピン政府との間で外交問題に発展した事件。日本政府は，問題の貨物を回収し国内で適正に処理することで解決を図った。

することを禁止した（4条2項(e)）。これは，輸入国たる途上国の自己決定には限界があるとの認識から，輸入国の意思にかかわらず有害廃棄物等の越境移動に制約を課す仕組みである。もっとも，何をもって「環境上適正な方法」であるか明確でないという問題点がある[5)]。

2　締約国会議（COP）における規律の拡充・明確化

バーゼル条約の成立以降，これまで14回の締約国会議（Conference of Parties：COP）[6)]が開催され，規律の拡充や明確化が図られてきた。その対象は多岐にわたるが，なかでも重要なのが以下4つの決定の採択である。

(1)　第3回COP決定（1995年）――先進国から途上国への有害廃棄物等の越境移動の禁止　　1995年9月に開催された第3回COPでは，先進国（OECD加盟国，EUなど）から途上国への有害廃棄物の輸出を全面的に禁止することを内容とする条約改正案を採択した（決定Ⅲ/1）。この改正は2019年12月5日に発効し，2020年3月現在，98か国と1機関（EU）が締約国である。この条約改正に合意した締約国間では，輸入国（途上国）の同意の有無にかかわらず，先進国から途上国への有害廃棄物等の越境移動が禁止される。

(2)　第5回COP決定（1999年）――損害賠償責任議定書の採択　　バーゼル条約の下で有害廃棄物等の移動および処分の規制について一定の手続的なルールを整備したとしても，違法な越境移動や処分の結果，環境汚染が発生する可能性は否定できない。そのため，現に損害が発生した場合に迅速な救済を確保することが必要であるとの認識から，1999年12月の第5回COPにおいて，バーゼル損害賠償責任議定書が採択された（決定V/29）。

本議定書は，有害廃棄物等の越境移動に伴って生じた損害の賠償責任に関し，通報者または処分者等に無過失責任を課すことを内容とする。具体的には，処分者が廃棄物を占有するまでは，バーゼル条約6条に基づいて通報を行った者

5）アフリカ諸国は，バーゼル条約が先進国から途上国への有害廃棄物の越境移動を全面的に禁止しなかったことへの不満から，1991年，アフリカ統一機構（現在のアフリカ連合）の下で，アフリカへの有害廃棄物の輸入禁止およびアフリカ内での有害廃棄物の越境移動規制を内容とするバマコ条約を採択した（1998年発効）。

6）COPとは，全条約締約国の参加の下，条約の実施状況や実効性を定期的に検討し，その検討結果に基づき，条約目的の実現のために必要な措置を採択する最高意思決定機関のこと。

（通報者）が責任を負い，他方，処分者が廃棄物を占有した時点以後は処分者が責任を負う。通報者および処分者が負う責任は，無過失責任であり，責任者は自己に過失がないことを証明しても責任を免れることができない（議定書4条）。通報者および処分者に厳格責任を課す本議定書は，現時点でも発効要件たる20か国の批准に達していない（2020年3月現在，締約国は12か国）。

⑶　第6回COP決定（2002年）――遵守メカニズムの設立　2002年12月に開催された第6回COPで，バーゼル条約の義務の実施および遵守を促進する制度（遵守メカニズム）が設立された。現在多くの多数国間環境条約において，条約機関が条約義務の不遵守の有無を審査し，これを是正するための措置を勧告する遵守手続が設けられている。バーゼル条約も例外ではない。遵守メカニズムの運営は，締約国が指名する15名の委員によって構成される「委員会」によって行われる。委員会に問題を付託できるのは，基本的に不遵守国と「直接関係を有する締約国」のみである。この点は他の多くの多数国間環境条約の遵守メカニズムとは異なる。「直接関係する締約国」とは，その越境移動活動に直接関係を有する締約国，つまり，その越境活動における輸出国，輸入国，通過国と解される。したがって，輸出国が輸入国の同意を得ないまま有害廃棄物を輸出したあるいはその輸出を許可した場合，その問題を委員会に付託できるのは基本的にその輸入国のみという限界がある。

⑷　第14回COP決定（2019年）――汚れたプラスチックごみの追加　リサイクル資源の名目で国際取引されている廃プラスチックが世界中の海洋汚染の一因となっていることに鑑み，2019年4月に開催された第14回COPで，ノルウェーの提案により，「リサイクルに適さない汚れたプラスチックごみ」を条約の規制対象とする附属書改正案が各国の賛同を受けて承認された。締約国には，その輸出にあたって輸入国政府の同意が義務づけられる。世界規模でプラスチックごみの輸出入が規制されるのはこれが初めてである。

ここにいう「リサイクルに適さない汚れたプラスチックごみ」には，鉛や砒素などを含有する「有害な特性を示すプラスチックごみ」（附属書Ⅷを参照）に加え，有害でない廃棄物であっても汚れているプラスチックごみ（たとえば，飲み残しのあるペットボトルや食べ物が付着したままの弁当容器）が含まれる（附属書Ⅱを参照)。ただ，プラスチックに混ざる不純物の量などの統一基準を作るのは難しく，今会議では「汚れ」の厳密な定義はせず，各国の判断に委ねることにした。この附属書の改正は2021年１月１日に発効済みである。

Ⅱ　廃棄物を含む化学物質管理に関する国際的規制

1　残留性有機汚染物質条約（ストックホルム条約）

ポリ塩化ビフェニル（PCB）やDDT，ダイオキシンがその代表例とする残留性有機汚染物質（Persistent Organic Pollutants：POPs）は，環境中での残留性，生物蓄積性，人や生物への毒性が高く，長距離移動性が懸念されている。実際，PCBがその使用例のない北極などで検出されたことから，1990年代に国際的な規制の必要性が議論され，2001年，「残留性有機汚染物質に関するストックホルム条約」(以下「ストックホルム条約」という）が作成され2004年に発効した（2020年３月現在，日本を含む181か国およびEU，パレスチナ自治区が締結)。

ストックホルム条約では，POPs廃棄物が次のように取り扱われるよう適当な措置をとることを求めた（６条１項(d))。第１に，環境上適正な方法で収集・運搬，保管されること，第２に，国際的な規則，基準や指針等を考慮して，POPsの特性を示さなくなるように廃棄物中の POPs が分解されること（分解処理が環境上好ましい選択にならない場合やPOPs の含有量が少ない場合には，環境上適正な他の方法で処分されること)，第３に，廃棄物中のPOPs がリユース，リサイクルされないこと。

2　水銀に関する水俣条約

「水銀に関する水俣条約」(以下「水俣条約」という）は，水銀による地球規模の汚染や健康被害を防ぐことを目的に，採掘や使用，管理，輸出入などを包括的に規制する条約である。2013年10月に熊本市で開催された外交会議で採択された。バーゼル条約では，水銀を含む有害物質の移動・処分・取引を規制したが，水銀の産出から使用・廃絶に至るまでの，水銀のライフサイクル全体を規制する条約は水俣条約が初めてである。

水俣条約の前文では，水俣病を重要な教訓とし，水銀の排出を世界的に抑え，健康被害や環境汚染を防ぐことが明記された。条約の主な内容は次のとおりである。①締約国は，発効から15年以内に，「水銀を主要な対象とする採掘」（水銀鉱山の採掘）を禁止し，新規の鉱山開発に対する許認可を禁止する（3条3項・4項）。②2020年以降は体温計や血圧計，電池や蛍光灯など9種類の水銀含有製品の製造や輸出入を原則的に禁止する（4条1項）。③水銀を大気中に排出する石炭火力発電所や廃棄物焼却施設などを新たに建設する場合には，排出を抑える「利用可能な最良の技術（best available techniques）」および「環境のための最良の慣行（best environmental practices）」の導入を義務づけた（8条2項・4項）。④途上国がこの条約にもとづく義務を履行できるように，先進締約国に対し資金の提供を約束させ，資金管理を地球環境ファシリティーに要請した（13条1項・5項・6項）。

2　国内法における枠組み

I　わが国における廃棄物処理の現状

環境基本法は，廃棄物やその処理を，公害の定義には含めてはいないし，規制対象として明定していないが（2条3項・21条），廃棄物やその処理が環境問題を引き起こさないわけではない。

わが国の一般廃棄物の排出量は4,274万トン（2019年度），産業廃棄物の排出量は3億7,900万トン（2018年度）であって，毎年莫大な量の廃棄物が発生している。これらの廃棄物の最終処分場の残余年数は，一般廃棄物については全国平均で21.4年，産業廃棄物については16.3年（2018年度）であり，最終処分場のひっ迫は深刻な問題である（図表11-1）。最終処分場は，海面や山間部に新設されることが多いため，生態系に重大な影響をおよぼす。

廃棄物処理法はその制定以後規制強化されてきたが，廃棄物の処理過程で大気汚染や水質汚濁が生じたり，廃棄物の埋立てによる土壌汚染や地下水汚染のおそれも否定できない。わが国では，豊島産業廃棄物不法投棄事件，岩手・青森不法投棄事件，岐阜県椿洞不法投棄事件などの大規模不法投棄事件が発生したが，この後も不法投棄はなされており，2019年度実績で，不法投棄の件数は

151件，不法投棄の新規判明量は7.6万トンにおよんでいる（図表11-2）。

廃棄物処理によって環境問題が生じる一方，他方で廃棄物は有用な資源でもある。たとえば，パソコン，スマートフォンなどの電子廃棄物はアルミニウム，銅，プラチナ，金などの金属も含んでいる。これらの電子廃棄物を再使用や再生利用をすることで，自然資源の劣化や減少を防ぐことができる。廃棄物の再使用や再生利用は社会の持続可能性を高める機能をも果たすのである。以上のような二つの側面を有する廃棄物をどのように扱うことで，持続可能な社会の実現につながるのかが，国際的にも国内的に重要な課題の一つとなっているのである。

わが国の廃棄物処理に関する法律のうち（図表11-3），以下では，廃棄物処理法について概説する。

Ⅱ　廃棄物処理法の枠組み

1　廃棄物概念

(1)　廃棄物処理法の適用範囲　　廃棄物という概念は，廃棄物処理法の適用範囲を画する概念である。ある物品が，廃棄物処理法上の廃棄物（2条1項）に該当すると，その占有者は廃棄物処理法にしたがって適法に処理しなければならない。他方で，ある物品が廃棄物に該当しない場合には，その物品の占有者は，廃棄物処理法に服することなく，それを資源として利用できる。

(2)　廃棄物の分類　　廃棄物処理法は，廃棄物を一般廃棄物（2条2項）と産業廃棄物（2条4項）に分類している。より厳格な規制がなされる「特別管理一般廃棄物」（2条3項）と「特別管理産業廃棄物」（2条4項）の分類もある。

(3)　廃棄物の定義　　廃棄物処理法は，廃棄物を「ごみ，粗大ごみ，燃え殻，汚泥，ふん尿，廃油，廃酸，廃アルカリ，動物の死体その他の汚物又は不要物であって，固形状又は液状のもの（放射性物質及びこれによって汚染された物を除く。)」と規定する（2条1項)。「ごみ，粗大ごみ，燃え殻，汚泥，ふん尿，廃油，廃酸，廃アルカリ，動物の死体」以外に，どのようなものが「汚物」または「不要物」に該当するかについては廃棄物処理法には手掛かりがない。この点について，廃棄物該当性を判断するための行政解釈が示されている。この行政解釈では，「廃棄物とは，占有者が自ら利用し，又は他人に有償で譲渡することができないために不要となったものをいい，これらに該当するか否かは，その物の性状，排出の状況，通常の取扱い形態，取引価値の有無及び占有者の意思等を総合的に勘案して判断すべき」とする総合判断説が採用されている（「行政処分の指針について（通知）」環循規発第18033028号）。

最高裁は，おからが産業廃棄物に該当するか否かが争われた事案で，上記の行政解釈と同じく，総合判断説を採用することを明示したうえで，処理の現状と事業者による処理料金の支払いという占有者の意思を客観的に判断しうる事実を重視して，おからの廃棄物該当性を認めた（最決平11・3・10刑集53・3・339。このほか，木くずが廃棄物に該当するか否かが争われた東京高判平20・4・24判タ1294・307，混合再生砂が廃棄物に該当するか否かが争われた東京高判平12・8・24判自230・58参照）。

バーゼル条約の国内措置として制定されたバーゼル法は，廃棄物処理法の廃棄物概念ではなく，バーゼル条約の廃棄物の定義を採用している。同条約における廃棄物の該当性判断においては有価物か否かは考慮されない。水銀に関する水俣条約はバーゼル条約上の廃棄物概念を用いている。水俣条約上の水銀廃棄物のうち，廃棄物処理法上の廃棄物に該当しないものについては，国が技術指針を定めており，必要に応じて事業者に勧告できる仕組みが用意されている（水銀汚染防止法23条）。

廃棄物処理法は，廃棄物を有価物と偽装するなどして規制を免れる問題に対処するために，都道府県知事または市町村長は，廃棄物の疑いのある物を処理する者や廃棄物処理施設設置者に報告を求めることができることとし（18条1項。国外廃棄物については同条2項参照），また，廃棄物の疑いのある物を処理する者の事務所や処理施設のある土地や建物に立入調査をすることができる（19条1項。国外廃棄物については同条2項参照）。

2　国内処理の原則

廃棄物処理法は，廃棄物が国内でできる限り処理されるべきことを規定し，国内処理の原則を定めている（2条の2）。この国内処理の原則は，廃棄物の輸出入を全面的一律に禁止するものではない。この国内処理の原則は，バーゼル法の制定に合わせて規定された[7)]。

3　処理責任主体

廃棄物処理法は，廃棄物の分類に応じた処理責任主体を定めている。産業廃棄物については，排出事業者が自ら適正に処理する責任を負う（3条1項・11条1項）。産業廃棄物の排出事業者は，産業廃棄物を自ら処理するか，処理業者に委託しなければならない。この排出事業者の処理責任の内容は汚染者負担原則に基づくものである。

家庭から排出される家庭系一般廃棄物の処理は，住民ではなく市町村が責任を負う（6条の2第1項。ただ，市町村自ら一般廃棄物の処理をしなければならないわけではなく，許可業者に委託することもできる。）。

住民は，「廃棄物をなるべく自ら処分すること」（2条の4）を要請されているにもかかわらず，なぜ，排出者責任を負わないのであろうか。これは，現在の廃棄物の性状からして，住民が排出するすべての廃棄物を自らが処分することは困難であるし，適正に処理する技術がない場合には望ましいことではない（処分の仕方によっては，環境の保全上の支障を生じさせるおそれもある）。この理由に加えて，廃棄物の処理が国民の生存権保障の内容の一つとして位置づけられることにも関係する。すなわち，住民が排出する廃棄物について，住民自ら処理することに環境の保全上の支障がなければ，住民は廃棄物の排出者として，自らの責任の下に処理しなければならない。自己処理することが困難な性状の廃棄物が増加し，住環境からしても住民自ら処理することが難しくなり，廃棄物を適正に処理することができなくなると，公衆衛生上の問題が生じ，住民は良好の生活環境の下で生活することが困難となってしまう。そのような事態を防止する責任は現行憲法25条2項によれば国にあるが，廃棄物の処理にかかる問題は，住民に身近な問題でもあるので，市町村が一般廃棄物の処理の責任を

7）バーゼル法の2017年改正では，輸出に関して，雑品スクラップがバーゼル法の手続を経ずに輸出されていること，輸出先国からの不法取引との通報が増加していること，使用済鉛蓄電池などの輸出先での環境上不適正な取扱事案が増加していること，輸入につき，事業者から，廃電子基板などの有用な金属を含む二次資源について，輸入規制による競争上の不利な事業環境を解消すべきとの要望が示されたことから，これに対応するための改正がなされた。

負うことにしたと考えられる（自治１条の２）。

家庭系一般廃棄物の処理責任は市町村にあるのであるから，その費用は税金でまかなうことが原則と考えられるが（オフィスなどから排出される事業系一般廃棄物の処理には手数料が課されている。），家庭系一般廃棄物の収集を有料化する地方自治体が増えつつある。横浜地裁は，地方自治体が地方自治法227条に基づき家庭系一般廃棄物の処理を有料化することを適法であるとしている（横浜地判平21・10・14判例集未登載）。

4　廃棄物処理の規制と実効性確保手段

廃棄物処理法は，廃棄物「分別，保管，収集，運搬，再生，処分等」（１条）の処理を適正化するための規制（処理業・処理施設設置に関する許可制，排出事業者や処理業者が廃棄物処理の適正化のために遵守すべき処理基準）と，その実効性を確保するための手段（改善命令・事業の停止・許可の取消しや，排出事業者や処理業者に課された義務の履行確保のための手段や義務違反に対する制裁）を定めている。

(1)　収集・運搬・処分に関する規制　　廃棄物の収集・運搬・処分（焼却・埋立て）の規制としては許可制が用いられている（７・14条）。廃棄物を排出事

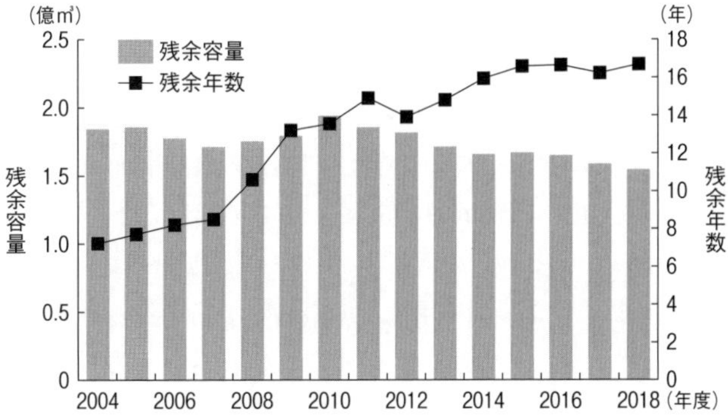

図表11-１　最終処分場の残余容量および残余年数の推移（産業廃棄物）

出典：環境省（https://www.env.go.jp/policy/hakusyo/r03/html/hj21020301.html#n2_3_1_4［閲覧日2021年８月10日］）

業者が自ら処理する場合，再生利用のみを目的として廃棄物の処理を行う場合（7条1項・9条の8・14条1項・15条の4の2），廃棄物の広域的処理を行う場合には，収集・運搬・処分のための許可は不要である（9条の9・15条の4の3）。

⑵　産業廃棄物管理票制度　　産業廃棄物の処理については，その処理過程の透明性を確保するための規制として，産業廃棄物管理票制度がある。これは，排出事業者が産業廃棄物の処理を委託する際に，処理業者に産業廃棄物管理票を交付し，処理業者から処理が終了した旨を記載した管理票の写しの送付を受けることによって，排出事業者に，委託内容どおりに産業廃棄物が処理されたことを確認させ，産業廃棄物の適正処理を確保するための制度である（12条の3）。

⑶　廃棄物処理施設の設置規制　　(a)　許可制　　廃棄物処理施設には，中間処理施設と最終処分場とがある。中間処理施設は，焼却，破砕などを行う施設である。最終処分場は，廃棄物を埋立処分する施設である。産業廃棄物最終処分場には，遮断型最終処分場（有害な産業廃棄物を埋め立てる処分場），安定型最終処分場（廃プラスチック，がれき類，ゴムくずなどを埋め立てる処分場）および管理型最終処分場（上記以外の産業廃棄物のほか，一般廃棄物を埋め立てる処分場）がある。

廃棄物処理施設に対する規制についても許可制が用いられている（8条・8条の2・15条・15条の2など）。都道府県知事は，廃棄物処理施設の設置許可申請があった場合には，申請書の縦覧，市町村長に対する意見聴取，利害関係人による意見提出手続，専門知識を有する者に対する意見聴取手続を実施し，申請の諾否を判断する（札幌高裁は産業廃棄物処理施設の設置許可につき効果裁量を認めない［札幌高判平9・10・7判時1659・45］）。

(b)　地方自治体による独自の取組み　　廃棄物処理法は，廃棄物処理施設設置について以上のような規制を用意しているが，廃棄物の不適正処理や処理施設での事故，それに伴う環境問題の発生などによって，処理施設に対する住民の根強い不信感・不安感はいまも存在する。そのため，廃棄物処理施設の立地や操業をめぐって事業者と地域住民との間の紛争が生じてきた。また，許可された，つまり，廃棄物処理法の要件を充足した処理施設であっても，その操業の民事差止めを容認する決定や判決も出されている（津地上野支決平11・2・24

判時1706・99など)。そこで，地方自治体は，廃棄物処理法に基づく規制では，住民の不安や不信を払しょくできず，また，十分な安全性を確保できないと考えて，独自の廃棄物処理施設の規制対策に取り組んできた。たとえば，自主条例として，廃棄物処理施設の設置を規制する水道水源保護条例が制定されている（2007年の厚生労働省調査によると160の地方自治体が同条例を制定している。この条例の適法性が問題となった事案として，紀伊長島町水道水源保護条例事件：最判平16・12・24民集58・9・2536参照。)。また，指導要綱を策定し，独自の廃棄物処理規制を行う地方自治体も存在する。最近では，廃棄物処理施設設置に係る紛争の予防条例を制定し，住民と事業者間での利害調整手続を定める自治体もある（浜松市，福岡県など)。

(4) 廃棄物処理施設の維持管理　廃棄物処理施設の設置者は，都道府県知事による定期検査を受けること（8条の2の2・15条の2の2)，維持管理計画に基づく維持管理の実施と維持管理状況の公表（8条の3・15条の2の3）などの遵守義務が課せられている。

(5) 処理施設の廃止・処分場跡地管理　中間処理施設の廃止後，または，最終処分場の埋立終了後の跡地管理を適正化するための規制が定められている。処理施設を廃止する場合や最終処分場の埋立てが終了した場合に届出が義務づけられる。埋立処分終了後に必要となる維持管理積立金の積立義務も定められている（9条・15条の2の6)。これに加え，最終処分場跡地の環境リスク管理のために，最終処分場の跡地などにおいて土地の形質変更をする者に都道府県知事への届出義務を課している（15条の17など)。

5　規制の実効性確保手段

(1) 許可の取消し・改善命令　廃棄物処理法は，規制の実効性確保ための手段を用意している。廃棄物処理業者や処理施設の設置者が，同法の規制に違反した場合に，地方公共団体の長が，許可業者に対する許可の義務的取消（義務的取消の合憲性が争点となった事案として東京高判平18・9・20判例集未登載)，廃棄物処理方法の改善命令（19条の3）を行う。この改善命令違反には行政刑罰が用意されている。

(2) 原状回復措置命令・代執行　廃棄物処理法の処理基準に違反して，廃

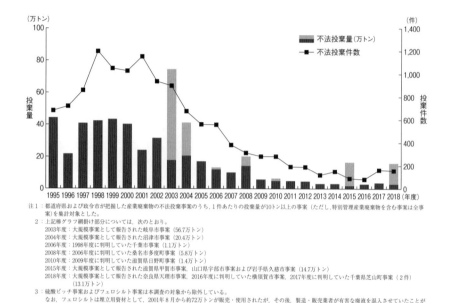

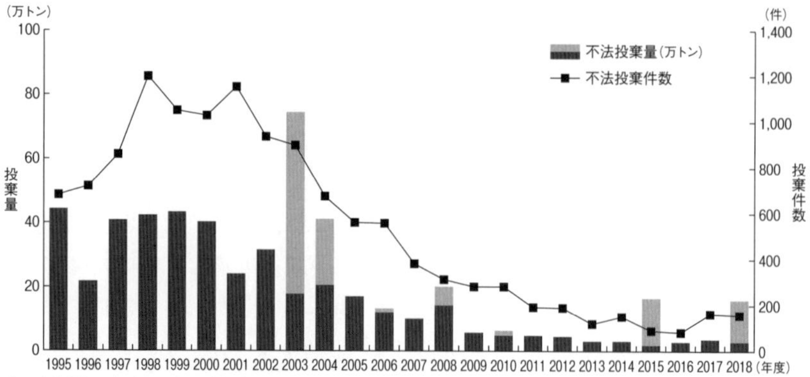

注１：都道府県および政令市が把握した産業廃棄物の不法投棄事案のうち，１件あたりの投棄量が10トン以上の事案（ただし，特別管理産業廃棄物を含む事案は全事案)を集計対象とした。

２：上記棒グラフ網掛け部分については，次のとおり。

2003年度：大規模事案として報告された岐阜市事案（56.7万トン）
2004年度：大規模事案として報告された沼津市事案（20.4万トン）
2006年度：1998年度に判明していた千葉市事案（1.1万トン）
2008年度：2006年度に判明していた桑名市多度町事案（5.8万トン）
2010年度：2009年度に判明していた滋賀県日野町事案（1.4万トン）
2015年度：大規模事案として報告された滋賀県甲賀市事案，山口県宇部市事案および岩手県久慈市事案（14.7万トン）
2018年度：大規模事案として報告された奈良県天理市事案，2016年度に判明していた横須賀市事案，2017年度に判明していた千葉県芝山町事案（２件）（13.1万トン）

３：硫酸ピッチ事案およびフェロシルト事案は本調査の対象から除外している。
なお，フェロシルトは埋立用資材として，2001年８月から約72万トンが販売・使用されたが，その後，製造・販売業者が有害な廃液を混入させていたことがわかり，不法投棄事案であったことが判明した。既に，不法投棄が確認された１府３県の45か所において，撤去・最終処分が完了している。

図表11-２　産業廃棄物の不法投棄件数および投棄量の推移

出典：環境省（https://www.env.go.jp/policy/hakusyo/r03/html/hj21020301.html#n2_3_1_4［閲覧日2021年６月23日］）

棄物の処理が行われ，「生活環境の保全上の支障が生じ又は生ずる恐れがあると認められるときは」，地方公共団体の長は，違法な処理を行った者に対して，支障の除去の措置を命令ずることができる（19条の４・19条の５）。この措置命令に処理業者が従わない場合には略式の代執行や要件緩和型の代執行が可能である（19条の７・19条の８）。

廃棄物処理法は，排出者責任を徹底するための実効性確保手段も定める。都道府県知事は，産業廃棄物の違法な処理を行った処理業者のみによっては支障の除去の措置が困難であるかまたは不十分であり，排出事業者が適正な対価を負担していないなどの場合には，排出事業者に支障の除去を命ずることができる（19条の６）。この措置命令に対しても略式の代執行や要件緩和型の代執行ができる（19条の８）。

3 リサイクル

I　循環型社会の形成

1　循環型社会形成推進基本法

1970年に廃棄物処理法が制定されて以降，同法は，1976年，1991年，1997年に抜本的な改正が加えられた。1990年前後からは，大量生産・大量消費・大量廃棄型社会から循環型社会への転換を目指し，リサイクル法制の整備も本格化する。

1991年に「再生資源の利用の促進に関する法律」（名称が「資源の有効な利用の促進に関する法律」に変更），1995年に「容器包装に係る分別収集及び再商品化の促進等に関する法律」（容器包装リサイクル法），1998年に，特定家庭用機器再商品化法（家電リサイクル法）が制定された。廃棄物処理およびリサイクルにかかわる問題を一体的に取り扱う枠組みとして，2000年に循環型社会形成

図表11－3　循環型社会形成法制

<table>
<tr><td rowspan="4">循環型社会形成推進基本法</td><td colspan="2">廃棄物の適正処理</td></tr>
<tr><td>廃棄物処理法</td><td>バーゼル法
産廃処理施設整備法
PCB特措法
産廃特措法
東日本大震災災害廃棄物処理特別措置法
放射性物質汚染対処特措法</td></tr>
<tr><td colspan="2">３Ｒの推進</td></tr>
<tr><td>資源利用促進法</td><td>容器包装リサイクル法
家電リサイクル法
建設資材リサイクル法
食品リサイクル法
自動車リサイクル法
小型家電リサイクル法
シップリサイクル法</td></tr>
</table>

推進基本法が制定され，廃棄物処理・リサイクルをめぐる諸問題への解決の基本的方向性が示されることとなった。

循環基本法は，循環型社会を，「天然資源の消費を抑制し，環境への負荷ができる限り低減される社会」と定義し（2条1項），これの形成が，環境基本法が構築をめざす「環境への負荷の少ない健全な経済発展を図りながら持続的に発展することができる社会」の実現を推進するようにおこなわれなければならないとしている（3条）。循環基本法は,「廃棄物等」の「循環」に重点をおいて,「社会」を形成しようとしているが，循環型社会という場合には，これよりも広く，大気，水質なども環境の構成要素に含めて，循環型社会を構想することが考えられてよいと思われる。また，循環型社会は，国際社会や各地方公共団体の区域で独自に形成され，またはされつつあるそれとの関係を踏まえつつ，その範囲や内容において重層的に形成されることが求められているといえよう（10・31・32条）。

2　循環的な利用および処分の原則

循環基本法は,「廃棄物等」という概念を定めている（2条2項)。この「廃棄物等」には,廃棄物処理法が規定する廃棄物（2条）と「一度使用された物品」,「使用されずに収集され，若しくは廃棄された物品」および「人の活動に伴い副次的に得られた物品」が含まれる。同法は「廃棄物等」という概念を用いたのは，有価物か無価物であるかにかかわりなく，それを資源としてとらえ直し，法の適用対象とすることを狙いとしている。

同法は,「廃棄物等」のうち有用なものを「循環資源」として位置づけ，その利用および処分の優先順位を定めている。廃棄物等の発生抑制（5条)，再使用，再利用，熱回収および適正処分という優先順位で（6・7条)，循環資源の循環的な利用および処分がなされるべきこととしている。

廃プラスチックについてはこの優先順位でリサイクルが行われていない。廃プラスチックごみ891万トン（2019年）のうち,国内でのリサイクル率は18%（157万トン)，熱回収56%（503万トン)，リサイクル用に輸出されているのは10%（91万トン）である[8]。

3 各主体の役割と責任原則

循環型社会の形成は，究極的には，国の責任というべきであるが，循環基本法は，この実現にあたっては，国とともに，地方自治体，事業者および国民を循環型社会の形成に向けて取り組むべき責任主体として位置づけ，各主体が担うべき役割を果たすことを要請している。同法は，「循環型社会」の形成のための措置が，国，地方公共団体，事業者および国民･住民の「適切な役割分担」にもとづき行われるべきこと，これらの措置に要する費用が各主体により「適正かつ公平に負担」されるべきことを規定している（4条)。

事業者については，循環基本法は，事業活動において，廃棄物等の発生抑制をおこなうこと，循環資源の循環的な利用をおこなうこと，そして，循環的な利用が行われない循環資源については自らの責任において，適正に処理することを責務として規定し（11条1項)，事業者が排出者責任を負うことを明らかにしている。事業者が，排出者責任を負うのみでは，廃棄物等の発生・排出抑制を実現することは困難であることから，事業者には拡大生産者責任を果たすことが求められる。拡大生産者責任とは，生産者に，製品などの生産・使用段階のみならず，使用済の製品などの回収・処理など（費用負担も含めて）についても一定の責任を果たさなければならないとするものである。これによって，生産者に対して，製品の環境配慮設計を促し，製品の生産段階から廃棄段階に至る環境負荷を低減することを可能とし，廃棄物等の発生抑制・排出抑制という効果が期待できる。循環型社会形成法制においてもこの考え方が取り入れられており（11条2・3項)，容器包装リサイクル法や家電リサイクル法などでこの考え方が具体化されている。

8）わが国は，海洋プラスチック問題も含めたプラスチック問題について，2019年に「プラスチック資源循環戦略」を策定している。同戦略では，2030年までにワンウェイプラスチックを累積25%排出抑制，2025年までにリユース・リサイクル可能なデザインにすること，2030年までに容器包装の60%をリユース・リサイクルすること，2035年までに使用済プラスチックを100%リユース・リサイクルなどにより，有効利用（再生利用・バイオマスプラスチック）すること，2030年までに再生利用を倍増すること，2030年までにバイオマスプラスチックを約200万トン導入することを定めている。

Ⅱ　リサイクル法制の特色と課題

1　リサイクルの法的枠組み

わが国におけるリサイクル法制としては，資源利用促進法，容器包装リサイクル法，家電リサイクル法，小型家電リサイクル法，食品リサイクル法，建設資材リサイクル法，自動車リサイクル法が制定されている。

これらのリサイクルの法的枠組みは，主として，家電，容器包装，デジタルカメラ，自動車使用済み物品などを再商品化または再資源化することで，廃棄物の発生抑制や循環的な利用を目指すものである。

たとえば，容器包装リサイクル法は，消費者が分別排出したガラス製容器，ペットボトル，飲料用紙パック，ペットボトル以外のプラスチック容器包装や飲料用紙パック以外の紙製容器包装を市町村が収集することとし，市町村が取集した容器包装を事業者が再商品化するための枠組みを定めている。事業者が再商品化義務を履行する方法としては，第1に，事業者が，市町村が分別収集した容器包装廃棄物の再商品化を，同法が定める指定法人（21条以下）に委託する方法がある（14条）。この指定法人として，日本容器包装リサイクル協会が指定されている。この場合，指定法人は，登録された再商品化事業者に再商品化を委託する。第2に，事業者が，市町村が分別収集した容器包装廃棄物を自らまたは上記の指定法人以外の者に再商品化を委託する方法である。第3に，事業者が自主回収し，再商品化する方法である。多くの再商品化の方法は第1の方法である。再商品化義務の履行については，負担割合が事業者によって異なっていることが憲法14条の平等原則，汚染原因者負担原則，拡大生産者責任に抵触するか否か問題とされたことがあるが，東京地裁はこれを否定している

9）容器包装リサイクル法は，小売事業者（「指定容器包装利用事業者」）が容器包装廃棄物の排出の抑制を促進するための，判断基準を主務大臣が省令で定めることとしている（7条の4に基づく「小売業に属する事業を行う者の容器包装の使用の合理化による容器包装廃棄物の排出の抑制の促進に関する判断の基準となるべき事項を定める省令」）。2019年にこの省令が改正され，事業者に対して「消費者にその用いる容器包装を有償で提供すること」が明示された。この省令に従い有償化を実施しない小売業者に対しては，主務大臣による指導助言がなされ（7条の5），有償化の取組みが著しく不十分と判断される場合には勧告・命令が出される（7条の7。命令違反には行政罰が科される）。

（ライフ事件：東京地判平20・5・21判タ1279・122）。

容器包装リサイクル法は容器包装の排出を抑制するために，2020年7月からプラスチック製買い物袋の有料化の仕組みが導入された[9]。

家電リサイクル法も，特定家庭用機器廃棄物（家庭用エアコン，テレビ，冷蔵庫および洗濯機）の収集・運搬および再商品化のための仕組みを定めている。家電リサイクル法は，小売業者が，消費者または事業者が排出する特定家庭用機器廃棄物を引き取り，これを製造業者などに引き渡さなければならないとし，製造業者などは，自らが製造した特定家庭用機器について，再商品化を実施することを義務づけられている。家電についても再資源化の仕組みができてはいるが，その循環的な利用が進んでいるとは言い難い。家電4品目の回収率は60%にとどいていないのが現状である（2018年度）。

2　食品廃棄物問題

食品廃棄物問題はSDGsでも取り上げられているが，わが国でも従来から問題視されてきた。食品廃棄物に対処するために，わが国では，食品リサイクル法が2000年に制定され，2001年から施行されている。同法は，食品関連業者が，「食品廃棄物等」の発生抑制，「食品循環資源」の再生利用などを行うため仕組みを定めている。2019年には，議員立法で，「食品ロスの削減の推進に関する法律」が制定されている。

食品リサイクルの法制化が行われたものの，わが国における食品廃棄物の年間発生量（推計）は2,531万トンに及び，そのうち食品ロスは600万トンである（2018年度）。リサイクルの実施率は食品産業全体で83%であり，全体としてのリサイクルの実施率は高いが，これを業種別にみると，食品製造業95%，食品卸売業62%，食品小売業51%，外食産業は31%となっており，食品小売業や外食産業から排出される食品廃棄物のリサイクルの取組みは遅れている。

Case Study①　オーストラリア・ニューサウスウェールズ州における食品廃棄物規制の課題

1　導　入

オーストラリアは，2030年までに食品廃棄物の量を半減させるという国連の持続可能な開発目標（SDG12.3）の実現を約束したが，近年，食品廃棄物について国レベルでの行動を開始した。それは，2017年11月の国家食品廃棄物戦略の公表から始まる。ニューサウスウェールズ州（以下，「NSW」とする。）を含むいくつかの州政府は，国の動きに先立ち，10年以上にわたりこの問題に取り組んできたが，その規制対応は様々で，概して限定的な成功にとどまる。

先進国における食品廃棄物の構造的，行動的要因を考察するのは困難である。そこでは，新鮮な果物や焼き菓子のような特定の食品の種類をターゲットにするだけでなく，一次生産，食品製造，もしくは家庭での消費における発生といった個別分野に対応可能な洗練された解決策が求められる。そのような解決策は，その特定の分野内のみならず，それらをまたぐ形で機能する必要がある。多くの公的機関および民間の規制機関，企業，コミュニティグループがオーストラリアの食品システムで積極的な役割を果たしていることを考えると，これらすべての関係者間の調整が強く求められる。さらに規制対応では，食品システム内で関連する責任を有する国，州レベルでの様々な政府機関，例示すると，農業，バイオセキュリティ，環境保護，輸送，廃棄物，資源回収，水資源保全，労働者の安全を管理する機関を結びつける必要がある。それには大きな課題があるが，SDG12.3 の目標を達成するためにやらなければならない課題である。この章では，オーストラリアにおける国レベルでの行動の着手と，NSWにおいて食品廃棄物の総量を減らすことを目的として使用されてきたより広範な規制対応について説明する。最後に，オーストラリアの食品廃棄物の総量に対して協調した対応の一部とみることができるいくつかの方法を提案してみたい。

規制対応を検討する前に，オーストラリアは地理的に大きな国であり，人口が比較的少ないことを理解しておく必要がある。オーストラリア統計局は，2016年のオーストラリアの人口は約2,340万人で，主に沿岸の主要都市にある約830万世帯に住んでいると推定している。オーストラリアの気候と国土の大きさから，オーストラリアは主要な食品生産，食品加工国となり，製造する食品のほとんどを輸出している。このことから食品廃棄物の総量を減らすことは，オーストラリアの食料安全保障にとってはそれほど重要ではないが，その経済的，環境的，そして社会的コストのために重要なものとなっている。以下で見るように，オーストラリアの社会およびその食品経済の一面は，オーストラリアの食品システムにおいて，食品が廃棄される局面で重要な影響を与えるものとなっている。

2　オーストラリアにおける「食品廃棄物」の定義

一般的に一致した定義は存在しないものの，この問題に対する国際文書では「食品廃棄物（food waste）」という用語を使用し，人が消費することを目的として，人に到達しない，あるいは一度到達すると廃棄される食品の廃棄物を説明する方向で使われている。「食品廃棄物」という用語はオーストラリアの政策文書でも利用されている。国家食品廃棄物戦略は，食品廃棄物の包括的な定義を定めており，以下のように要約できる。すなわち，人が消費することを目的とした固体または液体の食用または非食用（骨や皮など）の食品で，輸入食品は含むが輸出食品は含まれず，消費者に届かないか，あるいは消費者に届くが廃棄される食品のこと，とされる。

3　国の行動計画の第１段階：国家食品廃棄物戦略

2030年までに，オーストラリアの食品廃棄物の量を半減させるという国家食品廃棄物戦略の目標は，まさに国家目標であり，オーストラリアの全ての州および準州の環境大臣，および地方自治体の代表者が，それを達成することを約束している。国家食品廃棄物戦略はまた，それを行うためにはオーストラリア経済に毎年約200億豪ドルのコストが掛かると見積もっているが，以下でみるように，これは実際にかか

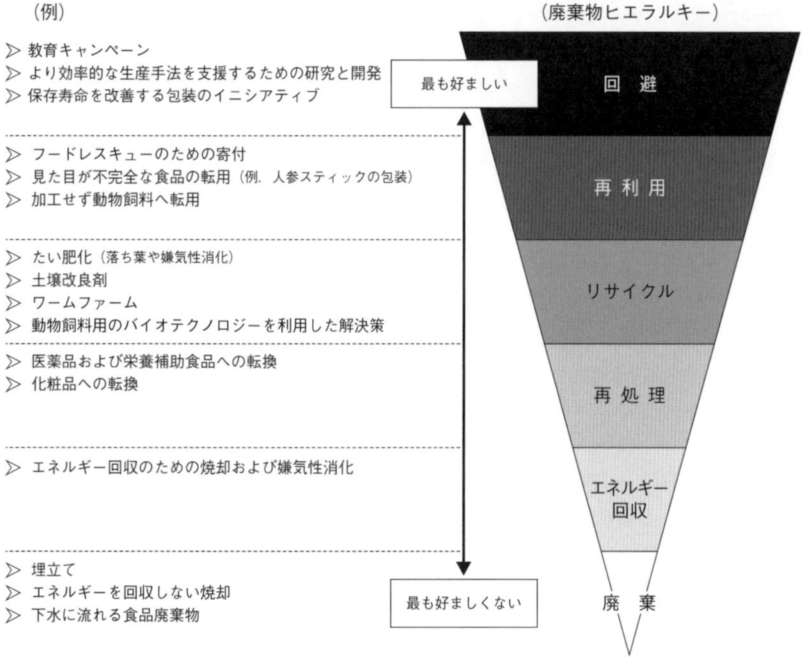

図表11-４　食品廃棄ヒエラルキー

る費用を大幅に過小評価してしまう可能性がある。

国家食品廃棄物戦略は，食品廃棄物の削減を目的とした行動を優先するために，廃棄物ヒエラルキー（図表11-4を参照）を採用しており，食品廃棄物化の回避を最優先し，人が消費する食品の救済を次の優先順位としている。エネルギー回収のために食品廃棄物を利用することは最後から二番目にとる手段であり，下水道への廃棄，エネルギー回収のない焼却，または埋立ては，最も優先されない手段である。

国家食品廃棄物戦略は，2019年の三つの主要な優先事項を定めている。

① 実施計画とモニタリングおよび評価フレームワークの開発

② 食品廃棄物削減に向けて，事業者や業界向けの自主的取組プログラムの作成

③ 全体目標に向けての追跡を可能にするために，オーストラリアの食品廃棄物の現在のレベルを測定するための全国食品廃棄物指標（以下，「指標」[baseline]）を確立する。

国家食品廃棄物戦略の第1および第3の優先事項，すなわち指針の公表（優先度3）と簡易な実施計画又はロードマップ（優先度1）は，国家行動計画の第2および第3のステップであったため，以下でこれを説明する。

4　国の行動の第2段階：指標

2019年に公表された「指標」は，「オーストラリアでは，食品システムのどこで，どの程度の量の食品が廃棄されているか」という問題に答えている。オーストラリアは2016～2017年に約730万トンを廃棄し，その廃棄物の40%以上が埋め立てられると推定している。言い換えると，オーストラリア人一人当たり年間298kgの廃棄物となる。オーストラリアが目標を達成しているかどうかをテストする際に使用されるため，この一人当たりの量は重要である。さらに現在の概算で言うと，オーストラリアは2030年までに廃棄する食品の量を，一人当たり年間149kgに削減すれば目標を達成することが可能となる。

指標は，食品が廃棄される場面に関して，オーストラリア人の理解を変えたものとして説明されている。指標は，家庭が大量の食糧を廃棄している（指標における概算で全体の34%）とする一方で，大量の食品が食品システムの別の部分で廃棄されており，重要なのは一次生産段階で約31%，食品製造段階で24%が廃棄されていることである（図表11-5参照）。このことは，家庭だけに焦点を当てた行動では目標を達成することができず，むしろ，食品システムを横断した協調的行動，より具体的には一次生産や食品製造段階で食品を節約する行動を含めることによってのみ実現できることを意味する。

(1)　ニューサウスウェールズ州における食品廃棄物はどのくらいか?　NSWは，

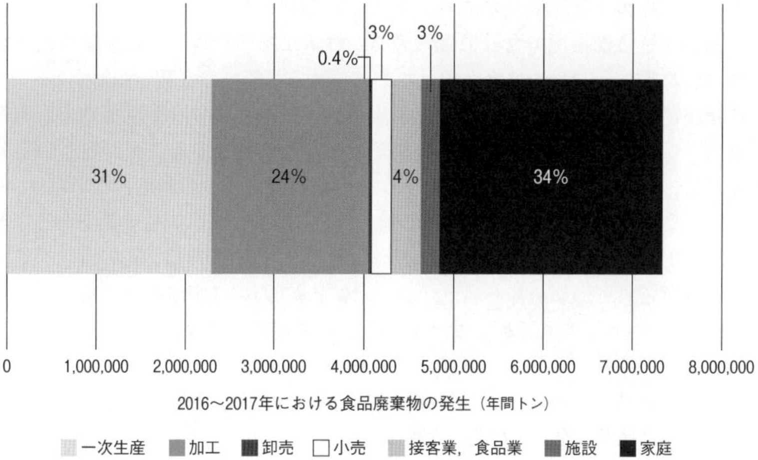

図表11-5　オーストラリアの食品システムにおける食品廃棄の局面

オーストラリアのどの州よりも人口が多く，306万の住居に748万人の人々が住んでいる。そこでは，果物，野菜，ワイン用のブドウ，小麦などの穀物などの一次生産に充てられた重要な地域がある。また大規模な畜産業や海産物業のほか，乳製品（dairy），ワイン，ビールの生産などの食品製造業もある。指標では，2016～2017年に，NSWでは約165万トンの食品を廃棄されたと推計しており，国全体の22%を占めている。図表11-5に示されている全国的な推定と同様に，この廃棄物のほとんどが，家庭（66万8千トン，全体の40%）だけでなく，一次生産（39万2千9百トン，24%）および食品製造（33万1千9百トン，20%）で発生している。このことは規制のホットスポットを浮き彫りにするが，以下の分析によると，ほとんどの介入は一次生産には焦点を当てずに，家庭，外食産業，接客業など，NSWの食品システムの後半部分に対する規制となっている。

(2)　指標のずれ　　ただし，指標には根本的な問題がある。それはオーストラリアの食品廃棄物の実際のレベルを大幅に過小評価している可能性がある，ということである。「国家戦略」や「指標」は，食品廃棄物とみるものとみないものを示しており，いくつかの重要な除外事項がある。指標は，液体食品廃棄物に関するデータが不十分であり，改善の必要のため将来的にそれを含める必要があることを認めている。指標はまた一次生産においても，収穫前の損失，たとえば洪水，火災，干ばつ，暴風雨，または害虫によって廃棄された食品を除外している。これら除外されている事項は今後拡大する可能性があり，気候変動の到来を考えると増加する可能性が非常に高い。さらに指標の合計には，道路，鉄道また海上輸送中に廃棄された食品の量は含まれておらず，これらは20万トンを超える可能性があると推計されている。最後に指標では，家庭でたい肥にしたり，ペットに与えたり，下水道に流れる食品は含まれていない。これは，これらの廃棄物の流れを測定することが難しいことが理由である。ただし，これはオーストラリアの研究者によって測定されており（レイノルド，マブリクス，デイビソンほか，2014年），その調査においても大量であることがわかる。その調査では，一つの家庭がこれら三つの方法で毎週2.6kgの食品を処分していると推定されている。オーストラリアには約830万の住宅があることを考えると，毎年122万トンを追加することに相当する。この量を指標に含めると，一人当たりの数値は，年間298kgから350kgに増加する。指標はより詳細な調査によって精度が向上することを認めているが，これによりオーストラリアが指標の現在の推定よりもかなり多くの食品を廃棄していることが明らかになる。

5　国の行動の第３段階：ロードマップ――簡易な実施計画

国家食品廃棄物戦略と指標の発表後，オーストラリアの食品廃棄物についての国の行動の次の段階は，2020年３月に「オーストラリアの食品廃棄物を2030年までに半減するためのロードマップ」（以下，「ロードマップ」とする）の公表である。これは幅広いビジネス関係者からの意見をもとに作成され，７つの主要な提案が含まれていた。

① 英国の廃棄物および資源行動プログラム（WRAP）に倣って，新たな独立の政府機関を創設する。

② 新たな機関は明確な基準を備えた新たな報告制度を創設する。

③ その政府機関は，2020年にいわゆる実現可能性調査を実施し，すでに知られている指標のずれを埋め，解決策から大きな効用を得るホットスポットを見つける。

④ その政府機関は，指標からの知識，新たな報告制度，および実現可能性調査に基づいた投資戦略を準備することにより，長期の資金調達を示す。

⑤ 英国のコートールド関与プログラムの，WRAPによる比較的成功した利用をモデルに，2020年に，自発的な関与プログラムの開発と実施を行う。

⑥ 2021年に全国的な行動変化プログラムを開始し，消費者と企業が廃棄する食品を減らす方法を教育する。

⑦ オーストラリアの食品システムの各部門が，循環経済の概念を取り入れ，国家目標に向かって進むことができるように，いわゆる「部門別行動計画」を策

定する。

この提案⑤⑥⑦は，ロードマップに含まれる唯一の規制介入である。分野別行動計画は示されていないため，これらがどのように機能するかは不明なままである。ロードマップにも複数の明確なずれがあり，いくつかの例がこれを示している。プログラムに対する国または州政府の資金提供の提案はないが，これは上記の提案④で示された投資戦略の結果による可能性がある。研究者は「関係者」のグループとして含まれているものの，この国家プログラムをサポートするための新たな調査を発展させる計画はない。ただしこれについては，オーストラリア連邦科学産業研究機構（CSIRO）または南オーストラリアに拠点がある，新しく設立された食品廃棄物協同調査センター（ファイト・フード・ウェイストCRC）によって部分的にカバーされる可能性がある。最後に，新たに転用された食品廃棄物を処理するために必要となるたい肥化，嫌気性消化，動物飼料製造施設など，オーストラリア全土における新たなインフラの必要性の評価は存在しなかった。今後10年起こらない出来事について予想することは困難であり，ロードマップは明らかに工程の極めて初期の段階であるが，この段階では，その提案は，指摘された目標を達成するのに十分なほどには強力でないように思われる。

6　ニューサウスウェールズにおける食品廃棄物に対する行動

⑴　規制手法の類型　　公的規制機関が，市場や社会に介入して行動に変化をもたらすために使用する手法の分類方法は多数存在する。オーストラリアの学者アリエ・フレイバーグ教授は，この話題には少なくとも８つの異なるアプローチがあると述べている。ある一つの類型がはっきり正しいというわけではなく，また類型間で相互に排他的というわけでもない。多くの場合これらは，食品廃棄物の量を減らすなど公共の目標を達成するために組み合わせて利用される。この章では，規制手法の簡単な類型を利用する。

①　直接規制――刑事制裁や行政の許可などの命令・監督システムを生み出すための法律の使用

②　経済手法――課税や助成金

③　インフラの創出，支援，推進

④　教育と研究

⑵　直接規制　　オーストラリアでは，有害な廃棄物の輸出入について国の規制があるが，廃棄物の生成，保管，処理，リサイクルまたは廃棄物の処分を規制する国の制度はない。これはオーストラリアでの廃棄活動の直接的な法規制権限が，州政府および準州政府に移っていることを意味する。簡潔に言うと，これらの法制度は，

環境規制当局によって発行された許可または免許の形での政府の承認なしに，特定の廃棄活動を行うことを刑事犯としている。これらの制度は，すべて「廃棄物規制の流れ」の一部として食品廃棄物を組み込んでいるが，いったん「廃棄物規制の流れ」に入ると，一般的に食品事業者，家庭から廃棄物運搬事業者によって収集され，埋立地，たい肥化施設，焼却炉またエネルギー転換施設へ送られる。廃棄物の，合法的な処理または処分のために送られることを保証にするために，全ての州および準州は，廃棄物を投棄することを違法としている。すなわち事業者または家庭から出る食品廃棄物は，陸，川，海に「消える」べきではないというものである。

一般的に，埋立てが認められた場合に，合法的に受け取ることのできる廃棄物の種類は，関係行政機関の許可に付された条件で指定される。ただし，一部の州の管区では，特定のカテゴリーの廃棄物の埋立処分を一般的に禁止する法的権限が与えられている。理論的には，これらを利用して食品廃棄物の埋立処分を禁止し，再利用を強制することができるが，現時点で行われてない。そこには単純な理由があり，オーストラリアでは，NSWのシドニーに一つ，西オーストラリアのパースに一つ，ビクトリアに二つといったように，稼働している巨大エネルギー転用施設がわずかしか存在しないため，転用された食品廃棄物の大幅な増加に対応する物理的な能力がない。たい肥化施設はほかにもあるが，臭いが発生するため，常に食品廃棄物を安全に処理できるとは限らない。

にもかかわらず，いくつかの管区は，主に土壌の改良またはたい肥として，食品廃棄物の再利用を奨励するための代わりの法的ルートを生み出した。NSWでは，土壌改良剤としての食品廃棄物の安全な再利用を促進するための措置は，資源回収免除制度の一部である。埋立費用を回避するという明確な経済インセンティブは，このルートの利点を示すものであるが，これらの仕組みを利用してどれだけの食品廃棄物が転用されたかについては公表データはない。

⑶　経済手法――廃棄物税　　５つの州と一つの地域が，ある類型の廃棄物の埋立処分に廃棄物税を課している。その明確な目的は，埋立処分のコストを削減し，それによって廃棄物をリサイクルまたは再利用するための金銭的インセンティブを生み出すことである。しかし，それらは特に食品廃棄物というよりもむしろ，一般的に廃棄物に適用されるものである。NSWで廃棄物税が導入され，増加するにつれて，リサイクルされる廃棄物の量の拡大とも関連し，人口の増加にもかかわらず，埋立地に送られる量はおおよそ安定しているか，わずかに減少している。

⑷　経済手法――助成金　　NSW環境保護局（EPA）は，NSW環境トラストと協働して，中小企業が廃棄物処理の実践や技術採用を後押しするため，２段階の経済

支援システムを提供している。このプログラムは「ビン・トリム」である。経済支援の第一段階は，食品廃棄物を含む廃棄物の発生を抑止，削減する方法について，分野別，また地理的に決められた数の事業者に助言を与えるため，競争的助成金プロセスに入札する専門の廃棄物査定者が利用可能である。これは事業者が無償で利用できる。もし査定者が，当該事業者が廃棄物処理のための技術を採用することを推奨した場合，さらに財政支援が受けられる。その後，事業者は技術を導入して運用し，機器の資本費用の50%，最大25万豪ドルの払戻しを申請できる。支援をうけて食品廃棄物を削減できる技術としては，コンポスト，ワームファーム，粉砕機，脱水機，および結果として出る液体を下水に処分する前消化装置である。あえて言うなら，これは食品廃棄物を発生させる重要な事業分野に手を差し伸べる行政当局と，NSWの2万2千以上の食品事業者に接点を持つ査定者の例であるが，転用された食品廃棄物の実際のレベルは低かったといえる。

⑸　家庭・小規模食品事業者への教育　　NSWとビクトリア州では，英国のWRAPが2007年に開始した同名のプロジェクトである「ラブフード・ヘイトウェイスト」を応用した教育プログラムを利用している。これらプログラムに共通するのは，食品を廃棄することのコストと影響，そして家庭が節約して影響を減らすために実行可能な手法に関する情報の提供である。この手法についての両州での利用は，英国で使用されているアプローチに似ている。英国では，家庭や事業者向けの「ラブフード・ヘイトウェイスト」プラグラムがWRAPによって行われているが，イングランド，スコットランド，ウェールズ，北アイルランドは，それぞれ独自の型で進められている。NSWとビクトリア州では，これらの教育プログラムについて，近年，中小規模の食品小売業へと対象を拡大しており，英国のWRAPによるこの手法の利用を通じた同様の拡大よりも前から存在する。

現在まで，オーストラリアの州または準州では，この地域の世帯に直接規制を導入していない。つまり，家庭が食品廃棄物を「廃棄物の流れ」から分離する必要はない。一部の地方自治体は，家庭からの食品廃棄物の自発的な個別収集を試みている。もしこれらの介入が効果的であると認められれば，今後より広く拡大される可能性がある。

⑹　食品廃棄物の調査研究に対する政府の支援　　国家食品廃棄物戦略を支援するために，2018年4月，オーストラリア政府は，「ファイト・フード・ウェイストCRC」を設立する費用として3,000万豪ドルの助成を発表した。この機関は，食品システム全体の食品廃棄物問題に取り組むため，国や州の政府機関，企業，コミュニティグループの専門知識をリンクすることによって，業界主導の研究を促進しようとし

ている。ウェブサイトには，「食料安全保障と持続可能性」，「生産と付加価値の向上」，「グローバル市場」，「将来の消費者」という4つの幅広い優先事項に焦点をあてている。他の解決策の中でも，この仕組みは，食品システムにおける各分野の企業による技術の使用を奨励する研究につながる可能性があるが，これまでのところ公表された成果はない。

CSIROは，「食品ロス」についての研究プログラムも開始した。これは食品ロスの場所を地図化するための「高度意思決定ツール」，処理中の食品についてより良い選択を可能とする「新たなセンサー」，および食べられる食品廃棄物を食品へと安全に戻すための「新たな処理技術」に焦点を絞っている。繰り返すがこの研究は技術的解決方策の促進にはっきり焦点を当てているが，そのプラグラムはいまだ成果や事例研究を行うなどの結果は存在しない。CSIROや「ファイト・フード・ウェイストCRC」のいずれでも提案されている研究プログラムには，重要な可能性がある。その焦点は，主に一次生産と食品製造など，食品システムの初期段階の解決策の調査にある。

7　規制手法の分析

NSWにおける直接規制システムは，廃棄物を取り締まることを正面から目指しており，この文脈では，食品システムのいくつかの部分から，「廃棄物の流れ」に組み込まれた食品の規制を意味する。つまりこの手法は，食品システムの中間または末端，すなわち食品メーカー，小売業者，食品サービスおよび接客業，家庭，そしてショッピングセンター，刑務所，病院といった消費後の食品廃棄物が大量に出される発生源からの食品廃棄物に照準を合わせている。したがって，この規制手法は，一次生産中に発生する廃棄食品とほとんど関係がないことになる。さらに重要なことにこれら直接規制システムは，いずれも食品廃棄物の発生を防止し，回収しもしくは再利用するための要件を課していない。

いくつかの州における廃棄物税の存在は，それらの州におけるより大規模な資源回収産業の設立と支援を後押ししていることは，一般に認識されている。これにより，たい肥化，嫌気性消化，エネルギー施設への廃棄物の資源回収インフラ設置が促進されてきた。しかし，州または準州において廃棄物税が適用されるかどうかに関わらず，食品廃棄物は「廃棄物の流れ」のかなりの部分を占め続けている。近年まで，この問題について政策的に注目されてこなかった状況では，一部の州における高い廃棄物税は，食品廃棄物を防止し，または再利用するためのインセンティブをほとんど与えていないようである。より積極的には，廃棄物税の存在は，食品接客業または家庭向け教育キャンペーンの一環として，食品廃棄物の処分費用の存在を際立たせることになる。とりわけ，これらの費用が，実際に行動を起こすことによって回避できることを，関係者に示すことができる場合にそのことは言える。上述のように，オーストラリアにおいて食品廃棄物を処理したり，加工したりするためのインフラ施設の数，種類，多様さは，特に嫌気性消化に関連して，また動物の飼料もしくはたい肥の生産に関連して，必要数に比して少ないままである。これは必要とされる新たな容量について，国家または州単位での評価が行われなければならないことを意味する。

規制改正を実現するには，その影響を評価する必要があるが，教育手法を利用した場合の影響を測定することは複雑である。環境保護局は，2009年から2017年にかけて家庭の行動に関する５つに分かれた報告書を公表し，そのうち2009年の調査は，「ラブフード・ヘイトウェイスト」プラグラムの導入支援のために利用された。要するにこれら調査は，10年間のプログラムが家庭の行動に重大な影響を与えていないことを示している。たとえば，2017年の調査では，2015年から2017年まで，少なくとも一つの食品廃棄物を減少させせる行動をとっている家庭の数は，それぞれ97%，96%と一定であった。しかし，５つ以上の食品廃棄物を減少させる行動をとったと報告した家庭の数は，2015年の68%から2017年では61%に減少した。これにもかかわらず，家庭における毎週の食品廃棄物量の推計値は，有意ではないが，2015年の5.94Ｌから2017年の5.46Ｌへとわずかに減少しており，それに伴って，その食品価格は，2015年の年間3,866豪ドルから，2017年に3,805豪ドルへと下がった。もっとも重要な発見は，わずか４%の調査対象者のみしか，「ラブフード・ヘイトウェイスト」プラグラムを認識していなかったという点である。より勇気づけられるのは，それを知っている人の54%が，廃棄する食品の量を減らすために一つ以上の行動をとるという動機を持っていたという調査結果である。これは，現在までNSWの家庭へ「ラブフード・ヘイトウェイスト」プラグラムが浸透していないことを表しているが，家庭がそれを知っている場合には，食品廃棄物を防ぐために役立つ影響を与えることがあるということである。こういった実際の制約を認め，環境保護局の調査はこれらの教育手法の影響が低いことを示している。その主な理由は単純で，この問題を広く公衆に知らせるために必要な資金の不足である。

これらの調査結果は，教育手法の現在の弱点に関するもので，それを浮き彫りにしている。環境保護局自身の評価は，「ラブフード・ヘイトウェイスト」プラグラムの影響が，様々なメディアでのより強力なプロモーションによって支援された場合，とりわけ現在最も多くの食品廃棄物量を示すグループである裕福な家庭や若い世代で構成された家庭などをターゲットにして行われた場合，改善される機会があると表明するであろうが，このプラグラムを大幅に拡大する計画はない。

最後に，NSW州政府は，その州における食品廃棄物の原因と解決策についての基本的学術研究に対して，構造的な財政支援を行っていない。上述のように，「ウェイストレス・リサイクルモア」プログラムの一環として助成金を行っており，これらの資金の一部はレストランやパブといった特定ビジネス分野の解決策についての研究プロジェクトに焦点を絞って提供されている。これらの資金の成果は，同じ分野の他の事業者による行動を促進するためのケーススタディとして公表されるが，これは，CSIROやファイト・フード・ウェイストCRCによって行われている研究とは別物である。より協調したアプローチが必要であることは明らかである。

8　今後の方向性

この章の冒頭でも述べたように，食品廃棄物の課題は複雑で解決が難しいが，ここでの分析は今後の方向性を示すものである。ある解決方法を示すのにそれだけで十分な規制手法はなく，手法の組み合わせを注意深く利用することが，大きな成果を得る可能性が高いことを理解することが重要である。上記で概略を示した国の行動は重要な最初のステップであり，指標は強力な活動が必要な分野を明らかにしている。提案された自発的契約枠組は，コートールド関与プログラムのWRAPをモデルにした場合にも成功する可能性があるが，あくまで自発的であるというすでに知られた弱点のため，十分ではない。よってNSWでは，必要な行動の変化を生じさせるため，直接規制，経済手法，インフラ，および全分野にわたる教育と研究を利用するアプローチを検討する必要がある。NSWの廃棄物および資源回収部門の既存の直接規制に加えて，食品サービス，接客業，および都市部と大規模な地方の街の家庭に，廃棄物を分類して処理することを要求する法律が必要であると思われる。これは必要なインフラが構築できるように，おそらく5年から7年の長い準備期間をあらかじめ示さなければならない。これはNSW州政府が，廃棄物税から資金を拠出している，家庭や食品事業者向けの既存の「ラブフード・ヘイトウェイスト」プログラムキャンペーンの大幅な拡大と組み合わせをしても，改善するように思われる。さらにNSWの各分野における食品廃棄物の量を減らすことを目的として調整された研究プログラムは，進行中の改善をサポートし，それらの分野間の協力の機会を増やすであろう。この範囲の手法の利用の有効性は，既存の定期的な指標報告書によって監視され，今後数年間のさらなる改善が可能となる。これらのすぐれた規制は，2030年までに食品廃棄物を半減させるという国家目標の達成に向けてNSWを大きく前進させるであろう。

（Christopher McElwain，　訳：庄村　勇人）

第12章 原子力規制

1 国際法における枠組み

I 原子力をめぐる国際制度の発展

核兵器は，1945年８月，米国が広島と長崎に投下し，その破壊的な威力を世界に示して以来，20世紀末までに，ソ連（ロシア），英，仏，中，印，パキスタンが核を保有するに至った（疑惑国として，イスラエル）。さらに21世紀に入ると，新たに北朝鮮が核実験を行い，イランも核開発疑惑が持たれている。

一方, 1950年代には, アイゼンハワー米大統領が行った, Atoms for Peace（平和のための原子力）国連総会演説を契機として，原子力の平和利用が展開していった。原子力は，低廉で安定的に大規模電力を生む重要なエネルギー源ともなり[1)]，また，発電時に温室効果ガスを排出しないため，核エネルギーの平和利用の拡大を温暖化対策として評価する見解もある。しかし，このような平和利用は，濃縮・再処理の過程で軍事転用される潜在的危険性を有することや，発電所事故，燃料輸送，原子力関連機器の越境移動，使用済み核燃料の処理などによって深刻な環境被害を引き起こすおそれがあることから，常に議論の的となっている。

この平和利用に関する国際制度として，1957年に原子力平和利用の奨励・支

1）2020年１月現在，原子力発電所を稼働させている国は31か国，建設中，計画中，廃炉予定のものも含めると，40か国に及ぶ。一般社団法人日本原子力産業協会ウェブサイト「2019年の主な世界の原子力発電開発動向」2020年３月（https://www.jaif.or.jp/cms_admin/wp-content/uploads/2020/03/world_nuclear_trend2019-1.pdf）（閲覧日2020年４月30日。本節での他URLも同様）

援と特殊核分裂性物質の軍事転用防止を目的とした国際原子力機関（以下，IAEA）が設立された[2)]。その後，1968年に核不拡散条約（NPT）が締結され，NPT加盟国にIAEAの軍事転用防止のための保障措置が適用されることになり，さらにはイランや北朝鮮の核開発疑惑に際してIAEAに期待が集まったように，IAEAは軍事転用防止の要としての役割が中心になっていった。

その後，1986年にチェルノブイリ原発事故，2011年には福島原発事故といった巨大事故が発生すると，IAEAはその調査や事後対応についての評価・助言を積極的に行い，原子力安全確保という第三の役割の重要性が顕在化した。すなわち，必要な安全基準を設定し，その履行を確保することは，IAEA本来の主要任務の一つであることが改めて見直され[3)]，健康上および環境上の危険は，安全問題に関する協力を通じて管理されるべきものと理解されているのである[4)]。このように，国際的な原子力法制は，原子力の平和利用の促進を前提として，IAEAを中心に，環境損害に対応するための環境法としての側面をも含む形で生成されてきた[5)]。

Ⅱ　核兵器と環境

軍事利用としての核実験による環境被害については，第五福竜丸事件（1954年）[6)]や国際司法裁判所（ICJ）の核実験事件判決（1973年）[7)]で問題となったが，

2）核の国際管理構想の歴史的経緯については，前田寿『軍縮交渉史』東京大学出版会，1968年，69～72頁。

3）国際原子力機関憲章第３条。

4）Patricia Birnie and Alan Boyle and Catherine Redgwell, *International law & the Environment*, 3rd ed., Oxford University Press, 2009, pp. 489-490. 邦訳508頁。

5）国際原子力法制の発展と機能分化については，森田章夫「原子力開発と環境保護―環境保護法としての国際原子力法制の現状と課題」国際法学会編『開発と環境』三省堂，2001年，164～165頁。

6）アメリカは，核実験によって被害を与えた第五福竜丸の乗組員に対し，法的な責任は認めず，好意による補償金を支払うにとどめた。Settlement of Japanese Claims for Personal and Property Damage Resulting from Nuclear Test in Marshall Islands, 1955, 1 *UST* 1, *TIAS* 3160, 4 Whiteman, *Digest*, p. 553.

7）国際司法裁判所（ICJ）は仮保全措置命令において，フランスの核実験によって生じる放射性降下物がニュージーランドに堆積し，同国に回復不可能な損害を生じさせる可能性は排除できないとして，核実験を避止すべきてあると述べた。*ICJ Reports*, 1973, paras. 30, 36. ただし，フランスによる大気圏内核実験と地下核実験自体が違法であるという宣言を得ることはできなかった。

その背景には，核保有国も健康や環境への脅威を認識するようになってきていたという事情があり，部分的核実験禁止条約（1963年）や地域的な非核地帯諸条約の採択はその反映であった。また，核兵器の威嚇・使用の違法性に関するICJの勧告的意見（1996年）は，核兵器による威嚇または使用が国際慣習法上それ自体としては違法ではないとしたが，同時にICJは，「国が正当な軍事目標を攻撃する際の必要性および均衡性を評価する際には環境上の考慮を行わなければならない。環境の尊重は，ある行動が必要性および均衡性の原則と両立するかどうかを評価する際の一要素である。」と述べた[8)]。すなわち，核兵器がもたらしうる広範な長期的かつ深刻な損害から自然環境は絶対の価値ではなく，核兵器を使わざるを得ない事情と比較検討され，場合によっては後者が優先されることがある現実的判断を示したのである。

Ⅲ 原子力安全

前述のチェルノブイリや福島などでの原発事故の発生により，原子力安全確保のための基準にも変化が見られた。

1 原子力安全基準

原子力事故防止に関する主要な国際的規制としては，チェルノブイリ原発事故を契機として制定された「原子力の安全に関する条約」(1996年。以下，原子力安全条約)[9)]と，IAEA安全基準が存在する[10)]。

(1) 原子力の安全に関する条約（1996年） この条約は，「より高い安全のため逐次更新される」(前文) ことを前提とし，民生用の原子力発電所を対象として（2条(i)），原子力の安全利用に関する基本的原則を規定している[11)]。本

8）*ICJ Reports*, 1996, para. 30.

9）Convention on Nuclear Safety, https://www.iaea.org/publications/documents/infcircs/convention-nuclear-safety.

10）原子力安全条約の他に「使用済燃料管理及び放射性廃棄物管理の安全に関する条約」(2001年発効) もある。IAEA安全基準は条約ではないため，法的拘束力を有するわけではない。

11）原子力安全条約について，より詳細には，Odette Jankowitsch, “The Convention on Nuclear Safety”, *Nuclear Law Bulletin*, No. 54, 1994, pp. 9-22；川﨑恭治・久住涼子「原子力安全条約の現状と課題」高橋滋・渡辺智之編著『リスク・マネジメントと公共政策』第一法規，2011年，187～208頁。

条約の特徴は，締約国に対し一定の安全基準の充足を義務づけたり，IAEAがその実施を直接コントロールしたりするのではなく，以下の点にある[12)]。

第1に，本条約は基本原則や一般的な義務を示しているにすぎず，具体的な規制基準を規定していない。また，具体的基準や実施方法を規定する議定書や附属書も存在しない[13)]。第2に，締約国が提出する国別報告書については，各国の履行状況の検証が締約国会合においてピア・レビュー方式により行われ，会合終了後に一般公開されるものの，義務の不履行に対する罰則規定が置かれているわけではない。ここに，原子力政策にかかる安全基準の設定を国家の主権事項と見る諸国家の抵抗がみてとれる[14)]。

(2)　原子力安全基準　　この基準は，IAEA憲章3条A項6に基づき，「健康を保護し，並びに人命及び財産に対する危険を最小にするための安全上の基準（労働条件のための基準を含む。）」として設定され，現存および新規の平和利用のための原子力施設と活動について，それらが存続する期間すべてにわたって適用される[15)]。この基準は，「安全原則」（防護および安全の目的と原則），「安全要件」（締約国が現在および将来にわたって人と環境を防護するために満たさなければならない要件と，それが満たされなかった場合に取るべき措置），「安全指針」（「安

12）規定されているのは，締約国の，条約上の義務を履行するために必要な法令上，行政上その他の措置をとる義務（4条），原子力施設の安全，許可，検査，評価の制度を法令で定め（7条），それらの法令上の枠組み実施のための規制機関を設立する義務（8条），許可を受けた者が原子力施設の安全に関する主要な責任を果たすための措置をとる義務（9条），締約国が義務を履行するためにとった措置についての「国別報告書」を提出する義務（5条），報告書の検討会合に出席する義務（24条）などである。本条約の特徴について，簡潔には，高島忠義「福島第一原発事故と国際法」高橋滋・大塚直編『震災・原発事故と環境法』民事法研究会，2013年，221～224頁。

13）この点については，条約前文においても，「各締約国の取組を奨励する」条約（incentive convention）であるという性質が明記されている。本条約のインセンティブ条約としての特質については，森川幸一「インセンティブ条約の特質と実効性強化へ向けた動き」日本エネルギー法研究所『原子力安全に係る国際取決めと国内実施』2014年，9～30頁。

14）このような点から，本条約は，条約の形式（hard law）をとりつつも内容的には曖昧で締約国の行動を拘束してはおらず，国家に大幅な裁量を付与するsoft lawにとどまっているという評価もある。Katia Boustany, “The Development of Nuclear Law-Making or the Art of Legal ‘Evasion’ ”, *Nuclear Law Bulletin*, No. 61, 1998, pp. 40-47.

15）現在の安全基準は，LONG TERM STRUCTURE OF THE IAEA SAFETY STANDARDS AND CURRENT STATUS August 2016, pp. 7-11, https://www-ns.iaea.org/committees/files/CSS/205/status.pdf.

全要件」を履行するための勧告と指標[16)]）という三つの分野から構成されている。

もっとも，これらの安全基準の遵守のための具体的な方法は各国の裁量に委ねられているため[17)]，各国の原発の安全な運転を確保するという効果が実際に得られるのかについては疑問が残る。また，これらの基準は，厳格な行為規範というよりも留意点の列挙という色彩が濃く，人の健康や環境の保護を実現する上で実効的とは言えないという問題がある[18)]。

2 IAEA行動計画

IAEA行動計画は，福島原発事故を通じて得た知見と教訓に基づいて2011年に作成された。内容は，①安全評価と必要な是正措置の実施，②IAEAピア・レビューの強化，公表，自発的な受け入れの奨励，③緊急事態に係る準備および対応の強化，④国内規制機関についての迅速な国内レビューおよびその後の定期的なレビューの実施，原発を有する各加盟国の定期的な統合的規制評価サービス・ミッションの自発的受け入れ，⑤運転を行う組織のIAEA運転安全評価チーム・ミッションの自発的受け入れ，⑥IAEA安全基準の見直し・改訂，可能な限り広範かつ効果的な活用，⑦国際的な法的枠組の検討，原子力損害賠償責任に関する国際的な制度の構築，⑧原子力発電計画の開始を企図する加盟国の最初の原子力発電所の操業に先立つレビュー，⑨キャパシティ・ビルディング，⑩放射線からの人・環境の防護のための専門知識・技術の利用促進，⑪コミュニケーション・情報提供，⑫研究開発，の12項目である。

本行動計画が今後機能していくか否かは，特に，ピア・レビュー制度の強化とその実効性，加盟国が積極的に参加する国際的な法的枠組の形成可能性にかかっている。

16）これらの勧告は努力目標にとどまっている。

17）Birnie *et al., op. cit.,* p. 349.

18）原子力安全条約も原子力安全基準も，費用便益的考慮を全面に打ち出しており,「予防原則」や「予防的アプローチ」に関する言及が欠けていることへの指摘については，繁田泰宏「厳格・拘束的かつ普遍的な原子力安全基準の設定と実効的遵守管理に向けて―福島原発事故を契機としたIAEAによる取組みの現状と課題―」『世界法年報』32号，2013年，129～131頁。しかし，原子力分野において，「予防原則」ないし，「予防的アプローチ」という概念を組み入れることは，国家の主権事項である産業活動を大幅に制約することにもつながり，原子力利用国の抵抗も根強い。

Ⅳ　核　物　質

1　放射線被ばくの防護

使用済燃料管理及び放射性廃棄物管理の安全に関する条約（2001年）は，放射性廃棄物の発生について，国内規則の最低基準を設定している[19]。本条約は，締約国に，「国際的に認められた基準に妥当な配慮」を払った上で，国内法令によって，個人，社会および環境の「効果的」な防護措置を講じることを求めている（4条，11条）。また，事故による放射能の放出の制御またはその影響緩和のため，「妥当な是正措置」を実施することを義務づけている[20]。

2　放射性廃棄物の越境移動[21]

上記の条約は，放射性廃棄物の越境移動の際に，本条約規定および関連のある拘束力のある国際文書に合致する方法で，移動の実施を確保するための適当な措置を当事国がとるべきことを規定している（27条）[22]。このため，越境移動の許可要件として目的地国の事前同意を，当該同意の前提条件として目的地国が本条約に則った方法での管理に必要な行政・技術能力，規制機構を有することと，発出国がかかる要件具備の事前確認を行うことなどを求めている。

3　放射性廃棄物の海洋投棄

放射性廃棄物の海洋投棄については，ロンドン条約（1972年）が，船舶からの投棄が禁止されるものとして放射性廃棄物を挙げていたが（4条，附属書Ⅰ），その後，ロンドン議定書（1996年）は，予防的アプローチとも評される，廃棄物一般の海洋投棄の原則禁止とリバースリスト方式（投棄を検討できる品目を列挙する方式）を採用した。ただし，廃棄物に含まれる放射線から受ける線量が10μSv/年（0.01mSv/年）以下であることを証明できる場合，集団線量が1manSv/年を超えない，または免除が最適と評価できる場合には，IAEAが

19）IAEA, GOV/INF/829-GC(41)/INF12, 1997.

20）Birnie *et al., op. cit.,* p. 504.

21）放射性物質の越境移動による環境への影響が争点となった事件として，岡松暁子「MOX工場事件：国際海洋法裁判所暫定措置命令」『環境法研究』第29号2004年，113～120頁；同「複数の国際裁判手続の利用：MOXプラント事件」繁田泰宏・佐古田彰編集代表『ケースブック国際環境法』東信堂，2020，213～217頁。

22）森田，前掲，180～181頁。

自然放射線と同様に影響を無視できるとする僅少（*de minimis*）レベルに該当し，通常の手順で海洋投入処分が可能となっている[23)]。

V　原子力事故に関する協力と援助――手続的義務

チェルノブイリ原発事故は，事故直後に，ソ連政府により情報開示がされず，北欧諸国が異常に気付いたのが，北半球全域に放射性物質が既に拡散していた２日後であったため，被害が拡大した。この事故を機に，IAEAは，原子力事故早期通報条約（1986年）を制定し，「放射性安全に関する影響を及ぼし得るような国境を越える放出をもたらしており又はもたらすおそれがある事故」を，潜在的被害国に通報する義務を規定した（１条）[24)]。

また，原子力事故援助条約（1987年）も締結され，「放射性物質の放出の影響から生命，財産及び環境を保護するための迅速な援助を容易にする」ために，諸国が国際的な援助を求めることを認めている（１条）。しかし，援助の要請を求める責任，自国領域内で適切な行動をとる責任などは援助要請国に委ねられており，援助を求める義務が課されているわけではないという限界もある[25)]。

Ⅵ　原子力損害に関する責任

原子力事故が発生した場合の損害賠償については，原子力分野における第三者に対する責任に関するパリ条約（1968年），原子力損害の賠償に関する民事責任に関するウィーン条約（1977年），ウィーン条約補完的補償条約（CSC）（1997年）がある。これらの諸条約は，特に原子力施設の事業者の賠償責任について，事業者への責任集中，無過失責任など共通する内容を定めているほか，日本が2015年に批准したCSCは，損害額が一定以上となった場合に，国際基金（事故後に締約国が拠出）から賠償原資を供給して補完する仕組みとなっている。

23）ロシアによる日本海への海洋投棄が問題となった事件について，岡松暁子「放射性廃棄物：ロシアによる日本海への海洋投棄事件」繁田泰宏・佐古田彰編集代表，前掲注22），162～165頁。

24）チェルノブイリ原発事故および福島第一原発事故における早期通報義務については，繁田泰宏「原発事故：チェルノブイリ事故と福島事故」繁田泰宏・佐古田彰編集代表，前掲注22），156～161頁。

25）この条約にしたがって援助要請をしても，他国に生じた損害について国家責任がなくなるわけではない。

2　国内法における枠組み

Ⅰ　原発事故と環境法

2011年３月，東日本大震災に伴って福島第一原発事故が起こり，放出された大量の放射性物質による広範囲の環境汚染が発生した。環境法は，これにどう対処したのだろうか。

実は，当時，環境基本法は，「放射性物質による大気の汚染，水質の汚濁及び土壌の汚染の防止のための措置については，原子力基本法その他の関係法律で定めるところによる」（旧13条）と規定していた。放射性物質による環境汚染については，環境法によってではなく，原子力基本法の体系に属する法制度の下で対処するとされてきたのである。しかし，今回の原発事故をうけて，2012年，環境基本法13条が削除され，今後は環境基本法の体系に属する法制度の下で汚染の防止・除去などの対策を行うことが明示された。翌2013年には，大防法や水濁法のほか，環境影響評価法などでも，放射性物質について法適用を除外する旨の規定が削除された[26)]。さらに今日では，後述する原子炉等規制法の目的規定に，「環境の保全」が追加されるに至っている。こうした動きにあわせて，現在，原子力規制を環境法の中においてどのように位置づけていくかが問われている。

以上のような問題意識のもと，本節では，原子力安全規制（Ⅱ），放射性廃棄物の処理（Ⅲ），災害・汚染の対策（Ⅳ），原子力損害賠償（Ⅴ）に関する法制度の枠組みを学ぶ。

26）他方，廃棄物の処理及び清掃に関する法律（廃棄物処理法），土壌汚染対策法，化学物質の審査及び製造等の規制に関する法律（化審法），海洋汚染等及び海上災害の防止に関する法律（海洋汚染防止法）には，放射性物質汚染廃棄物の処理責任との整合性や他法令との関係を検討する必要があるなどの理由から，適用除外規定が残されている。

Ⅱ　原子力安全規制

1　原子力基本法

日本の原子力政策の基本方針を定めた法律として，1955年制定の「原子力基本法」がある。同法は，「原子力利用は，平和の目的に限り，安全の確保を旨として，民主的な運営の下に，自主的にこれを行うものとし，その成果を公開し，進んで国際協力に資するものとする」と定め（2条1項），民主・自主・公開の原子力三原則を謳っている。福島第一原発事故後の2012年改正によって，ここにいう「安全の確保」については，「確立された国際的な基準を踏まえ，国民の生命，健康及び財産の保護，環境の保全並びに我が国の安全保障に資することを目的として，行う」ことが明確にされた（同2項）。

原子力安全に関する主要な国際法規範には，IAEA採択の「原子力の安全に関する条約」（1996年発効）および「使用済燃料管理及び放射性廃棄物管理の安全に関する条約」（2001年発効）が存在し，日本はいずれも批准している。それに加え，法的拘束力はないものの，IAEAは多数の安全基準を策定している。今般の改正で，これまで遅れが指摘されてきた，IAEA安全基準を含む国際基準の速やかな国内法令への取込みが，強く要請されるようになった。

2　規制機関

福島第一原発事故当時，原子力「規制」をつかさどる機関であった原子力安全・保安院は，原子力「推進」を任務とする経済産業省の外局である資源エネルギー庁に設置されていた。資源エネルギー庁の「特別の機関」として一定の独立性が認められ，かつ，内閣府に設置されていた原子力安全委員会が原子力安全・保安院を監視・監査するというダブルチェック体制がとられていたが，事故発生をうけ，推進と規制のもたれ合いや多元的体制の下での各行政機関の責任の不明確さなどが厳しく批判された。

そこで，規制機関のあり方は刷新されることとなった。すなわち，推進と規制の徹底した分離のため，原子力安全・保安院と原子力安全委員会を廃止・統合し，新たに「原子力規制委員会」（以下，「規制委」という。）が環境省の外局として設置された。その事務局として「原子力規制庁」も置かれている。規制委は，現在，原子力安全規制に関するすべての必要な権限を持ち，環境大臣を含む他の行政機関からの高い独立性を確保された上でその権限を行使するとされている[27]。

3　安全規制の法的仕組

原子力安全規制の中核をなす法律は，1957年制定の「核原料物質，核燃料物質及び原子炉の規制に関する法律」（原子炉等規制法）である。従来は発電用原子炉に関する規制のかなりの部分が「電気事業法」に定められていたが，福島第一原発事故後，本法に一元化された。

原子炉の安全性については，発電用原子炉の場合を例に概略を以下にみるように，①設計，②建設，③運転，④廃炉の各段階で規制措置を講じ，全体を通してリスクを制御するという「多重防護」（「深層防護」ともいう）の考え方が基本とされている。

①　設置の許可　　原子炉の設置にあたっては，まず，原子炉の基本設計が規制委の定めた各種基準に適合するかどうかの審査を受け，許可を受けなければならない（43条の3の5）。

②　設計および工事の計画の認可　　次に，設置者は，建設工事を始める前に，原子炉の詳細設計および工事の方法などを記載した計画が技術上の基準に適合することについての審査に合格して，規制委の認可を受けなければならない（43条の3の9）。

③　運転時の検査など　　工事が完成すると，自ら使用前事業者検査を行い，原子炉施設が技術上の基準に適合することについての規制委の確認を受けなければならず（43条の3の11），また，運転開始の前には，保安規定や核物質防護規定を定めて規制委の認可を受ける必要がある（43条の3の24・27）。運転開始後も，設置者自身による定期事業者検査を行うことが義務づけられる（43条の3の16）。その他，運転計画の作成・届出（43条の3の17）などの定めもある。

④　廃止に伴う措置　　最終的に，廃炉にするときも，廃止措置計画を定め，

27）規制委は，国家行政組織法8条に基づき設置され，大臣の諮問に応じて意見を述べることなどの役割にとどまる委員会とは異なり，同法3条に基づくいわゆる「三条委員会」として設置され，府省の大臣などから指揮監督を受けず，独自に権限を行使する行政機関と位置づけられている。

規制委の認可を受ける必要があるし（43条の３の34），その後も定期事業者検査は実施される。

4　原発事故後の重要改正

2012年，原子炉等規制法は改正され，法目的から「原子力利用の計画的遂行」に関する表現が削除される一方，「国民の生命，健康及び財産の保護，環境の保全」に資することが加えられ（１条），安全確保とともに環境保全の見地から規制を行う旨が明確にされた。この法改正では，以下に示す措置を明記したことが特に重要である。

①　シビアアクシデント対策　　従来，シビアアクシデント（重大事故）対策は事業者の自主的取組にまかされてきたが，それでは不十分なことが今般の事故で明らかとなった。この法改正では，重大事故発生時の異常な水準での放射性物質放出という災害の防止を図ることが法目的に示され（１条），それに伴い，重大事故対策に必要な技術的能力を有することが許可基準の一つに位置づけられた（43条の３の６第１項３号など）。重大事故を想定して各段階で相応しい対策をとることは，原子炉設置者の法的義務である旨が明確となったといえる。

②　バックフィット制度　　バックフィット制度とは，最新の技術・知見を規制基準にその都度とり入れ，既に運転している原子炉にも新基準に適合させる義務を課すことで，施設などの更新・改善を図るように求める制度をいう。これまで明文規定を欠いていたバックフィット制度が，具体的に明記され（43条の３の14），規制委が新基準を充たしていないと認めた場合には，原子炉設置者に使用の停止，改善などを命ずることができるものとされた（43条の３の23第１項）。原子炉設置者は，最新の科学的知見を絶えず摂取して，設備や機器を更新し続ける義務を負うことが法的にも明らかにされた。

③　高経年化炉対策　　一般に，長い間使い続けた原子炉では事故・故障などの発生リスクが高くなるといわれ，実際，約40年の高経年化炉であった福島第一原発の一号機は早い段階で大事故を起こした。それを契機に，原子炉の運転期間を運転開始から原則40年間とする運転期間制限制度が新たに設けられる一方，規制委の審査を受けて認可を受ければ，さらに最長20年まで延長ができる運転期間延長認可制度も併せて導入された（43条の３の32）。

Ⅲ　放射性廃棄物の処理

1　核燃料サイクル

発電後に生じる使用済み核燃料について，米国やカナダ，スウェーデンやフィンランドなど他の多くの国では，再処理・再利用せずに，そのまま最終処分するワンス・スルー方式が採用されている。これに対し，日本では，使用済み核燃料を再処理して燃料として再利用するリサイクル方式，いわゆる核燃料サイクルが原子力政策の基本的方針とされている。

従来，日本の核燃料サイクルの根幹には，高速増殖炉「もんじゅ」プロジェクトがあった。もんじゅは，使用済み核燃料を再利用するだけでなく，利用した量以上の燃料を増殖させようという「夢の原子炉」として計画が進められた。しかし，度重なるトラブルのために一度も本格稼働の目処が立たないまま，2016年12月に廃炉が正式決定された。その後，2018年７月に国が策定した「第５次エネルギー基本計画」によれば，増殖はしないものの，もんじゅと同じように使用済み核燃料から取り出したプルトニウムを燃料とし，高速の中性子を使うという高速炉の研究開発を進めるとのことである。

2　地層処分

使用済み核燃料を再処理・再利用するにしても，最終的には，廃棄物として適正に処分しなければならない。原子力利用に伴って発生する放射性廃棄物は，原子炉の運転などに伴って発生する低レベル放射性廃棄物と，使用済み核燃料の再処理の後に再利用できないものとして残る高レベル放射性廃棄物に大別される。このうち，低レベル放射性廃棄物については，原子炉等規制法に基づいて規制委の許可を受けた事業者により，放射能濃度などに応じて地下10mの浅地処分や地下50～100mの地中への埋設処分などがなされる。

他方，高レベル放射性廃棄物については，国際的に様々な最終処分の方法が検討されてきた。海の底に廃棄する海洋底処分は「1972年の廃棄物その他の物の投棄による海洋汚染の防止に関する条約」（ロンドン条約）（1972年採択）で，南極の氷の下に処分する氷床処分は「南極条約」（1959年採択）で各々禁止された。宇宙にロケットなどで打ち上げる宇宙処分は発射時の信頼性やコスト面などから現実的ではないと判断されている。そこで，現在，地下深部に埋設する地層処分が最も適切な方法であるとの考えが世界各国で共有されている。日本でも，「特定放射性廃棄物の最終処分に関する法律」が2000年に制定され，高レベル放射性廃棄物を液体の形で分離し，その後，この廃液をガラス原料と溶かし合わせてステンレス製の容器の中で固めて，地下300m以深の地層に設けられた最終処分施設に埋設するという方法が定められた。しかし，原子力発電環境整備機構（NUMO）が全国の市町村を対象に建設地の公募･選定手続を行っているものの，受入れに対しては住民や周辺自治体からの反対・反発が強い。

Ⅳ　災害・汚染の対策

1　原子力災害対策

原子力災害は，五感に感じることなく被害を受けるおそれがあり，適切な対応を行うためには専門的な知見や特別な装備が必要といった特殊性がある。災害対策に関する一般法には「災害対策基本法」があるが，前記の特殊性を踏まえた特別法として「原子力災害対策特別措置法」が1999年に制定されている。本法の特徴は，他の自然災害対策と比較して国が果たすべき役割と責任を強化している点，および，具体的な対策実施の際に，事故の原因者であり，かつ，事故が発生した施設について最もよく知る立場にある原子力事業者の責任ある対応を求めている点にある。

具体的には，原子力緊急事態宣言の発出（15条）と内閣総理大臣を本部長とする原子力災害対策本部の設置（16条）をはじめとした迅速な初期動作の確保，国と自治体の有機的な連携（10条２項，23条など），緊急事態応急対策の実施（25条以下），原子力事業者の責任の明確化（７条以下）など，原子力災害に関する各種の特別措置が定められている。

福島第一原発事故では，本法に基づく初めての原子力緊急事態宣言が当時の内閣総理大臣により発出されたが，果たして，本法が定める迅速な初期動作，国・自治体の有機的連携などが実際になされたかについては若干疑問も残る。また，放射性物質による汚染の除去（26条１項７号）および原子力災害の拡大の防止を図るための措置（26条１項８号）を，国が中心となって行うべき緊急事態応急対策と規定はしていたが，具体的な実施内容や詳細な手順などが明確にされていた訳ではなかった。

2　汚染された廃棄物・土壌の対策

福島第一原発事故により放出された放射性物質による環境汚染の除去については，「平成二十三年三月十一日に発生した東北地方太平洋沖地震に伴う原子力発電所の事故により放出された放射性物質による環境の汚染への対処に関する特別措置法」（放射性物質汚染対処特措法）が2011年に議員立法で制定されている。

同法は，放射性物質により汚染された廃棄物の処理（11条以下）と，汚染された土壌などの除染に関する措置（25条以下）を分けて規定する。各々の内容においては，①一定の指定地域内で，環境大臣が定める計画について国をあげて実施するという，国主導の下で各種措置を行う仕組みを採用する一方，②汚染の程度が高い廃棄物や地域を国の責任で処理・除染し，低い場合は自治体が実施することとし，その上で，③各種措置に要した費用を東京電力が負担し，または東京電力に求償できる（44条）という，両者に共通の実施スキームが定められている。

V　原子力損害賠償

最後に，原発事故が起きた場合の損害賠償制度について簡単に触れておく。民法・不法行為の特別法である「原子力損害の賠償に関する法律」（1961年制定）には，以下の定めがある。

①　無過失責任　　異常に巨大な天災変動や社会的動乱に起因する場合を除いて，原子力事業者に過失の有無にかかわりなく損害賠償責任を課している（3条1項）。賠償額に上限は設けられていない。

②　責任集中　　責任の主体は原子力事業者に集中されている。たとえば原子炉に原因があっても，原子炉メーカーは責任を負わず，求償権行使はメーカーに故意あるときのみに制限されている（4・5条）。

③　強制保険　　責任の履行を担保するため，原子力事業者は保険加入が強制されている（8条）。

④　国の措置　　国は，賠償額が一定額を超える場合に必要な援助を行う（16条）。福島第一原発事故では援助措置のため，2011年に「原子力損害賠償支援機構法」が制定され，2014年改正で「原子力損害賠償・廃炉等支援機構法」に改称されている。

第13章 再生エネルギー

1 国際法における枠組み

I 国際的な取組みの背景と定義

1 エネルギー供給の変遷

人類は太古の昔より，エネルギー資源獲得のために多くの戦争を経験してきた。近代以降も，石炭，石油，水などをめぐる紛争は絶えない。人類と国家の繁栄を支えるエネルギーは，国家の安全保障にも関わるものでもあり，その安定的な供給は常に重要な課題となっている。

世界のエネルギー事情に大きな変化をもたらしたのは，18世紀に英国で始まった産業革命である。ワットが発明した蒸気機関は巨大な動力源となり，工業化が進展するとともに，16世紀から木炭に代わって利用されるようになった石炭の消費が飛躍的に増大した。

その後，19世紀半ばには石油の大量生産が可能となる。20世紀半ばには，中東地域やアフリカで相次いで油田が発見されたことで安価で安定した供給が確保された上に，汎用性が高いことで石油は主要なエネルギー源となり，船舶・自動車・航空機などの輸送機器，発電，暖房用の燃料や，化学製品の原料などとして大量に消費されるようになった（流体革命）。このようなエネルギー利用の拡大は，生産量の増大や生活水準の向上を促進し，経済成長をもたらしたが，同時に，急速な人口増加と，それにともなうさらなるエネルギー消費を生み，さらには深刻な公害をも引き起こすようになった。

1970年代に，中東の政情不安定を機に生じた二度の石油危機は，原油生産の

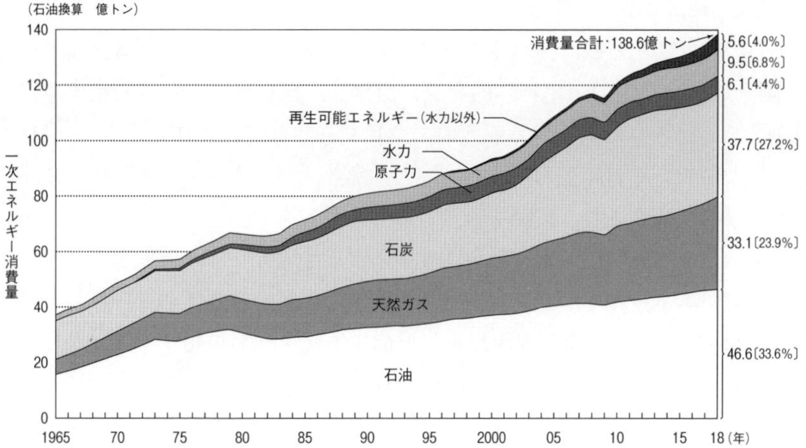

(注)四捨五入の関係で合計値が合わない場合がある
〔　〕内は全体に占める割合

図表13-1　世界の一次エネルギー消費量の推移

出典：日本原子力文化財団「原子力・エネルギー図面集」(https://www.ene100.jp/zumen/1-1-7 閲覧日2020年6月16日，本節での他URLも同様。)

段階的削減と原油価格の高騰をもたらし，世界経済を混乱に陥れた[1]。中東の石油に依存していた先進国は，エネルギー転換効率向上のための技術開発促進の他，安定供給の必要性からも，石油代替エネルギーの導入を進めることとなる。石油代替エネルギーのうち，本章で扱うのは，1970年代から顕在化した地球環境問題を受けて重要視されるようになった，太陽光，風力，バイオマスなど，自然の力を用いた再生可能エネルギーである[2]。

1）1973年に勃発した第四次中東戦争を契機として，石油輸出国機構（OPEC）加盟産油国のうちペルシア湾岸の6か国が原油公示価格を70%引き上げた。さらに，アラブ石油輸出国機構（OAPEC）が，原油生産の段階的削減を決定したことで，第1次石油危機が起こった。1979年のイラン革命によるイランでの石油生産の中断，原油価格の高騰は第2次石油危機を引き起こした。なお，日本は，第1次石油危機後に省エネルギー政策を推し進め，エネルギー転換効率を向上させたり，未利用エネルギーの回収・利用技術を開発したりした。その際に代替エネルギーとして注目されたのは原子力発電であった。

2）石油代替エネルギーには天然ガスや原子力なども含まれるが，これらは化石燃料や地下資源（鉱物資源）といった枯渇性の資源を利用したエネルギーであるため，本章では射程外とする。

2　再生可能エネルギーの定義と特徴

気候変動に関する政府間パネル（IPCC）報告書では，再生可能エネルギーは，「太陽・地球物理学的・生物学的な源に由来し，自然界によって利用する以上の速度で補充されるあらゆる形態のエネルギー」と定義されている[3)]。具体的には，太陽光，風力，水力，波力・潮力，地熱，バイオマスなどによって定常的・反復的に補充され，枯渇することのないものをいう[4)]。

近年は，地球温暖化対策や低炭素社会の実現手段として，温室効果ガスの排出が少ないエネルギー源の確保が各国の喫緊の課題となっており，世界全体では，2030年には電力の40～50%を再生可能エネルギーで供給することが目指されている[5)]。また，一定の地域に依存することなく，エネルギー自給率を高めることは，エネルギー安全保障という観点からも重要なため，各国ともその普及政策を進めている。

再生可能エネルギーは，温室効果ガスを発生させず，また半永久的な利用が可能である一方で，化石燃料と比較すると生産規模が小さいために価格が高く，競争力が弱いという問題がある。また，既存の産業との権益の競合も問題とな

3）"Renewable energy is any form of energy from solar, geophysical or biological sources that is replenished by natural processes at a rate that equals or exceeds its rate of use. RE is obtained from the continuing or repetitive flows of energy occurring in the natural environment and includes resources such as biomass, solar energy, geothermal heat, hydropower, tide and waves and ocean thermal energy, and wind energy." *IPCC SRREN Full Report,* p. 178.（http://www.ipcc-wg3.de/report/IPCC_SRREN_Full_Report.pdf.）　なお，後述する「国際再生可能エネルギー機関憲章」の第３条では，「再生可能な資源から持続可能な態様で生産されるあらゆる形態のエネルギー」と定義されており，特に，バイオエネルギー，地熱エネルギー，水力電気，海洋エネルギー（潮汐エネルギー，波エネルギー，海洋温度差エネルギーを含む），太陽エネルギー，風エネルギー，を含むとしている。

4）各エネルギー源の各国における導入や供給の状況などについては，以下のウェブサイトを参照；International Renewable Energy Agency（IREA），https://www.irena.org/; International Energy Agency（IEA），https://www.iea.org/fuels-and-technologies/renewables; *BP Statistical Review of World Energy 2019,* 68th edition, https://www.bp.com/en/global/corporate/energy-economics/statistical-review-of-world-energy.html.

5）2015年に採択されたパリ協定には，産業革命前からの世界の平均気温上昇を「２℃未満」に抑えること，平均気温上昇「1.5℃未満」を目指すことが規定されている（２条１項）。この目標を達成するために，たとえば日本は，2030年までに2013年比で温室効果ガス排出量を26%削減する（2005年比では，25.4%削減）ことを約束しており，2020年までに再生可能エネルギーの発電量を８%に引き上げるとしている。

る。たとえば地熱発電は温泉を利用する観光業との，海洋を利用した発電は漁業との利害調整が必要となる。さらに，立地の選定にあたっては，騒音や景観に影響を与えるなど，地元住民との間に衝突が生じ，合意形成はしばしば困難を極める。太陽光，風力，水力などは自然環境や天候に左右されるものが多く，安定的な供給についても課題は多い。

Ⅱ　再生可能エネルギーに関する国際協力

1　国際エネルギー機関（IEA）

1973年に起きた石油危機により，安定的なエネルギー需給構造を確立するために相互協力が必要であるという石油消費国の認識を背景として，米国のキッシンジャー国務長官が提唱し，1974年に設立された国際協力組織が，国際エネルギー機関（IEA）である[6)]。

IEAは，当初はその設立経緯から，石油の備蓄や緊急時対応のための国際協力を目的とし，具体的には，長期的政策，情報の透明性，エネルギー効率の向上，持続可能性，研究開発，技術協力，国際連携などの任務を担ってきた。しかし，近年のエネルギー源の多様化にともなう国際的なエネルギー体制の変容に対応すべくその任務を拡大した。特に2015年以降は，エネルギー安全保障の確保（Energy Security），経済成長（Economic Development），環境保護（Environmental Awareness），世界的なエンゲージメント（Engagement Worldwide）の「４E」を目標に掲げ，その活動はエネルギー政策全般に及ぶこととなった[7)]。これに対応して各国も，エネルギー安全保障がその中心的役割であることに変化はないものの，エネルギー源の多様化と安定供給に向けて再生可能エネル

6）IEAは石油消費国間の国際協力が目的であるため，経済協力開発機構（OECD）の枠内に自律的な機関として設置された。https://www.iea.org/about/history. したがって，加盟国の参加要件は，OECD加盟国かつ備蓄基準（前年の当該国の１日当たり石油純輸入量の90日分）を満たすこと，となっている。2020年６月現在の加盟国は30か国。https://www.iea.org/about/membershi.

7）具体的には，①低炭素技術の開発促進･省エネルギーの研究･普及およびそれらのための政策提言･技術協力，②国際石油市場，世界エネルギー需給，エネルギー技術などの見通し策定および公表，③新興途上国（中国，インド，ロシアを含む）や産油国などとの協力関係の構築，④国別エネルギー政策の審査および韓国の実施，などがある。

ギーの研究・普及にもより一層注力することとなったのである[8)]。

2　国際再生可能エネルギー機関（IRENA）

1990年代以降，気候変動対策，低炭素社会の実現が国際社会の喫緊の課題となるにつれ，再生可能エネルギーは，エネルギー安全保障のみならず，温暖化の長期的緩和策としても重要視されるようになった。再生可能エネルギーを専門的に扱う国際機関の設立構想は，1981年にナイロビで開催された新エネルギー源及び再生可能エネルギー源に関する国際連合会議での議論にまで遡るが，その構想が進展したのは，2004年にボンで開催された再生可能エネルギー国際会議においてであった。そこでの主たる論点は，国際機関の援助により，安全かつ持続可能な再生可能エネルギー経済へ移行することの必要性であった。その後，2009年に国際再生可能エネルギー憲章が採択され，アラブ首長国連邦のアブダビに国際再生可能エネルギー機関（IRENA）が設立されることとなった[9)]。

IRENAの目的は，環境保全を考慮しながら，「あらゆる形態の再生可能エネルギーの採用が広範に行われ，かつ，増大すること及びその利用が持続可能であることを促進する」ことである（憲章2条）。そのための活動は，最新の再生可能エネルギーに関する実例を分析・把握し体系化すること，関連諸機関との相互作用を確保すること，加盟国の要請に応じて政策上の助言・援助を提供すること，適切な知識および技術の移転を強化すること，研究の促進・奨励，技術開発・利用を促進させることなどである（同4条）。

IRENAの特徴は，関連する国際諸機関と連携しつつ，再生可能エネルギーの研究や技術開発を促進することを主目的としていることである。エネルギー安全保障に重点を置くIEA，環境保全を専門とする国連環境計画（UNEP），途上国援助を担う国際復興開発銀行（IBRD）などの関連諸機関と連携をとりつつ，研究ネットワークを構築することで，低炭素社会の実現に貢献することが求め

8）経済産業省 資源エネルギー庁『令和元年度エネルギーに関する年次報告』（エネルギー白書2020）第9章を参照。

9）国際再生可能エネルギー憲章は2010年に発効した。加盟国数は161か国とEU（2020年4月現在）。日本は原加盟国である。その活動も含めて，IRENAの詳細は，以下のウェブサイトを参照。https://www.irena.org/.

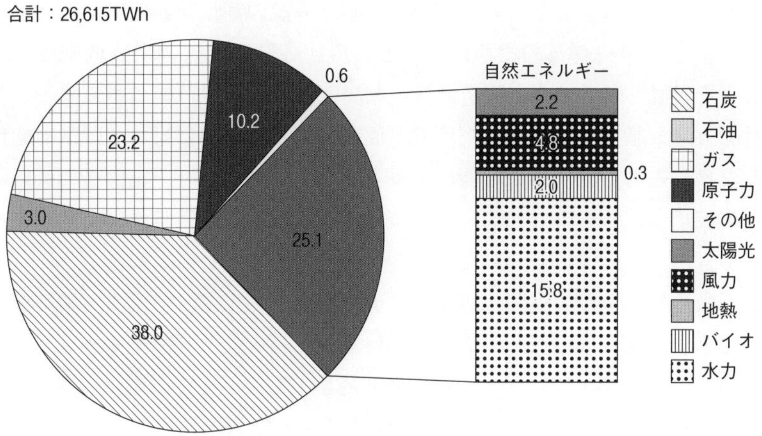

注：その他とは，揚水発電，化石燃料からの発電および統計上の差異を含む。
　　グラフにおけるデータは総発電電力量に基づく。

図表13-2　2018年の電源構成（%）

出典：BP, Statistical Review of World Energy 2019（2019年6月）

られているといえよう。

Ⅲ　気候変動と再生可能エネルギー

1970年代に科学者により提起された気候変動問題は，1992年のリオ会議で気候変動枠組条約が採択されたことにより，「人類の共通の関心事」として認識されるようになった。その後，京都議定書に続き，2020年以降の地球温暖化対策を定めたパリ協定は[10]，産業革命前からの世界の平均気温上昇を「2℃未満」に抑え，加えて平均気温上昇「1.5度未満」を目指すことを規定した（2条1項）。

この目的を達成するためには，温室効果ガスの排出削減・吸収という温暖化の緩和対策が求められているが，そのための一つの方法が，再生可能エネルギーの利用である[11]。IPCC第4次評価報告書も，長期的な緩和のためには再生可

10）2015年採択，2016年発効。締約国は188か国とEU（2020年6月21日現在）。なお，気候変動枠組条約の締約国は196か国とEU。

11）パリ協定4条1項には，「利用可能な最良の科学に基づいて迅速な削減に取り組む」とある。

能エネルギーや原子力などの低排出エネルギー源の利用が必要であるとし，再生可能エネルギー普及のための手段として，各国に固定価格買取制度（FIT）の導入を奨励している[12]。固定価格買取制度とは，再生可能エネルギーの普及を目的として米国で始まった制度で，従前のエネルギーに対して競争力を付与するため，電力会社が再生可能エネルギーを，一定期間，一定価格で買い取ることを義務づけるものである。電力会社は買取費用を電気料金に上乗せすることができるが，そこで得られた資金で普及に努めることになる[13]。

このように，今後の温暖化対策には再生可能エネルギーの普及・利用拡大が必須である。IEAは，2100年までに平均気温上昇を66%の確率で２℃以下に抑制するという「66%２℃シナリオ」を策定し，2050年までに電気の約95%が低炭素技術で発電される必要があると発表した。また，IRENAは，一次エネルギー供給量での再生可能エネルギーのシェアを2050年には65%にする必要があると分析している[14]。その目標の達成には，発電費用の低減化，そのための技術開発の促進がますます求められることになろう。

2　国内法における枠組み

Ⅰ　再生可能エネルギーの環境保全上の意義と課題

石油，石炭，LNG（液化天然ガス）など，化石燃料を使う火力発電への依存度を低くできれば，二酸化炭素の排出が抑制され，気候変動の進行の抑止につ

12）IPCC第４次評価報告書は，以下から入手可能。https://www.ipcc.ch/site/assets/uploads/2018/02/ar４_syr_full_report.pdf.

13）FIT制度をめぐっては，カナダのオンタリオ州が，電力の買取りに際して，同州内で生産された部品や原材料などを発電設備において一定割合以上使用していることを条件としたために，これが不当に国内産品を優遇するものであるとして日本がWTO紛争処理手続に付託するという事件が生じた。詳細は，小林友彦「再生可能エネルギー固定価格買取制度（FIT）における州内産品優遇：カナダ－オンタリオ州FIT事件」繁田泰宏・佐古田彰編集代表『ケースブック国際環境法』東信堂，2020年，195～199頁。

14）*Perspectives for the Energy Transition :Investment Needs for a Low-Carbon Energy System,* https://www.bmwi.de/Redaktion/EN/Publikationen/Studien/perspectives-for-energy-transition-kurz.pdf?__blob=publicationFile&v=2.

ながる。そこで，日本のエネルギー政策は，環境保全の観点からも原子力発電を推進してきたが，東日本大震災に伴う福島第一原発事故以降，根本的な見直しを余儀なくされた。こうした中で注目されるのが，太陽光や風力のほか，中小水力，地熱，バイオマスなどの再生可能エネルギーである。エネルギー供給の大半を輸入に頼る日本にとっては貴重な国産エネルギーであり，環境負荷の低減とともにエネルギー自給率の向上のためにも，再生可能エネルギーの拡充は望ましい方向といえる。

再生可能エネルギーは，一方で，発電設備の設置や維持管理のコストの高さから思うように普及していないものがあることや，適地が集中する農山漁村では農林漁業をはじめ他の土地・空間の利用と競合しうることなど，推進にあたってのハードルもあるので，適切な支援策を講じていく必要がある。他方で，再生可能エネルギーの導入が，景観阻害，低周波騒音，生態系への影響といった他の環境問題を生じさせる場合があり，それへの対処も求められている。

本節では，まず，再生可能エネルギーの促進を図るため，日本の法律はどのような枠組みを形成しているかを学ぶ（Ⅱ）。次いで，環境に配慮しつつ再生可能エネルギーの導入を進める上で活用されるべき法制度として，環境アセスメント（Ⅲ）と立地規制に関する法制度（Ⅳ）についてみる。

Ⅱ　再生可能エネルギーを促進する法制度

1　ＲＰＳ法

従来，再生可能エネルギーの導入を支援する中心的法律は，2002年制定の「電気事業者による新エネルギー等の利用に関する特別措置法」（通称RPS法）であった。同法に基づくRPS（Renewables Portfolio Standard）制度は，新エネルギーから発電された電気を一定割合（基準利用量）以上利用することを電気事業者に義務づけ，新エネルギー電気の導入拡大を図ろうとするもので，義務の履行方法に①自ら新エネルギー電気を発電するほか，②他から新エネルギー電気を購入するか，または，③他の電気事業者に義務を肩代わりさせるかの選択を認める点に特徴があった。

しかし，目標量が非常に低く設定されたことなどから，導入量は伸び悩んだ。

2009年には「エネルギー供給事業者による非化石エネルギー源の利用及び化石エネルギー原料の有効な利用の促進に関する法律」(エネルギー供給構造高度化法) が制定され，太陽光発電した電気を自家消費して残った余剰分の買取りを電気事業者に義務づける仕組みが導入されたが，その効果も限定的なものにとどまった。

2　ＦＩＴ法

(1)　FIT制度の導入　　福島第一原発事故発生の2011年，従来のRPS法に代わり，「電気事業者による再生可能エネルギー電気の調達に関する特別措置法」(通称FIT法) が制定された。翌2012年から同法の下で固定価格買取制度，いわゆるFIT (Feed-in Tariff) 制度が開始され，現在に至っている。この制度は，国 (経済産業大臣) の認定を受けた事業者が再生可能エネルギーを用いて発電した電気を，一定期間 (調達期間)，国が定めた固定価格 (調達価格) ですべて購入することを電気事業者に義務づける (16条)。再生可能エネルギー発電事業を行う者にしてみると，固定価格での売電による収益が長期間約束されることを意味し，高コストな発電設備に対する投資回収の見通しが立てやすくなる。そうして投資を誘導し，再生可能エネルギーの導入拡大を図ろうとするのがFIT制度である。電気事業者が買取りに要した費用については，電気の使用量に応じた賦課金 (再生可能エネルギー発電促進賦課金) という形で，電気料金の一部として国民や事業者が負担することとされている (36条)。

RPS制度からFIT制度への移行は，特に太陽光発電の導入を飛躍的に拡大させる効果をもたらした。だが，それ以外の再生可能エネルギーは伸び悩み，また，長期間の高額な固定価格買取によって賦課金額が高騰し，国民の負担増を招くなどの課題も指摘されている。

(2)　2016年改正　　費用負担の低減を図りながら再生可能エネルギーのさらなる導入拡大を図るため，2016年にFIT法の改正が行われた。改正事項は多岐にわたるが，以下の２点が重要である。

①　入札制度の導入 (４～８条)　　経済産業大臣は，電気の使用者の負担の軽減を図る上で有効であると認めるとき，入札の対象となる再生可能エネルギー発電設備の区分を指定した上で，入札量や参加条件，上限価格などの入札

実施方針を定めて入札に付することができる。当面，大規模な事業用太陽光発電設備（メガソーラー）からの導入が念頭に置かれ，競争原理による買取価格の低減が期待される。

②　賦課金減免制度の見直し（37条）　従来，国際競争力の強化を図る観点から，エネルギー多消費事業者に対しては賦課金が一律80%減額されていた。減額分の半分は，減免を受けていない国民や中小企業の賦課金額に上乗せされて負担している。この改正により，一律80%の減免となっていた減免率につき，省エネなどの取組状況に応じた差が設けられるようになった。

(3)　2020年改正　さらに，2020年に法改正がなされ，それに伴って本法は「再生可能エネルギー電気の利用の促進に関する特別措置法」に改称される（2022年４月１日施行）。従来のFIT（固定価格買取）制度に加えて，新たに，市場価格に一定のプレミアム（補助金）を上乗せして交付するFIP（Feed-in Premium）制度が創設され，多様な手法によって再生可能エネルギーの導入拡大を図る方向が明確となった。

3　他の土地・空間利用との調整を図る仕組み

再生可能エネルギーの適地となる農山漁村において，農林漁業上の土地利用との適切な調整を図りながら再生可能エネルギーの導入を促進するため，2013年に「農林漁業の健全な発展と調和のとれた再生可能エネルギー電気の発電の促進に関する法律」（農山漁村再生可能エネルギー法）が制定された[15)]。以下にみるように，同法には，農林漁業の健全な発展と調和のとれた再生可能エネルギー発電の導入を進め，ひいては農山漁村の活性化につなげていく上で，地域の関係者が一堂に会して協議する場を設けるなど重要な仕組みが定められている。しかし現状では，それらが積極的に活用されているとは言いがたい。

15）このほか，2018年制定の「海洋再生可能エネルギー発電設備の整備に係る海域の利用の促進に関する法律」（再エネ海域利用法）は，大規模な洋上風力発電の導入と漁業などの先行利用との調整の観点から注目される。

なお，本稿脱稿後，2021年５月26日に「地球温暖化対策の推進に関する法律」（地球温暖化対策推進法）の一部を改正する法律が国会で可決成立し，新たに，地域の再エネを活用した脱炭素化を促進する事業を推進するための計画・認定制度が創設されることなった。この制度の今後の推移を注視する必要がある。

①　計画　　国は，農林漁業との調和，農林地・漁港およびその周辺の水域の適切な利用調整などについての基本方針を定める（4条）。これに基づき，市町村は基本計画を作成することができる（5条）。

②　協議会　　基本計画を作成しようとする市町村は，地元自治体，再生可能エネルギー発電施設の整備を行おうとする者，関係農林漁業者，関係住民，学識経験者などで組織される協議会を設置することができる（6条）。

③　認定　　発電設備の整備者は，設備整備計画を作成し，基本計画を作成した市町村の認定を申請することができる（7条）。認定を受けると，農地法，酪農及び肉用牛生産の振興に関する法律，森林法，漁港漁場整備法，海岸法，自然公園法および温泉法における許可を一括して受けたものとみなされる（9～15条）。また，認定を受けた計画にしたがって農林地などの権利移転を行う場合，その手続きを簡素化する措置も用意されている（16条）。これらの手続きのワンストップ化や簡素化が，再生可能エネルギー導入への具体的な支援策となる。

Ⅲ　発電事業の環境親和性を高める環境アセスメント

1　再生可能エネルギー発電事業と環境アセスメント

次章でその詳細を学ぶ環境アセスメント（環境影響評価）とは，環境に大きな影響を及ぼすことが予想される開発行為を行う際に，事前に，環境への影響を調査・予測・評価し，その検討過程の情報を公表して，市民や地元自治体から意見を聴き，それらの結果を踏まえて最終的な意思決定を行う方式をいう。この方式をとることで，環境に配慮したより良い事業計画をつくり上げていこうという制度である。

再生可能エネルギー発電事業は，原子力発電や火力発電と比べると環境に及ぼす影響は小さいと考えられるが，それでも設備周辺の生活環境や生態系に一定の影響が発生しうる。そのため，発電の種別や規模などに応じて，適切な環境アセスメントの実施が求められる。「環境影響評価法」はこれまで，（中小を含む）水力発電所，地熱発電所，風力発電所を同法に基づく環境アセスメントの対象事業と位置づける一方，再生可能エネルギー発電の大半を占める太陽光発電を対象とはしておらず，一部の自治体が条例でアセスメントの実施を義務づけるのにとどまってきた。こうした中で，メガソーラーの相次ぐ開発とともに，土砂流出や濁水の発生，景観侵害，動植物の生息・生育環境の悪化などの問題が全国各地で顕在化する。それを受けて，同法施行令の改正により2020年4月からは太陽光発電所も対象とされるようになった。

現在，①出力4万kW以上の太陽光，3万kW以上の水力，1万kW以上の地熱と風力の各発電所は，環境アセスメントを必ず実施しなければならない第一種事業，②出力3万～4万kWの太陽光，2.25万～3万kWの水力，7,500～1万kWの地熱と風力の各発電所は，個々の事業ごとに環境アセスメントを実施するかどうかを判定（スクリーニング）する第二種事業とされている。

2　環境アセスメントの迅速化

環境アセスメントには，概ね3～4年程度の時間を要するとされている。その期間，事業者にとっては，事業の見通しが立たない中で巨額の費用負担を強いられることになる。こうした環境アセスメントに要する時間的コストが，再生可能エネルギー導入拡大のハードルになっているともいわれている。そのため，国においても手続きの迅速化について検討が行われており，2013年に閣議決定された規制改革実施計画では，風力発電事業に関する環境アセスメントの期間の半減（1.5～2年）を目指すという目標等が定められ，同年に環境省が「風力発電事業の円滑な環境アセスメントの実施に向けて」をとりまとめるといった動きもある。今後も，環境アセスメントの期間短縮はさらに進められるだろう。

けれども，時間がかかるからといって，市民や地元自治体に公表する情報を制限したり，強引に環境アセスメントを実施しようとすれば，紛争化してますます事業は進まなくなる。むしろ，環境アセスメントの手続きの中で，地域の関係者の意見を事前に聴き，その上で適切な環境配慮を行うことにより，結果として円滑な導入を進めることができる。環境アセスメントには，周辺住民の権利利益の保護との関わりでの積極的な位置づけが求められる。

Ⅳ　立地規制に関する法制度

1　立地の特性に応じた環境規制

FIT法自体には，再生可能エネルギーを用いて発電する施設について，その立地によって及ぼされる環境影響に配慮する観点からの規制は定められていない。そこで，環境に配慮しつつ再生可能エネルギーの導入を進める上で，環境アセスメントとともに活用を期待されるのが，立地の特性に応じた規制を定める法制度である。関連する法律は相当多岐にわたるため，必ずしも網羅的ではないが，主要な環境関連法制度を以下に挙げてみよう[16]。

①　自然公園法　　自然公園（国立公園，国定公園，都道府県立自然公園）内における工作物の設置，土地の形質変更，木竹の伐採などについて，地種区分に応じて，事前の許可や届出を義務づけている。

②　自然環境保全法　　自然公園法と同様，指定地域につき，工作物の設置，土地の形質変更，木竹の伐採などに関する規制を定めている。

③　文化財保護法　　周知の埋蔵文化財包蔵地を発掘する場合，着手の60日前までに，都道府県・政令市などの教育委員会に届出などを行わなければならない（93条）。未知の埋蔵文化財が発見された場合には，遺跡発見の届出を行い，遺跡保存のための指示などに従わなければならない（96条）。

④　鳥獣の保護及び管理並びに狩猟の適正化に関する法律（鳥獣保護管理法）同法が定める特別保護地区内において，建築物その他の工作物の新築などを行う場合には，環境大臣・都道府県知事の許可を要する（29条７項１号）。

⑤　絶滅のおそれのある野生動植物の種の保存に関する法律（種の保存法）建築物その他の工作物の新築などの行為につき，管理地区の対象区域では環境大臣の許可を要し（37条４項１号），監視地区の対象区域では届出を要する（39条１項）。

⑥　土壌汚染対策法　　3,000㎡以上の土地の形質変更時は，原則として，工事着手の30日前までに都道府県知事への届出を要する（４条１項）。

16）以下は，第一東京弁護士会環境保全対策委員会編・巻末掲載書，特に134頁以下に多くを依拠している。

⑦　森林法　　保安林については，原則，都道府県知事の許可なく立木を伐採することはできない（34条1項）。また，地域森林計画の対象となっている民有林で1haを超える規模の開発行為については，原則，都道府県知事の許可を要する（10条の2第1項）。

⑧　都市計画法　　主として建築物の建築または特定工作物の建設の用に供する目的で行う土地の区画形質の変更のうち一定規模以上のものについては，都道府県知事などの許可を要する（29条1項）。太陽光発電設備そのものはこれに該当しないが，建築物などと一緒に設置する場合は開発許可が必要となる。

⑨　河川法・温泉法　　中小水力発電については，流水の利用に関して河川法の規制に服し，地熱発電については，温泉の利用に関して温泉法の規制に服する。

2　条例による対応

以上にみた種々の法律は，指定された地区の区域内での施設設置や，一定の規模以上の開発行為を対象に，かなり厳しい規制措置を課すもので，その限りにおいては適切な環境配慮が確保されうる。しかし逆に，区域や規模の面で対象から外れてしまうと，まったく規制が及ばない。この限界を補完しようと展開されているのが，自治体の条例による対応である[17]。多くの条例では，施設設置に際して届出を義務づけ，届出前に地域の関係者への説明会の開催を求めたり，環境配慮の観点から指導・勧告を行うことなどが定められている。

Column⑧

ドイツにおける再生エネルギー政策

1　ドイツの「エネルギー変革」

「脱原発」を掲げる国，ドイツ。そのドイツは，あわせて「エネルギー変革」（Ener-

17）再生可能エネルギーに関する条例には，①再生可能エネルギーに関する基本理念と各主体の役割を定める理念型条例，②地域に根ざした小規模な再生可能エネルギー事業者を支援するための仕組みを定める支援型条例，③環境保全の観点から施設設置に関する規制を定めたり，立地をめぐる紛争調整の手続きなどを定める規制型ないしは調整型の条例がある。③の条例の先駆けは，（大分県）「由布市自然環境等と再生可能エネルギー発電設備設置事業との調和に関する条例」（2014年制定）とされている。

giewende）を打ち出している。これは，おおよその意味では，エネルギー効率の改善とともに，原子力発電と，石炭・石油などの化石燃料を用いた火力発電を中心とする従来のエネルギー構成からの脱却を図り，再生可能エネルギーを中心とするものへと大きく転換しようとする政策方針のことである。

脱原発については，2002年の正式決定の後，一時，原子炉の廃止期限を延長する決定が行われたが，2011年の福島第一原発事故を契機に再度見直され，従来の方針が維持された。既設の原子炉の運転停止は，現在，政府の計画に沿って順調に進められ，予定どおり2022年までに脱原発が達成されると見込まれている。それでは，脱化石燃料と再生可能エネルギーへの転換についてはどうだろうか。

2　再生可能エネルギー法

ドイツは，再生可能エネルギーの導入拡大を図るために，1990年に「電力供給法」（Stromeinspeisungsgesetz）を，2000年に「再生可能エネルギー法」（Erneuerbare-Energien-Gesetz: EEG）を制定している。再生可能エネルギー法では，FIT制度を世界に先駆けて本格的に導入し，系統（送電線網）運用者に対し，再生可能エネルギーを用いた電気の優先接続とともに固定価格での全量買取の義務を課した。買取期間は20年間と長期間に設定され，買取りに要した費用は，賦課金として電気を消費する国民や事業者の負担とされた。今日，日本をはじめとする多くの国が，FIT制度の導入にあたってドイツを模範としている。

FIT制度を導入した2000年以降，ドイツでは，特に風力，太陽光を中心に，再生可能エネルギーが急速に導入されている。連邦環境庁（Umweltbundesamt）が公表したところによると（Umweltbundesamt, *Erneuerbare Energien in Deutschland: Daten zur Entwicklung im Jahr 2019*），2019年には，再生可能エネルギーにより合計約2,443億kWhの電力が発電されたという。すべての電力消費量に占める割合で見ると，2018年の37.8%に対して８%大幅に増加して42.1%となり，これまで最大のシェアを占めてきた石炭火力発電を史上初めて上回ったとのことである。FIT制度導入年である2000年の6.3%との対比では，この20年間で，実に約36%の増加となる。

このように，ドイツの「エネルギー変革」は，その実現に向けて着実に歩みを進めているようにみえる。

3　ドイツが直面する課題

しかし，すべてが順調というわけではない。ドイツが抱える課題もある。

第１に，国民負担の増大である。再生可能エネルギー電気の買取りに要した費用は，日本と同様，電気の利用者から賦課金という形で広く集められている。このため，FIT制度が拡大すればするほど，電気料金に上乗せされる金額は大きくなり，国民の負担額が拡大することになる。そこでドイツは，再生可能エネルギー法を相次いで改正し，買取価格の引下げを進めてきた。さらに，2014年改正法（EEG2014）では，固定価格での買取りに代えて，卸電力価格に上乗せのプレミアム（補助金）を支払うFIP（Feed-in Premium）方式を導入した。また，2017年改正法（EEG2017）により，750kW超の大型設備については，原則として競争入札によって買取価格を決定する方式に移行した。これらの取組みは国民負担の抑制に功を奏するかが注目される。

第2に，送電線網強化の遅延である。ドイツ北部に立地する洋上風力発電による電気を南部の工業地域に送電するため，国の南北を繋ぐ長距離・大容量の送電線を速やかに建設する必要性が長らく叫ばれてきた。ただ，景観の破壊や生態系への影響，電磁波の健康への影響などに対する懸念から反対運動もあり，計画が進んでいない。これに対しては，2015年末に関係法律を改正し，超高圧送電線を原則として地下埋設することを決定するなど，計画進行に国民の同意を得やすくしようとする取組みが進められている。

再生可能エネルギーの急速な導入拡大を実現し，それに伴って生じた数々の新たな課題に苦悩しながら，さらに法制度の改変を進めているドイツ。その姿は，日本の環境法の今後の方向を模索する際にも参考となるのではないか。　（岩﨑　恭彦）

第14章
環境影響評価

1 国際法における枠組み

I　環境影響評価の発展の経緯と定義

環境影響評価（Environmental Impact Assessment，以下，EIA）は，一般に，計画活動が環境に対してもたらすおそれのある科学的・社会的・文化的および経済的影響を事前に調査・予測・評価し，当該活動が環境に配慮したものとなるよう，その結果を政策決定者の意思決定に反映させるための一連の国内手続をいう[1]。より具体的には，①政策決定者に計画活動による環境影響に関する情報や，場合によっては代替案を提供し，②その情報が意思決定に反映されることを要求した上で，③潜在的に影響を受ける人々の政策決定への参加を確保する仕組みを提供することである。

EIAは1960年代後半に先進諸国の国内法に登場した[2]。1970年代になると，1972年にストックホルム会議で採択されたストックホルム宣言を契機として[3]，国連その他の国際機関が各国にEIA制度の導入を促した。1980年代以降は越境環境汚染の深刻化にともないさらにEIAの義務化が進み，1992年にリオ会議で採択されたリオ宣言では，原則17にEIAが規定された。

1）UNEP Goals and Principles of Environmental Impact Assessment, Governing Council Decision 14/25, UN Doc. UNEP/GC/DEC/14/25, 17 June 1987, Appendix, para. 1.

2）特に有名なものとして，1969年米国の国家環境政策法（National Environmental Policy Act: NEPA）がある。National Environmental Policy Act, 42 USC § § 4321-4370（f）.

3）同宣言はEIAを国内・国際政策の手段として明示的に規定してはいないが，原則14，原則15において，EIAの必要性を示唆していると考えられる。

国際法においては，EIAの実施義務は普遍的・包括的な条約に具体的に明示されているわけではなく，個別条約，地域条約に詳細な要件が示され，EIAの一般的実施義務を規定している[4]。EIA実施義務とは，自国内の活動が他国の環境に重大な影響を及ぼすおそれがある場合，当該活動が他国の環境に悪影響をもたらさず，環境的配慮のあるものとなるように，当該活動国がEIAを実施しなければならないというものである。なお，2001年に国際法委員会（ILC）が「有害活動から生じる越境損害の防止条文」草案を採択し，「物理的な効果を通じて重大な越境侵害を生じるリスクがある」（1条）活動につき，国は許可を出す前に活動のEIAを含むリスク評価を行う，と規定（7条）したことは注目に値する[5]。

Ⅱ　EIA実施義務の理論的基盤

1　領域使用の管理責任

国際環境法上，EIA実施義務の法的根拠は，国際法の一般原則である「領域使用の管理責任」（国家がその管轄下の領域をみずから使用し，またはその使用を私人に許可するにあたり，他国の国際法上の権利を害するような結果にならないよう配慮する注意義務）にある[6]。1970年代以降，地球規模の環境損害が顕著になるにしたがって，同原則は多くの国際環境関連文書に明示されるようになる。その端緒となったストックホルム宣言原則21は，国家の領域使用の管理責任を明確化するとともに，従前の相隣関係の法理では対応できなかった公海その他の国際公域で発生した環境損害にも同原則の適用範囲を広げており，さらに，国家に対し，私人による活動に関する国際法上の義務の履行を確保するための事前の国内立法措置などを課し，これを怠り損害が発生した場合には国家責任

4）たとえば，北欧環境保護条約（1974年），国連海洋法条約（1982年），越境環境影響評価条約（エスポ条約，1991年），環境保護に関する南極条約議定書（1991年），生物多様性条約（1992年）およびカルタヘナ議定書（2000年），北米環境協力協定（1993年）など。

5）United Nations, A/RES/62/68, 8 January 2008, Annex: Prevention of transboundary harm from hazardous activities.

6）同原則が国際環境紛争において初めて適用されたのは，米国とカナダの間で争われたトレイル精錬所事件である。*RIAA*, Vol. 3, pp. 1965-1966；石橋可奈美「領域使用の管理責任：トレイル熔鉱所事件」小寺彰・森川幸一・西村弓編『国際法判例百選［第2版]』有斐閣，2011年，164～165頁。

を負わせるものとした。

その後，リオ宣言原則２は，ストックホルム宣言原則21をほぼそのまま踏襲し，越境環境損害と環境リスクに対応した[7]。EIAの実施は，この領域使用の管理責任を履行するための具体的な手段（手続的義務）として原則17に示され[8]，国際環境法上，実体的義務の履行のための手続的義務の指針となっている[9]。

2 「持続可能な開発」概念[10]

国際環境法の発展を支えている重要な概念の一つに，一般に「将来の世代が自らの欲求を充足する能力を損なうことなく，現在世代の欲求を充たすような開発」と定義される「持続可能な開発（Sustainable Development）」がある。この概念は1980年「世界保全戦略」[11]において最初に提唱され，その後，1987年の開発と環境に関する世界委員会報告書『我ら共有の未来』[12]によって広く認識されるようになった。同年，国連環境計画（UNEP）は，計画活動が「環境という観点から確実で持続可能」であることを保障し，環境影響が活動開始の認可が決定される前に考慮されるよう，そのための国内におけるEIA手続を示すべくEIA実施義務の性質および程度に関するガイドラインを用意した[13]。さらに，リオ宣言原則４では，「持続可能な開発を達成するため，環境保護は，開発過程の不可分の一部をなし，それから分離しては考えられない」と述べら

7）もとより，ストックホルム宣言にもリオ宣言にも法的拘束力はなく，この原則は個別条約に取り込まれることによって法的効力を持つ。山本草二「環境損害に関する国家の国際責任」『法学』40巻４号，1977年，326〜327頁。この原則のソフト・ローとしての意義に言及しているものとして，Patricia Birnie, Alan Boyle and Catherine Redgwell, *International Law and the Environment, 3rd ed.*, Oxford University Press, 2009, pp. 112-114.

8）手続的義務としては，この他に原則18の緊急事態の通知と支援，原則19の事前通知と情報提供がある。この二つは，今日では一般国際法上の原則としての地位を確立している。

9）Birnie et al., *ibid.*, pp. 137-138.

10）詳細は，西井正弘・上河原献二・遠井朗子・岡松暁子「地球環境条約の性質」西井正弘編『地球環境条約』有斐閣，2005年，22〜32頁。

11）IUCN, "World Conservation Strategy 1980", Bernd Rüster, Bruno Simma eds., *International Protection of the Environment,* Vol. 23, Oceana pub., 1981, pp. 420-510.

12）World Commission on Environment and Development, *Our Common Future,* Oxford University Press, 1987. 邦訳は，大来佐武郎監修『地球の未来を守るために――環境と開発に関する委員会』福武書店，1987年。会議の議長の名をとって，「ブルントラント報告書」とも呼ばれる。

13）UNEP Goals and Principles of Environmental Impact Assessment, op. cit.

れ，この概念はその後締結された様々な国際環境条約の中に取り込まれるようになった[14)]。

このように，国家は，計画される活動が環境に与える損害を未然に防ぎ，当該地域の将来の環境保全と開発とを両立させ，持続可能な開発を行うべきという実体的義務を負っている。EIAは，国家のこうした実体的義務を補完する具体的な手段として，持続可能な開発を目指して提示されたものといえる[15)]。

Ⅲ 慣習国際法としてのEIA実施義務の位置づけ

1 国際環境判例に見るEIA

1990年代以降，多くの環境関連条約にEIA実施義務が明記されるようになったことから，越境環境損害をめぐる国家間紛争において，事前のEIAの欠如が国際法違反である旨を原告国が主張する事例が顕在化した[16)]。

① 核実験事件判決再検討要請事件[17)]　本件は，ニュージーランドが，フランスの南太平洋における地下核実験再開に際し，南太平洋天然資源・環境保護ヌーメア条約16条および慣習国際法上のEIA実施義務不履行を理由として，その違法性を国際司法裁判所（以下，ICJ）に訴えた事件である。これに対しフランスは，環境保護義務の履行にあたっての損害防止手段の選択は国家の裁量に委ねられているとして，EIAの必要性を否定した。

本件は，再審請求の要件を満たしていないとして裁判所により請求が却下され，本案審理には入らなかったため，EIAの慣習国際法としての性質について，裁判所自体が言及することはなかった。しかし，ウィラーマントリー判事とパルマー判事は，それぞれの反対意見において，一般国際法上の義務としての

---

14) たとえば，1992年の生物多様性条約前文や，1997年の国際水路非航行的利用法条約前文には「持続可能な利用」として取り込まれている。これ以前にも，たとえば1971年に締結されたラムサール条約では，「賢明な利用」として，同概念と同じ理念を見ることができる。

15) 一之瀬高博「越境環境影響評価に関する国連欧州経済委員会条約」『佐賀大学経済論集』第25巻2号，1992年，123頁。

16) ここで取り上げる事件以外にも，ジョホール海峡埋立事件，ガブチコヴォ・ナジュマロシュ計画事件，MOX工場事件でも，EIAが争点になった。

17) *ICJ Reports 1995*, pp. 285-308.

EIAの存在につき肯定的な見解を述べており[18]，これは後のウルグアイ川製紙工場事件の判決に影響を与えたともいえよう。

②　ウルグアイ川製紙工場事件[19]　　本件は，ICJが，EIAの実施義務を一般国際法上の義務であることを示唆した事件である。

ウルグアイは，アルゼンチンとの国境をなすウルグアイ川左岸に二つの製紙工場を建設するにあたり，十分な情報および求められた追加情報の提出をしないまま，工場建設・操業などにかかる環境許可を発給した。両国はウルグアイ川の最適かつ合理的利用を目的とするウルグアイ川規程を締結しており，その７条は，事業計画実施国に，他方当事国に対して計画概要，ウルグアイ川の航行，河川レジームおよび水質に及ぼし得る影響を評価するための科学的データを通報する旨を義務づけていた。また，41条は，締約国が水環境の保護・保全のために実施すべき義務を規定していた[20]。そこでアルゼンチンは，かかる建設計画に関するウルグアイによる通報が７条所定の時期・内容に沿うものでなかった（手続的義務違反）と主張し，ICJに訴えた。

裁判所は，通報義務の意義は，事業計画実施国のEIAの実施過程に，他方の締約国が参加することを可能とする点にあるため[21]，この通報は，環境許可発給前に行われなければならなかったとして，ウルグアイの手続的義務違反を認めた。さらに41条に関しても，締約国は，当該条項の義務の適切な履行のために，越境損害を引き起こす可能性のある活動に対してEIAを実施しなければならず，その実施については，「計画事業が，国境を越えて，とりわけ共有資源に対し深刻な悪影響を及ぼす危険を有する場合には，EIAを実施する一般国際

18）*Dissenting Opinion of Judge Weeramantry, ICJ Reports 1995,* p. 344; *Dissenting Opinion of ad hoc Judge Sir Geoffrey Palmer, ibid.,* p. 411.

19）Usines de pâte à papier sur le fleuve Uruguay (Argentine c. Uruguay), arrêt, *CIJ Recuiel 2010,* p. 14；岡松暁子「環境影響評価－パルプミル事件」小寺彰・森川幸一・西村弓編，前掲書，162～163頁。

20）(a)水環境の保護・保全，とりわけ水質汚染を防ぐために，適用可能な国際規則と国際的な技術機関の勧告に基づいて適切な規則を制定し措置を講じること，(b)それぞれの国内法体系において，水質汚染を防ぐために現在行っている有効な技術的要求と，違反に対する既に規定されている罰則を緩和しないこと，(c)それぞれの国内法体系において水質汚染に関わる規則を制定する場合には，他方締約国が同等の規則を制定するために，互いに通知すること。

21）この点についてより詳細には，松井芳郎『国際環境法の基本原則』東信堂，2010年，219～226頁。

法上の義務が存在する」と考えることが，近年，各国に広く受け入れられている国家実行であり，当該条項の規定する保護・保全の義務は，この実行にしたがって解釈されなければならない，と判示した。その上で，計画事業の潜在的な影響に対するEIAがなされなければ，当該条項が示唆する相当の注意義務，「警戒」および防止義務が履行されたとみなすことはできない，とした[22)]。

③　深海底活動保証国の責任及び義務勧告的意見[23)]　本件は，国際海底機構（ISA）理事会からの要請に基づいて，国際海洋法裁判所の海底紛争裁判部が深海底鉱物資源の探査・開発に関して，個人・企業が割り当てられた鉱区で開発をする際に，汚染防止に対して締約国が保証する範囲を示した勧告的意見である。

裁判部は，保証をする締約国は，汚染防止について，関連国内法を制定し実施すればよいが，深海底における関連活動のEIA実施義務は国連海洋法条約第11部実施協定附属書1節1によって要請されており，保証国はその履行を確保する相当の注意義務を負うとした。その上で，EIA実施義務は慣習国際法上の一般的義務でもあり，206条におけるすべての国に関する直接的義務，153条4項の下で機構を援助する保証国の義務の一側面として規定されているとした[24)]。

2　国際環境法におけるEIAの位置づけ

国際環境法上，国家は「相当の注意」をもって他国の環境に損害を与えないようにする領域使用の管理責任を負っている。しかしながら，個々の国家に期待される注意の程度には差異があり，その明確化は個別条約の規定や国家の裁量に委ねられてきた[25)]。そのような中で，ウルグアイ川製紙工場事件において，

22）EIAの範囲と内容については，規程にも一般国際法にも特定の規定はなく，また両国ともエスポ条約の締約国でもないため，各締約国によりそれぞれの国内立法もしくは事業計画の許可手続において決定される。また，EIAは事業実施前に行われなければならず，事業が一旦開始されたならば，事業が終了するまで継続的な監視を実施しなければならない。*Ibid.*, pp. 83–84, para. 205.

23）Responsibilities and Obligations of States Sponsoring Persons and Entities with Respect to Activities in the Area, Seabed Dispute Chamber of the International Tribunal for the Law of the Sea, Advisory Opinion, 1 February 2011, *ITLOS Reports 2011*, p. 10. 本件の詳細は，佐古田彰「深海底活動と環境保護：深海底活動責任事件」繁田泰宏・佐古田彰編集代表『ケースブック国際環境法』東信堂，2020年，132～136頁。

24）主文は，*ibid.*, p. 50, para. 242。理由部分は，*ibid.*, p. 50, para. 145。

25）特に環境分野においては，「共通に有しているが差異のある責任」に基づき，各国の能力に従った行動をとれば足りるとされ，内容の一般化は困難である。

EIAを，これが実施されなければ国家はその「相当の注意」義務を履行したとは言えないとして，「相当の注意」の存在を認定する一つの判断要素とし，さらにその義務的性格の一般性に踏み込んだ点は画期的な判断であった。その後の国際海洋法裁判所海底紛争裁判部は，より明確にEIAの実施を一般国際法上の義務として認める旨の勧告的意見を出している。このように近年の国際判例において，EIA実施義務の一般国際法上の義務としての性質が積極的に評価されるようになってきたことは注視されるべき点であり，少なくともEIAが慣習国際法として確立する過程にあるということはできよう[26)]。

Column⑨

自然・文化遺産の保全

自然遺産の保存制度

2019年12月，2021年の登録を目指して，ユネスコに，「世界文化遺産」として「北海道・北東北の縄文遺跡群」を推薦することの閣議了解がなされた。ご当地では歓迎ムードに包まれている。他方，「世界自然遺産」への登録を目指していた「奄美大島，徳之島，沖縄島北部及び西表島」については，2018年ユネスコの諮問機関としての国際自然保護連合（IUCN）が「登録延期」を勧告したため，2020年現在，登録を再挑戦しようとしている。仮に世界遺産に登録されると，世界中から注目を浴び，「遺産」として保護の対象となるだけではなく，観光資源としても利用可能性があり地域の活性化につながるとして，世界遺産への登録申請が近年注目されている。

この世界遺産は，世界遺産条約（以下ここでは「条約」とする。）上，「文化遺産」，「自然遺産」，そして「複合遺産」に分かれる。このうち，「自然遺産」については，

① 「自然の記念物」で「鑑賞上又は科学上顕著な普遍的価値を有するもの」，
② 「脅威にさらされている動物」「植物の種の生息地」，「自生地であり明確に限定された区域」などで「科学上又は保存上顕著な普遍的価値を有するもの」，
③ 「自然地区」などで「科学上，保存上もしくは自然の美観上顕著な普遍的価値を有するもの」

と定義づけられている。条約の締約国は，自国内の候補地などのリストを世界遺産委員会（8条）に提出し（11条），「自ら定めた基準」に照らして，顕著な普遍的価値を有す

26)「有害活動から生じる越境損害の防止条文」草案第7条のコメンタリーも，活動から生じる有害な影響のEIAの必要性は多くの国際条約に取り込まれており，特定の活動が深刻な越境損害を引き起こす可能性があるかどうかを評価するためにEIAを要請する国家実行は，「もはや広く普及している」としている。A/56/10, *YILC,* 2001, Vol. II, Part 2, p. 158.

ると認めるものの一覧表（「世界遺産一覧表」）を作成，公表することとされている。自然遺産の場合は，「自然景観」，「地形・地質」，「生態系」，「生物多様性」の４つのカテゴリーに関する基準のうちの一つを満たす必要がある。2020年４月現在，我が国の自然遺産の数は，「知床」，「白神山地」，「小笠原諸島」，「屋久島」の４つとなっている（文化遺産は19が記載）。

課　　題

世界自然遺産として登録された場合には，条約の締約国は，当該自然遺産を保護・保存・整備活用を行い，次世代へ伝承を確保することを義務として認識しつつ，「最善を尽く」さなければならない（４条）。近年は，特に条約発効当初には行われていなかった，登録後の定期的な報告などの取組措置などが要求されている。以下いくつか課題を見てみる。

まず，多様な主体による保護・保存の大変さがあげられる。国の省庁でいうと，環境省，林野庁，文化庁など，地方レベルでは都道府県，市町村はもちろん，NGO/NPO，地域産業組合，研究者，住民など様々な主体が関わる。我が国の場合は，これらの主体が参加して，世界遺産地域ごとに「地域連絡協議会」，「科学委員会」が置かれており，連携や順応的管理を行っている。登録時だけでなく登録後の管理の在り方においても，意見や利害関係が対立するような場合，どの範囲の主体が参加しどのように意見集約を行うかは，大きな課題である。

さらに，自然遺産を管理するための国内法も様々である。我が国では，世界遺産条約を国内で実施するための統一的な法律は策定せず，既存の法で対応することとされている。自然条約の場合は，自然公園法，自然環境保全法をベースにして規制がなされる。前者は，自然公園の指定とその利用のための規制，行為制限，後者は原生自然環境保全地域指定に伴う工作物の設置，植物の採取などの行為の禁止，立入制限があげられる。それだけでなく，鳥獣保護法，種の保存法，森林法などによる制限もありうる。これらが複合的に絡み合ってコントロールする形であるが，法律間においても調整を要する場合があり（例.自然環境保全法14条１項），どのような組み合わせが効果的か，規制の効果の検証やそれを受けた改善をどうするかが検討しづらい面がある。

最後に，自然遺産の保護・保全と観光などへの利用との調整の問題がある。観光客の増加によって経済は潤うが，「保護・保全」という本来の目的との間で衝突が懸念されることがある。たとえば1993年に自然遺産に登録された屋久島の場合は，1993年時点の島への入込客数が約21万人であったのが，2007年には40万人を超えるまで増加した。そこでは観光客が落とすごみの問題や遺産そのものへの損傷の問題がある。実際，このような懸念から，冒頭で示した「奄美大島，徳之島，沖縄島北部及び西表島」の登録申請で，沖縄県が行ったアンケートでは登録に否定的な回答者が，西表島の回答者住民のうちの41%に上ったことも指摘されている。

これらの課題にどう向き合っていくかが問われている。（庄村　勇人）

2 国内法における枠組み

I　環境影響評価とは何か

1　環境影響評価法の定義と機能

環境影響評価法は，環境影響評価を「事業……の実施が環境に及ぼす影響……について環境の構成要素に係る項目ごとに調査，予測及び評価を行うとともに，これらを行う過程においてその事業に係る環境の保全のための措置を検討し，この措置が講じられた場合における環境影響を総合的に評価すること」（2条1項）と定義している。

この定義で言及されている環境影響評価の対象となる「環境の構成要素に係る項目」とは，典型7公害や生態系，温室効果ガス，放射線の量などである（図表14-1）。

環境影響評価法の環境影響評価は，事業に係る意思決定を行うための仕組みの一つとして位置づけられる。事業に係る意思形成過程に環境影響評価手続が組み込まれることで，かかる意思形成過程を合理的な根拠に基づくものとすることができる。環境影響評価法の環境影響評価は事業アセスメントと称され，戦略的環境アセスメント（Strategic Environmental Assessment：SEA）と区別して論じられる。事業アセスメントは，事業の実施段階での環境影響評価であり，事業に係る意思形成過程の最終段階に近接した段階で行われる。これに対して，SEAは，事業実施段階よりも前の段階，たとえば，政策策定過程，法律の制定過程で環境影響評価を行うための仕組みである（upstream consideration of environmental impact）。

環境影響評価には限界もある。環境影響評価の根拠とする情報の収集の範囲の適否やその解釈の仕方については科学的知見に伴う不確実性がある。また，環境影響評価は将来の予測であるがゆえに，つまり，仮説について実証を経たものではないという意味でも不確実性から自由ではない。

図表14-1　環境アセスメントの対象となる環境要素の範囲

<table>
<tr><th colspan="6">環境の自然的構成要素の良好な状態の保持</th></tr>
<tr><th colspan="2">大気環境</th><th colspan="2">水環境</th><th colspan="2">土壌環境・その他の環境</th></tr>
<tr><td colspan="2">・大気質
・騒音
・振動
・悪臭
・その他</td><td colspan="2">・水質
・底質
・地下水
・その他</td><td colspan="2">・地形，地質
・地盤
・土壌
・その他</td></tr>
<tr><th colspan="6">生物の多様性の確保および自然環境の体系的保全</th></tr>
<tr><td colspan="2">植物</td><td colspan="2">動物</td><td colspan="2">生態系</td></tr>
<tr><th colspan="6">人と自然との豊かな触れ合い</th></tr>
<tr><td colspan="3">景観</td><td colspan="3">触れ合い活動の場</td></tr>
<tr><th colspan="6">環境への負荷</th></tr>
<tr><td colspan="3">廃棄物等</td><td colspan="3">温室効果ガス等</td></tr>
</table>

出典：環境省HP（https://assess.env.go.jp/1_seido/1-1_guide/1-5.html［閲覧日2021年８月10日］）

2　環境影響評価制度の展開

環境影響評価を最初に法制度化したのは米国で，1969年に国家環境政策法（National Environmental Policy Act：NEPA）が制定された。その後，カナダ（1973年），オーストラリア（1974年），旧西ドイツ（1975年），フランス（1976年）において環境影響評価が法制化された。

わが国で環境影響評価法が制定されたのは1997年であるが，それ以前にも環境影響評価手続の必要性は意識されていた。四日市ぜんそく公害事件において，裁判所は，損害賠償にかかる注意義務を論じるにあたり，環境影響を考慮して工場の立地する必要性を指摘している（津地四日市支判昭47・7・24判時672・30）。公有水面埋立法などの個別法では環境影響評価の実施が明定されていた。1981年には，環境影響評価法案が上程されたが，衆議院の解散により廃案となったものの，同法案に代わるものとして「環境影響評価の実施について」が閣議決定され（いわゆる閣議アセス），同アセスに基づく環境影響評価の実績が積み重ねられた。いくつかの地方自治体では，国に先行して，環境影響評価に関する要綱（福岡県）や条例（川崎市）を制定していた。環境影響評価法が制定される以前に，北海道，埼玉県，東京都，神奈川県，岐阜県，川崎市が同条例を制定していた。

環境基本法において環境影響評価のために必要な措置を講ずると規定され（20条），第１次環境基本計画（1994年）において，この制度化が課題として明記されるに至る。そして，1997年に，わが国で初めて，環境影響評価手続法が制定されることとなった。同法が制定されて以降，47都道府県，20政令市が環境影響評価条例を制定している（政令市以外の自治体でも条例は制定されている）。2010年には，環境影響評価法が改正され，計画段階配慮手続が導入されるなど，わが国において，環境影響評価制度の充実化が図られている一方，同法についてはいくつかの問題点も指摘されている。以下では，環境影響評価法が定める環境影響評価手続について概説する。

Ⅱ　環境影響評価法に基づく環境影響評価手続

1　環境影響評価の実施主体

環境影響評価法は，環境影響評価の実施主体（調査・予測・評価主体）を事業者とする（１条。環境基本法20条も参照。）。実施主体を事業者としたのは，事業を行う事業者が，当該事業の環境影響とその影響に応じた環境保全措置の内容

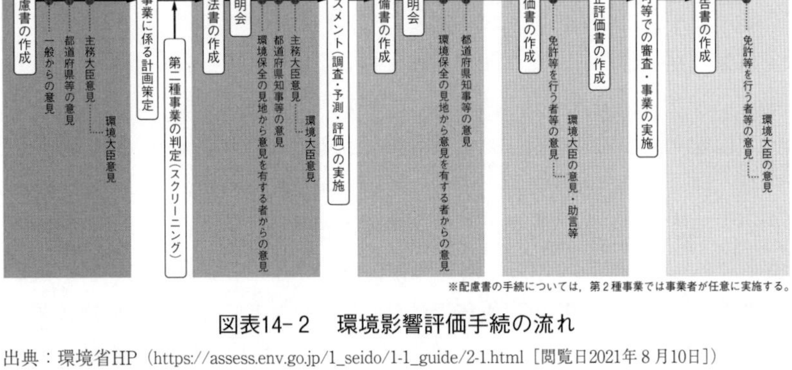

図表14-２　環境影響評価手続の流れ

出典：環境省HP（https://assess.env.go.jp/1_seido/1-1_guide/2-1.html［閲覧日2021年８月10日］）

をもっともよく理解していることを理由とするが，事業者自らが調査，予測および評価を行うという仕組みは普遍的なものではない。

2　対象事業・スクリーニング手続

環境影響評価法は，環境影響評価が行われる対象事業として第一種事業を挙げる（2条2・4項）。第一種事業は，事業規模が大きく環境への影響の程度が著しいものである（図14-3参照）。当該事業が第一種事業に該当すれば，それは対象事業となり，環境影響評価が行われる。対象事業については，環境影響評価手続が終了するまでは工事に着手できない（31条1項）。

第一種事業とは別に，第二種事業という類型が存在する（2条3項）。これは，第一種事業に準ずる規模であって，環境影響の程度が著しいものとなるおそれがあるかどうかについて，個別に判定が必要とされる事業である（2条3項）。その判定のための手続（4条）をスクリーニング手続と呼ぶ。ある事業が第二種事業に該当し，スクリーニング手続が行われた結果，環境影響評価が実施されるべきと判定されれば，その事業は「対象事業」となり，環境影響評価が行われる。

環境影響評価法制定当時には対象事業に含められていなかったが，2012年から風力発電が，2020年から太陽光発電が対象事業に含められている（第13章「再生エネルギー」参照。）。地熱・風力発電事業や火力発電所のリプレース事業に係る環境影響評価手続については，運用上，手続の迅速化・簡素化の取組みが行われている。東日本大震災に係る災害復旧計画に定められた発電設備の設置事業や復興整備事業としての鉄道・軌道事業や土地区画整理事業は環境影響評価法の適用除外となっている。

3　配慮書作成手続

環境影響評価法における環境影響評価手続は事業実施段階に行われるものであるが，第一種事業については，詳細な事業内容や工事実施計画を決定する段階（事業を行う位置や規模が確定した段階）より前の，事業の規模・配置・構造などの事業内容が決める段階で環境影響評価手続が始まる。それが，計画段階環境配慮書作成手続である（3条の2）。これは，2011年の法改正で導入された手続である。改正以前は，詳細な事業内容や工事実施計画を決定する段階で環

図表14-3　環境影響評価法の対象事業

対象事業	第一種事業	第二種事業
1　道　路		
高速自動車国道	すべて	―
首都高速道路など	4車線以上のもの	―
一般国道	4車線以上・10km以上	4車線以上・7.5km～10km
林　道	幅員6.5m以上・20km以上	幅員6.5m以上・15km～20km
2　河　川		
ダム，堰	湛水面積100ha以上	湛水面積75ha～100ha
放水路，湖沼開発	土地改変面積100ha以上	土地改変面積75ha～100ha
3　鉄　道		
新幹線鉄道	すべて	―
鉄道，軌道	長さ10km以上	長さ7.5km～10km
4　飛行場	滑走路長2,500m以上	滑走路長1,875m～2,500m
5　発電所		
水力発電所	出力3万kW以上	出力2.25万kW～3万kW
火力発電所	出力15万kW以上	出力11.25万kW～15万kW
地熱発電所	出力1万kW以上	出力7,500kW～1万kW
原子力発電所	すべて	―
太陽電池発電所	出力4万kW以上	出力3万kW～4万kW
風力発電所	出力1万kW 以上	出力7,500kW～1万kW
6　廃棄物最終処分場	面積30ha以上	面積25ha～30ha
7　埋立て，干拓	面積50ha超	面積40ha～50ha
8　土地区画整理事業	面積100ha以上	面積75ha～100ha
9　新住宅市街地開発事業	面積100ha以上	面積75ha～100ha
10　工業団地造成事業	面積100ha以上	面積75ha～100ha
11　新都市基盤整備事業	面積100ha以上	面積75ha～100ha
12　流通業務団地造成事業	面積100ha以上	面積75ha～100ha
13　宅地の造成の事業（「宅地」には，住宅地，工場用地も含まれる）		
住宅・都市基盤整備機構	面積100ha以上	面積75ha～100ha
地域振興整備公団	面積100ha以上	面積75ha～100ha

○　港湾計画	埋立て・掘込み面積の合計300ha以上

港湾計画については，港湾環境アセスメントの対象になる。

出典：環境省HP（https://assess.env.go.jp/1_seido/1-1_guide/1-4.html［閲覧日2021年8月10日］）

境影響評価手続が開始されていた。第二種事業については，この手続を実施するかは任意である。計画段階環境配慮書作成手続もあくまで事業実施段階での手続であって，SEAとは異なる。

4　方法書（スコーピング手続）

(1)　方法書の内容　　対象事業が確定し計画段階環境配慮書が策定された後に，環境影響評価方法書（以下「方法書」という。）の策定手続が行われる（5条以下）。方法書とは，どのような方法で調査・予測・評価を行うのかを記載した文書である。方法書には，「対象事象の目的及び内容」，「対象事象が実施されるべき区域……及びその周囲の概況」や「対象事業に係る環境影響評価の項目並びに調査，予測及び評価の手法」が記載される。

(2)　方法書作成手続　　事業者は，「対象事業に係る環境影響を受ける範囲であると認められる地域を管轄する都道府県知事及び市町村長」に方法書を送付し（6条），関係地方公共団体の長からの情報を収集する（9・10条）。これと併せて，方法書は公告され，「対象事業に係る環境影響を受ける範囲であると認められる地域」において1か月間縦覧される（7条）。方法書について，「環境の保全の見地からの意見を有する者」は「公告の日から，……縦覧期間満了の日の翌日から起算して2週間を経過する日までの間に」，意見書を提出することができる（8条）。これに加え，事業者は，上記地域において，方法書の説明会を開催することが義務づけられている（7条の2）。以上の手続を経て，事業者は，「環境の保全の見地からの意見を有する者」から提出された意見に配意し，関係地方公共団体の長からの意見を勘案して，「対象事業に係る環境影響評価の項目並びに調査，予測及び評価の手法」を確定する（11条）。

5　準　備　書

(1)　準備書の内容　　方法書が確定した後，環境影響評価が実施される。そして，環境影響評価をとりまとめた環境影響評価準備書が作成される。この準備書には，方法書に記載された事項や方法書に対する意見のほか，環境影響評価の調査結果のうち，「調査の結果の概要並びに予測及び評価の結果を環境影響評価ごとにとりまとめたもの」（14条7号イ），「環境の保全のための措置（当該措置を講ずることとするに至った検討の状況を含む）」（14条7号ロ），環境の保全のための「措置が将来判明すべき環境の状況に応じて講ずるものである場合には，当該環境の状況の把握のための措置」(14条7号ハ) や「環境影響の総合的な評価」(14条7号ニ) などが記載されなければならない。環境影響評価では代替案の検討は義務づけられていない。

(2)　準備書作成手続　　事業者は，「対象事業に係る環境影響を受ける範囲であると認められる地域（……『関係地域』……）を管轄する都道府県知事……及び……市町村長」に送付し (15条)，関係地方公共団体の長から情報を収集する (19・20条)。

準備書についても，方法書と同様の手続で，「環境の保全の見地からの意見を有する者」は意見書を提出することができる (16・18条)。事業者は，「関係地域」内において説明会の開催をしなければならない (17条)。「環境の保全の見地からの意見を有する者」が意見書を提出しても，事業者から応答はなされず，一方通行の手続である。これは方法書段階での意見書提出手続でも同様であり，行政手続法の意見公募手続で，意見書提出に対する応答手続が定められているのと対照的である。那覇地裁は，方法書案および準備書案に対する意見提出手続を事業者が情報を収集するための手続として理解し，事業が実施される近隣住民らによる，意見提出手続の瑕疵を理由とする確認の訴えの利益を否定する (那覇地判平25・2・20訟月60・1・1)。オーストラリア・ニューサウスウェールズ州では，何人 (any person) にも環境影響評価手続の瑕疵を理由とする訴訟の提起を認めている。

6　評　価　書

事業者は，「環境の保全の見地からの意見を有する者」から提出された意見と関係地方公共団体の長からの意見を踏まえて環境影響評価書を作成し，対象事業の許認可権者に送付する (21・22条)。環境影響評価書の作成にあたり，方法書や準備書手続と同様の意見提出手続や説明会の開催は要求されていない。環境影響評価書にいかなる瑕疵があれば対象事業の許認可の取消事由となるのかについて，裁判所はそのための判断基準を示していない (福岡高裁は，環境影響評価における予測には一定の不確実性が伴うことは避けられないため，当初の環境影響評価で予測されていなかった結果が発生したことをもって，同評価が違法とはいえないとする［福岡高那覇支判平21・10・15判時2066・3］)。

7　横断条項

環境影響評価法33条は，対象事業の許認可権者が，事業に係る許認可などの要件判断において，環境影響評価書を考慮しなければならないと規定する。対象事業に係る許認可要件に，環境配慮要件が規定されていない場合でも，許認可権者は，この33条の規定に基づいて評価書の評価を考慮に入れなければならない。これを横断条項という。横断条項の適用にあたり，環境配慮要件の判断が違法となる場合として，東京地裁が，「その判断が事実の基礎を欠きまたは社会通念上著しい妥当性を欠くことが明らかであるなど，免許等を行う者に付与された裁量権の範囲を逸脱し又はこれを濫用したものであることが明らかである」場合であるに加えて，「環境影響評価手続の過程において手続上の瑕疵のために環境影響評価を左右する重要な環境情報が収集されずそのまま環境影響評価の結果が確定された場合等には，免許等を行う者による環境配慮審査適合性が認められるとの判断が違法とされる余地があるものと解される」と判示した点は注目される（東京地判平23・6・9訟月59・6・1482)。

8　フォローアップ手続

環境影響評価手続が終了した後に事業者は工事に着手することができる（31条)。工事の実施において，事業者は，環境保全措置と事後調査の結果を公表し，許認可権者に報告しなければならない（38条の2ないし38条の5)。この公表と報告の結果，十分な保全措置が講じられていない場合や工事が環境影響評価に記載された通りに実施されていない場合には，許認可権者は許認可の取消しができると解される。環境保全措置を講じたとしても，著しい環境影響が生じる可能性が判明した場合には，許認可権者は許認可の撤回も可能と解される。

Column⑩

景観の保全

景観というものは，人々が地域の自然条件を生かしながら，生産活動および文化活動を繰り広げる中で長い時間をかけてつくり上げてきたものである。そのため，景観を保全するには多数の人々が継続的に関与していくことが必要になる。しかしながら，「よりよい景観の保全」といった場合，人々の間に「よりよい景観」についての共通理解が存在するわけではない。それゆえ，多数の者が賛同する地域の開発行為であったとしても，ある者にとっては，なじみのある景観が損なわれてしまうということも起こりうる。景観を保全していくためには，何よりも無秩序な開発行為を抑制することが求められよう。また，開発行為を行うにあたり，利害関係者が開発行為のプロセスに関与することで，最善とまでは言えなくとも，多数の者にとって，よりよい景観を維持できるような開発行為に変更していくことも必要であろう。

1　景観保全に関する法制度

景観の保全に関わる法制度として，まずは，無秩序な開発行為を抑制していくものに建築基準法および都市計画法の定める仕組みがある。前者は建築物の構造，設備および用途に関する最低基準を定めている。建築物自体の安全性を確保する（単体規定）とともに，日照規制，建ぺい率，容積率など土地の利用規制（集団規定）があり，無秩序な開発行為の抑制には集団規定が役立つ。後者は，土地利用に関する根幹的な法律であり，都道府県により都市計画区域を指定することによって，特定の計画区域内での開発行為の制限，区域ごとに異なる建築基準法の集団規定の適用などが行われる。2004年には，良好な景観の形成を促進するために景観法が制定された。都道府県，指定都市，中核市，市町村（景観行政団体）は良好な景観の形成に関する計画（景観計画）を策定する。景観計画では，景観計画区域，当該区域における良好な景観形成のための行為制限の基準などを定める。計画区域内で建築物，工作物を新築，増築などをしようとする者は景観行政団体に届出を行う。同行政団体は，必要に応じてこれらの者に勧告を行う。さらに市町村は，市街地の良好な景観の形成を図るため，都市計画に景観地区を定め，景観地区内の建物の意匠，高さの最高限度または最低限度，建築物の敷地面積の最低限度などを定める。景観地区内に建築物を建築しようとする者は，市町村長に申請書を提出して認定を受ける必要がある。利害関係人が開発行為プロセスに関与していく仕組みとして，住民から景観行政団体に対して，景観計画の策定または変更の提案という規定を設けている。よりよい景観を形成するため，住民のイニシアティブの下で手続きを進める仕組みが採用されているのが目を引くところである。

2　景観を裁判で争うことができるのか

では，より良い景観が損なわれてしまう場合またはすでに景観が損なわれてしまった場合に，景観が損なわれたことについて個人の法的権利または法的利益として，開発行為の差止めを求め，または権利侵害に対する賠償請求をすることができるのだろうか。よりよい景観は行政施策によって保護されるべきものであっても，個々の国民または個々の地域住民独自に私法上の個別的な権利または利益として構成することはできないとの主張もなされている。国立マンション事件において最高裁は，不法行為の対象となる景観利益の存在を初めて明確に認めた。良好な景観に近接する地域内に居住し，その恵沢を日常的に享受している者は，良好な景観が有する客観的な価値の侵害に対して密接な利害関係を有する者にあたり，これらの者が有する良好な景観の恵沢を享受する利益（景観利益）は，法律上保護に値する。また，同判決では，景観利益を超えて「景観権」の存在こそ認めなかったが，景観利益は不法行為の対象になりうるとする。そして，違法な権利侵害行為に当たるのは，その侵害行為が刑罰法規や行政法規の規制に違反する，または公序良俗違反や権利の濫用に該当するものであるなど，侵害行為の態様や程度の面において社会的相当性を欠く場合であると述べた（最判平18・3・30民集60・3・948）。このように侵害行為が社会的相当性を欠く場合には，景観利益が損なわれたものとして不法行為に基づく損害賠償請求することは可能である。なお，建築工事の差止請求が認められるか否かは，判断が分かれるところである。次に，国または公共団体による開発行為を止めようとして，行政訴訟を提起する時に，原告の法律上保護されている利益として景観の利益を主張できるかどうか（原告適格）も問題になる。鞆の浦訴訟において，裁判所は，国立マンション事件判決を踏まえたうえで，景観利益を有する者は，公水法上意見書提出権が認められている利害関係人に当たること，鞆の景観の価値・回復困難性といった被侵害利益の性質ならびにその侵害の程度を総合勘案し，公水法およびその関連法規（瀬戸内法）は，法的保護に値する鞆の景観を享受する利益をも個別的利益として保護するものとの趣旨を含み，当該景観による恵沢を日常的に享受している者に原告適格を認めている（広島地判平21・10・1判時2060・3）。

（倉澤　生雄）

第15章 環境問題の紛争解決

1 国際法における紛争解決

I 国際法おける紛争の平和的解決と環境問題

20世紀に入り，二度の世界大戦を経て，現代国際法は，戦争に対する考え方を無差別戦争観から戦争違法観へと大きく転換させた。現在では国際連合憲章第2条4項に明記されている（威嚇を含めた）武力行使禁止原則は，慣習国際法となっており，諸国は，国家間の紛争を武力で解決してはならず，平和的な紛争解決手続をとらなければならない。

紛争の平和的解決方法とは，様々な方法がある。国際連合憲章は，交渉，審査，仲介，調停，仲裁裁判，司法的解決，地域的機関などを平和的手段による解決の例として挙げている（33条1項）。国家は，自国が抱えている紛争について，どのような方法を選択しても構わないし，複数の紛争解決方法を同時に進めることもできる。

上記の国際法における紛争の平和的解決方法は，大気汚染や海洋汚染といった越境環境問題でも当然当てはまる。国境を越える環境破壊が発生した場合，原因国と被害国は，最初に当事国同士で直接交渉を始めることが一般的である。ここで，環境被害の事実や原因行為の特定と違法性などについて協議を行う。したがって，交渉は紛争解決の最も単純かつ原初的な形式であると同時に，最も迅速な紛争解決方法である。多くの二国間および多数国間環境協定は，条約の解釈および適用に関して争いがある場合は，まず誠実に交渉することを規定している。また国際裁判判例でも，信義誠実の原則を根拠に環境に影響を与える活動を行う場合には，相手国の要請に応じて協議する義務があるとされている（1957年ラヌー湖事件仲裁裁判判決など）。もっとも，交渉で解決する場合，解決方法や合意内容について明らかにされないこともあり，国家間の政治的な力関係で処理される危険性もある。逆に，事実認識の相違や適用する法の存否などについて合意できないことも多く，交渉で紛争が解決しないことは当然想定される。したがって，交渉で解決しない場合は，中立的で公平な第三者が間に入って紛争を解決することが期待される。

審査，仲介，調停，仲裁裁判，司法的解決，および地域的機関は，紛争解決手続のうち，第三者が介入することに共通点がある。このうち，仲裁裁判と司法的解決は，第三者の決定に法的拘束力があることが特徴である。

審査は，紛争当事者間で事実認識に相違がある際に用いられる紛争解決手続である。公平な第三者が紛争の争点となった事故や事件について事実関係を調査し，それを報告する。審査機関には独立性と公平性が要求される。環境紛争の場合，科学的な検証により事実が明らかになり，それにより紛争が解決されることが期待される。もっとも，当事国は審査結果に従う必要はなく，実際に自国に不都合な結果が出ることを嫌うため，越境環境紛争を解決する手段として審査が選択される例は少ない。仲介および調停は，第三者が事実認定だけでなく，当事国の間で積極的に紛争解決に関与する。このうち，仲介は，第三者が紛争当事国の交渉の機会を設定したり，両者の主張を調整することにより，対立を緩和し，解決を促す手法である。調停は，仲介よりも積極的に紛争解決に関与し，中立的な第三者が，事実関係や紛争当事国の主張を検討し，友好的解決のために適当な解決案を提示する手続きである。なお気候変動枠組条約では，紛争解決手続を定める第14条でいずれかの紛争当事国の要請があったときは，各紛争当事国が指名する同数の委員および指名された委員が共同で選任する委員長によって構成される調停委員会が設置される（6項）。調停委員会は，勧告的な裁定を行い，紛争当事国はその裁定を誠実に検討する（同項）。もっとも，これまでこの調停委員会が設置されたことはない。

Ⅱ　環境紛争の司法的解決

大気汚染や海洋汚染のような国境を越えて発生する越境環境問題については，行為国と被害国の間で，事実認定や行為の国際法上の評価について争いが生じ，直接の交渉や第三者が関与する仲介や調停で解決が図れない場合，国際社会にも裁判所に提訴することで紛争を解決する手続きが存在する。

しかしながら，国際社会は，国内社会と異なり，強力で統一の司法管轄権を持つ組織が存在しない。したがって，越境環境問題の場合，悪影響を受けた被害国が加害国を一方的に訴えても，訴訟が開始されるとは限らない。また，提起される裁判所も，国連の主要機関の一つである国際司法裁判所や当事者の合意によって設置される仲裁裁判所の他に，海洋問題であれば国際海洋法裁判所，貿易問題であればWTO紛争解決パネルなど，多様な裁判所が存在する。また，厳密には司法的解決ではないが，自由権規約委員会など人権条約の監視機関の個人通報制度により，生命に対する権利や少数民族の権利といった環境保護に関連する権利が審理されることもある。

前述したとおり，国際社会は，司法管轄権も分権的であるため，原則として国家間の紛争は紛争当事国の同意がなければ訴訟は開始されない。当事国の同意は，環境紛争後に付託合意の形式で紛争解決機関の特定や適用基準の確定が行われることもあるが，紛争前に当事国が締結した条約の中であらかじめ紛争解決条項が定められているため，その合意を根拠として，一方的に訴えることができる場合もある。WTO紛争解決パネルや国際海洋法裁判所は，それぞれの手続きは異なるが，最終的に法的拘束力のある判決により紛争を解決する手続きを置いている。

最後に，国際司法裁判所（以下，ICJ）における司法的解決のプロセスについて説明する。ICJは，国連の主要機関の一つであり，国連総会および安全保障理事会の選挙により選ばれた15名の裁判官によって構成される。裁判官は同時に同じ国籍の裁判官が選出されることはなく（ICJ規程３・８条），また係属された事件について，紛争当事国の国籍裁判官も出席できるほか，もし裁判官の中に国籍裁判官を有しない場合には，特任裁判官を選定することができる（31条）。

ICJ規程は，国際連合憲章と不可分の一体（国連憲章92条）をなし，全ての国連加盟国は，当然にICJ規程の当事国となる（同93条1項）。ただし，国連非加盟国も，安全保障理事会の勧告に基づいて，総会が各場合に決定する条件で規程当事国になることができる（同2項）。規程当事国はICJを利用できるが，そのことは裁判所が当事国間の紛争について強制管轄権を持つことを意味しない。ICJは，裁判を付託することについて，紛争当事国の事前または事後の同意を確認しなければならない。

事前の同意には，紛争をICJで解決することに合意する裁判条項やICJへの付託について別に定める裁判条約と，規程第36条2項に基づいてICJの強制管轄権を認める選択条項受諾宣言を紛争当事国双方が行っている場合がある。前者については，多数国間環境協定の多くは，紛争解決に関して，平和的手段による解決に努め，解決することができない場合に，「合意により」ICJや仲裁裁判所に付託することを規定するが，これは司法的解決を義務づけるものではない。また，環境問題について裁判条項または裁判条約を用意する二国間および多数国間の国際条約は多くはないが，アルゼンチンとウルグアイの間で争われたウルグアイ川製紙工場事件（2010年）では，両国間で1975年に締結されたウルグアイ川規程を根拠にICJは管轄権を確認し，ウルグアイが河岸に建設を許可した製紙工場について環境影響評価を行う義務に違反したと判断した事例がある。選択条項受諾宣言をしている国も規程締約国の半数にも満たないため，この手続きによる環境紛争のICJによる解決にも限界があるが，関連する事件として，オーストラリアが日本を提訴した南極捕鯨事件がある。同事件は両国が選択条項受諾宣言を行っていることからオーストラリアが日本を一方的に提訴し，裁判所は管轄権を容認した。なお，選択条項受諾宣言には，多くの国がICJの管轄権を抑制する留保を付しており，これがICJの管轄権行使をさらに困難にしている。前述の南極捕鯨事件で，捕鯨計画が科学的研究を目的としているという主張が認められず，捕鯨取締条約第8条違反を認定された日本は，判決後に海洋生物資源の調査，保存，管理または開発に関連する紛争を除外する留保を追加した。

事後の同意には，個々の紛争についてICJでの解決に同意する付託合意と，一方の当事国による単独の提訴に対して他方の当事国がその提訴に応じる応訴管轄がある。付託合意でICJに提訴された環境紛争としては，スロバキア（提訴開始時はチェコスロバキア）とハンガリーとの間で争われたガブチコボ・ナジマロシュ計画事件（1997年）がある。両国は，ドナウ川でのダム建設に合意したものの，後に河川の生態系への影響を理由にハンガリーが建設を中止したことから，環境保護を理由とした条約の終了が認められるかが争点となった。

応訴管轄については，環境紛争に関するICJでの先例は存在しない。

1992年のリオ会議を機に，ICJは，規程第26条１項に基づき，環境問題の処理のために，いわゆる「小法廷」と呼ばれる環境特別裁判部を設置し，環境紛争の積極的係属を促した。しかしながら，係属の事例は無く，2006年以降は担当裁判官を選出していない。

Ⅲ　多数国間環境協定における遵守手続

上記のように環境問題が国際裁判で争われる事例は多くない。特に多数国間環境協定の場合は，紛争解決手続で司法的解決が選択される可能性はほとんど無い。これは，多くの環境問題が，事後救済よりも事前防止を重視している現れでもある。

多数国間環境協定の遵守（compliance）とは，「多数国間環境協定……に基づく義務を当該協定の締約国が履行すること」を意味する。多数国間環境協定も国際条約である以上，当該協定に規定される義務の不履行は，一般的には国家責任法や条約法の適用を受ける。しかしながら，国家責任の帰結として原状回復や損害賠償を追求しても，事後救済的な効果にとどまることから，地球規模環境問題に期待される事前予防に十分対応できない。また条約法に基づく対応も，義務違反による協定の運用停止や終了は，協定の目的である環境保全に逆行する。そもそも，環境保全を含む国際社会の共通利益の確保を目的とした多数国間条約は，規定の義務違反国に対して厳格な制裁措置を用意することはほとんど無い。現実に，環境協定の義務の不履行が発生する場合は，発展途上国が多いが，それは，国家の故意・過失というよりも，資金や技術の不足を原因とする政策実施の能力上の問題であることが多い。したがって，多数国間環境協定における遵守手続（compliance measure/procedure）とは，協定締約国による義務の履行を協定機関が監視し，履行できない，または履行できなかった場合にその対応を協議し決定する協定内の手続きであり，国際環境法の中でも独自の発展を遂げてきた制度である。なお，協定によっては，不遵守手続と呼ぶものもあるが，制度の意義や性格に違いはない。

普遍的な多数国間環境協定として，遵守に関する規定をはじめて置いたのは，オゾン層の保護のためのウィーン条約に基づいて採択されたモントリオール議定書である。同議定書は，「不遵守（non-compliance：公定訳では「違反」）の認定及び当該認定をされた締約国の処遇に関する手続及び制度を検討し及び承認」（8条）し，第4回締約国会合（1992年）で不遵守手続及びその帰結として取ることができる措置の例示リストを採択した。その後，気候変動枠組条約のもとで採択された京都議定書，生物多様性条約のもとで採択されたカルタヘナ議定書及び名古屋議定書など，1992年のリオ会議以降に採択された多数国間環境協定のほとんどは，条文のなかで協定の不遵守に対する対処についての手続きおよび制度を効力発生後に開催される締約国会議で承認することを確認している。

多数国間環境協定の遵守手続は，その名称や機能を含めて協定ごとに異なるが，今日ではある程度の共通性を確認することができる。まず，環境協定ごとに，締約国会議の下に，遵守を検討するための専門の委員会（遵守委員会）が設置される。委員は，国連の地域グループなど地理的衡平性に配慮して選出されることが多い。締約国が委員として選出されるモントリオール議定書を例外として，ほとんどの遵守手続では，法律を含む関連分野の専門性を考慮しつつ，個人の資格で選出されている。

遵守手続は，事務局などの条約機関や締約国による付託によって開始される。特に締約国からの付託については，不遵守締約国自身による付託（すなわち自己申告）も受領可能である点が特徴的である。手続きが開始されると，事務局は関連締約国に情報を送付し，得られた回答および情報は委員会に送付される。関連締約国は委員会の討議に参加することができ，その結果を踏まえて，委員会は適当と考える措置を締約国に勧告する。

遵守手続の性格として，委員会によりとられる措置は，義務不履行に対して懲罰的・敵対的な性格を有するものではなく，事案の友誼的解決や協力的な遵守の促進を目的とする。したがって，不遵守の帰結は，手続きおよび制度の目的に応じて，助言または支援および遵守のための行動計画の作成などが含まれる。もっとも，オーフス条約や名古屋議定書の手続きが，不遵守の宣言を，モントリオール議定書や京都議定書の手続きが特定の権利停止を決定できるなど，制裁的色彩の濃い措置を用意する手続きも存在する。また，カルタヘナ議定書や名古屋議定書は，不遵守が継続する場合に特別の措置を検討することができる。

京都議定書の遵守手続は，遵守委員会のなかに遵守促進部と遵守執行部の二つの部会を置き，とくに，後者は京都議定書の中核的義務である先進締約国の温室効果ガス排出削減の数量化された約束（排出削減数値目標）を達成できなかった場合に，議定書の約束不遵守を宣言し，当該締約国の次期約束期間の割当量から超過排出量の1.3倍の排出量控除や遵守行動計画の作成のほか，議定書に定める排出量取引に基づく排出量の移転の適格性の停止を決定するなど，制裁色の濃い手続きを置いていたが，同議定書を継承するパリ協定の遵守手続は，前提となる温室効果ガス削減目標そのものに法的拘束力が無いこともあり，「敵対的でなく，及び懲罰的でない方法によって機能する」（協定15条２項）委員会が設置されている。

このような遵守手続の法的性質について，当初は，紛争解決手続の調停や裁判外紛争解決の形式と見られていたが，ほとんどの遵守手続は，その手続規則の中で，遵守に関する手続きおよび制度は，当該環境協定が別に規定する紛争解決手続を害することなく機能することを確認しており，紛争解決手続とは異なる環境協定独自の制度と認識することが適当である。

また，最近の遵守手続は，手続きにおける検討の透明性や正統性を確保することに留意している。京都議定書の手続きは，委員会の二つの部会の10名の委員のうち，１名を気候変動に脆弱な開発途上島嶼国から選出するが，パリ協定の遵守手続も，12名の委員を国連の５つの地域グループから各２名，並びに小島嶼開発途上国および後発開発途上国から各１名を選出するほか，ジェンダーバランスの目的を考慮に入れなければならない。また，名古屋議定書の遵守手続は，15名からなる委員会のほかに，オブザーバーではあるが，2名の先住人民の社会および地域社会からの代表を選出するなど，ステイクホルダーに配慮して委員会を構成している。

Column⑪

武力行使と環境保護

19世紀までの国際法（伝統的国際法）は，中世ヨーロッパで妥当していた「正しい戦争のみ許される」とする「正戦論」から，全ての戦争を平等に取り扱う「無差別戦争観」へと戦争に対する考え方を転換させた。20世紀に入り，2度の世界大戦を経て，現代の国際法は，「戦争の違法化」が国際連盟規約や不戦条約で確認され，さらに国連憲章は，威嚇を含む「武力行使禁止原則」を明記した（国連憲章2条4項）。その後の国連の実践や国際司法裁判所の判例などにより，現在では，この原則は国際法の中でも最も基本的な重要原則と位置づけられている。しかしながら，事実として今日も国家間の軍事衝突や内戦などの武力紛争は勃発しているし，自衛権（51条）や国連安全保障理事会による軍事的強制措置（42条）による武力行使も容認されている。結果として，戦時において適用される武力紛争法（国際人道法）は，現在も重要な国際法の一つとして機能しており，軍事行動が紛争地域の環境を破壊したり，地球環境全体に悪影響を及ぼす限りにおいて武力行使と環境問題は密接に関連している。

武力行使が環境を悪化させる場面は，以下のような状況で現れる。まず，1960年代に米国がベトナム戦争で展開した枯葉作戦のように，環境破壊そのものが武力攻撃の目的である場合である。また，シリア内戦による世界遺産破壊に見られるように，敵対勢力を威嚇し，脅威を与えるために文化財を破壊するといった行動に出る場合もある。同様に，軍事的優位性を確保するために，ダムや発電所などの施設を破壊するなど環境悪化が害敵手段として用いられることもある。次に，軍事行動自体は国際法上の義務を遵守しておこなわれたものであっても，結果として，その攻撃が環境に悪影響を与える場合がある。核兵器，生物兵器および化学兵器といった大量破壊兵器の使用はもちろんだが，対人地雷や劣化ウラン弾などの兵器は，それが放置されることによって地域の環境や生態系を徐々に悪化させる。さらに，平和と安全を維持する国連の活動そのものが，環境に悪影響を与えることもある。UNEPの報告書『Greening the Blue Report 2017』によれば，2017年に国連平和維持活動や政治的ミッション活動，およびそれらの支援活動によって，100万トン以上の二酸化炭素が排出されたという。

このような状況を踏まえ，国際社会は，軍事行動を規律する武力紛争法の中で環境への配慮を規律してきた。既に慣習国際法として定着している1907年のハーグ陸戦条約に附属する陸戦法規慣例規則でも，軍事目標主義や不必要な破壊の禁止などにより間接的に環境が保護されるが，さらに1977年のジュネーブ条約第一追加議定書では文化財の保護（53条）や自然環境の保護（55条）など，直接環境保護に関連した攻撃対象の制約を規定した。また1976年に採択された環境改変技術使用禁止条約では，地震や津波を人工的に発生させたり，台風やハリケーンの方向を変えるといった自然現象を故意に変更する技術の軍事的使用を禁止する。

国連の環境会議も武力紛争と環境保護の関係に関心を寄せてきた。最初の国連環境会議の成果文書であるストックホルム宣言（1972年）では，核兵器をはじめとする大量破壊兵器の除去および完全な排除に向けた努力を確認する（原則26）ことに留まっていたが，1992年に開催された国連環境発展会議（リオ会議）で採択されたリオ宣言では，より積極的に「戦争行為は，本質的に持続可能な開発を破壊する性質を有する」とした上で，「国は，武力紛争時における環境保護を規定する国際法を尊重し，必要に応じてその一層の発展のために協力する」ことを確認している（原則24）。

このような動きに加えて，湾岸戦争（1991年）でのイラクによるクウェート油田破壊等といった環境破壊を憂慮した国連は，1993年の総会決議48/30で，赤十字国際委員会に武力紛争時における環境保護に関するガイドラインの作成を依頼した。同委員会は，これに応えて1994年に「武力紛争時における環境の保護に関する軍事教範及び訓令のための指針」を提案した。同指針によれば，区別原則や均衡性原則などの武力紛争法の一般原則は，環境に対して保護を提供すると共に，国際環境法および慣習法の関連規則も，武力紛争法と両立する限りにおいて，武力紛争時において引き続き適用される。

また国連国際法委員会も，2013年に「武力紛争に関連する環境の保護」に関する原則文書の作成に着手し，現在までに原則草案が起草されている。同草案は，武力紛争時だけでなく，紛争前の平時の潜在的な武力紛争状態，および武力紛争後にいたる広範な時系列の中で軍事行動から環境の保護をはかろうとしている点に特徴がある。

（西村　智朗）

2　国内法における紛争解決

I　環境問題に係る紛争の特徴と紛争解決制度

環境問題に関する紛争としては，四大公害事件のように，大気汚染や水質汚濁といった公害を発生させた加害企業と被害者との紛争，空港建設や軍事基地建設のために海の埋立てを行う事業主体（国や地方自治体）とこれに反対する地域住民や環境保護団体，廃棄物処理施設や原子力発電所施設の設置・操業をめぐる事業者と地域住民との紛争などがある。

わが国では，環境問題をめぐる紛争を解決する法制度として，行政による紛争解決と司法的救済の制度が存在する。

II　行政による紛争解決

1　公害苦情処理制度

わが国では，行政一般に関する不平や不満などを受け付けて，行政機関がその解決を図るための制度が存在する。たとえば，総務省行政評価局による苦情処理や，行政相談員による苦情のあっせんなどがある。これらの苦情処理やあっせんの対象は限定されておらず，広く行政一般を対象としている。これに対して，公害に対象を限定した苦情処理制度が存在する。それが後述する公害紛争処理法に基づく公害苦情処理制度である（49条）。2018年度現在で，47都道府県と1,741市町村で，公害苦情処理を担当している職員数は10,912名である（公害等調整委員会事務局「平成30年度公害苦情調査」）。公害に関する苦情を受け付けた地方自治体は，公害防止のための改善策の検討や行政指導や，必要に応じて事案を都道府県公害審査会に移送するなどしている。

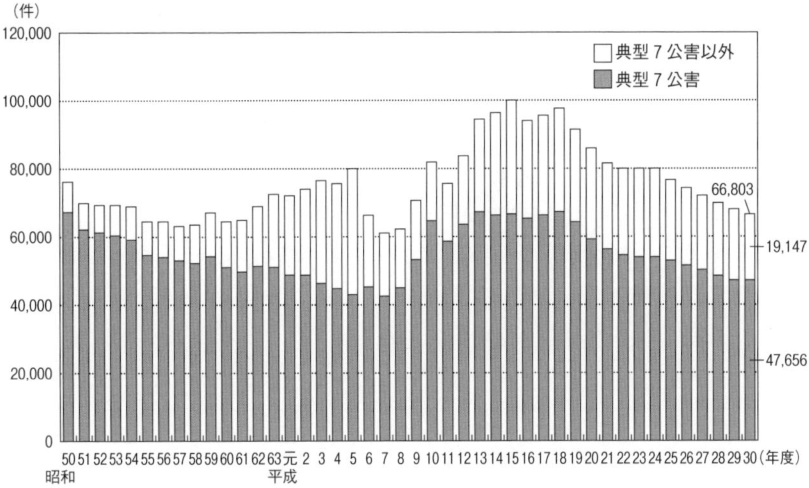

図表15-１　全国の公害苦情受付件数の推移

出典：公害等調整委員会事務局「平成30年度公害苦情調査結集報告集」2019年12月

公害苦情処理の制度は，公害の発生源となっている施設などに対して，公害防止や公害対策の実施を法的に義務づける仕組みをもつものではないが，裁判手続と異なり，費用や時間もかからず，簡単に苦情を申し出ることができる点にメリットがある。

2　公害等調整委員会および都道府県公害審査会による紛争処理

(1)　公害紛争処理法　　環境基本法は，「国は，公害に係る紛争に関する斡旋，調停その他の措置を効果的に実施し，その他公害に係る紛争の円滑な処理を図るため，必要な措置を講じなければならない」(31条) と規定し，「公害に係る紛争」に対処するために，国が「必要な措置」を取ることを求めている。この「あっせん，調停その他の措置」として，鉱業の賠償に関する和解の仲介 (鉱業122～125条)，民事調停法に基づく調停 (32・33条の3) などがあるが，「公害に係る紛争」を対象とし[1]，「公害に係る紛争」の特性 (被害の範囲の不確かさ，加害企業の過失や因果関係の立証の困難性など) に応じた，迅速的かつ適正な紛争解決を図ることを目的として制度化されたのが公害紛争処理法に基づく紛争処理手続である[2]。

(2)　公害紛争処理の仕組み　　(a)　公害紛争処理機関　　公害紛争処理法は，「公害に係る紛争」について，あっせん，調停，仲裁および裁定を行う機関として公害等調整委員会と都道府県公害審査会を規定する。公害等調整委員会は，総務省の外局として設置されている行政委員会である。公害等調整委員会は，委員長と委員の6名から構成される合議制の機関であるとともに，職権行使の独立性が認められている (公害等調整5・6条)。また，公害等調整委員会の委員長および委員には身分保障が与えられている (公害等調整9条)。

公害等調整委員会は，公害に係る紛争につき，当事者からあっせん，調停，仲裁および裁定の申請があった場合にこれらのすべてを扱うのではなく，申請のあった事案のうち，重大事件 (公害紛争24条1項1号，施行令1条。大気汚染によ

---

1) 公害概念について，特に，「大気の汚染」および「水質の汚濁」の概念について東京高判平27・6・11判例集未登載を参照

2) 公害紛争処理法とは別に，原子力損害賠償法では，原子力損害賠償紛争解決センターを設置し，同センターが原子力損害賠償に関する紛争について，当事者の紛争の仲介を行い，合意に基づく紛争解決を行っている。

る慢性気管支炎などや水質汚濁による水俣病・イタイイタイ病に起因して生じた紛争や大気汚染や水質汚濁による動植物の被害が5億円以上である紛争)，広域処理事件（24条1項2号，施行令2条。航空機の航行に伴う騒音や新幹線の走行に伴う騒音に関する紛争）及び県際事件（24条1項3号）を取り扱う。これら以外の紛争は後述の都道府県公害審査会が取り扱う（24条2項)。

公害紛争処理を担うもう一つの機関が都道府県公害審査会である。公害紛争処理法は，都道府県公害審査会の設置を義務づけていない（13条)。同審査会を置かない場合，都道府県知事は，公害審査委員候補者9人以上15人以内で，公害審査委員候補者名簿を作成しておかなければならない（18条)。都道府県公害審査会を置いているのは37都道府県あり，岩手県，山梨県，長野県，和歌山県，鳥取県，島根県，徳島県，香川県，愛媛県および長崎県が公害審査委員候補者名簿を作成している。

(b)　公害紛争処理の手続　　公害紛争処理法は，公害紛争処理の方法として，あっせん，調停，仲裁（26条1項）および裁定（42条の27）を規定している。

(ア)　あっせん　　あっせんとは，公害に係る紛争当事者が話し合って，合意に基づき（和解契約)，当該事案の実情に即した紛争解決に到達できるように，公害等調整委員会の委員長・委員または都道府県公害審査会の委員（いずれも3名以内)が，当事者双方の間に入り紛争解決を支援する手続である。あっせんは，当事者一方または双方の申請に基づいて行われるのが原則であるが，公害の被害の程度が著しく，それが広範囲におよび，当事者間の交渉が円滑に進んでいない場合には，公害等調整委員会または公害審査会が職権であっせんすることができる（27条の2)。あっせんにより，合意に向けた話し合いに応じるか否か，合意するか否かは当事者が決める。

(イ)　調停　　公害等調整委員会の委員長・委員または都道府県公害審査会の委員（3名以内）の前で，調停は，公害に係る紛争当事者が協議をして，合意（和解契約）により紛争の解決を図る手続である。合意案を受託するかどうかは紛争当事者に委ねられる。他方で，調停の申請が当事者の一方からなされた場合に，公害等調整委員会または審査会から出頭を求められたにもかかわらず，出頭しなかった相手は科料に処せられることとなる。したがって，調停

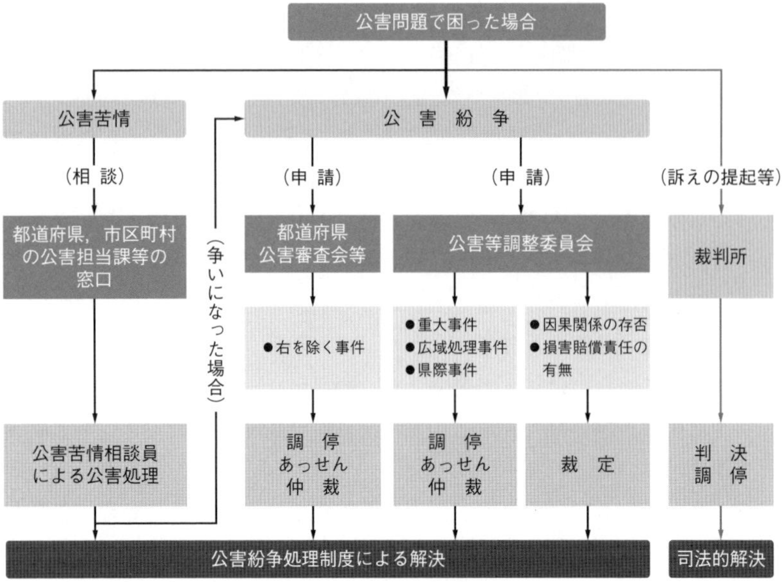

図表15-2　公害紛争処理の流れ

出典：総務省HP（https://www.soumu.go.jp/kouchoi/knowledge/how/e-dispute.00001.html［閲覧日2021年8月10日］）

の手続を行うか否かについては当事者の合意ではなく法律で調停の実施が強制されている。足尾鉱毒事件や豊島産業廃棄物不法投棄事件でこの調停が利用された。

(ウ)　仲裁　　仲裁は，紛争当事者間の仲裁契約に基づき，当事者が選定した仲裁委員から構成される仲裁委員会の判断に基づき紛争解決を図る制度である。仲裁委員会の仲裁判断は，確定判決と同一の効力を有し（公害紛争41条，仲裁法45条），当事者が仲裁による解決内容に不満があっても，仲裁委員会の判断に従わなければならないため，仲裁契約が成立すれば，紛争解決を確実に図ることができる。

(エ)　裁定　　裁定とは，裁定委員会が証拠調べなどにより収集した証拠資料に基づき，事実認定を行い，公害に係る紛争に関する法律的判断を示すことで紛争を解決する手続である。裁定には，損害賠償責任の有無および賠償額に関する責任裁定と被害の原因に関する原因裁定がある。責任裁定に不服がある当事者は損害賠償請求訴訟を提起することができる一方（42条の20），責任裁定に係る行政不服申立ておよび抗告訴訟を提起することは認められない（42条の21・46条の2）。原因裁定についても，同様に，行政不服申立ておよび抗告訴訟を提起することは認められない（42条の33・46条の2）。杉並病事件でこの裁定が利用された。

3　公害健康被害の救済――「公害健康被害の補償等に関する法律」

「公害健康被害の補償等に関する法律」（公健法）は，典型7公害のうち，大気汚染および水質汚濁による被害者に対して，裁判よりも簡易迅速な手続で給付を行うための制度である。公健法は，1969年の「公害に係る健康被害の救済に関する特別措置法」が廃止されて制定された[3]。

(1)　第一種地域における認定申請と補償給付の枠組み　　公害健康被害に関する認定手続は第一種地域または第二種地域で異なる。第一種地域とは，事業活動に伴う大気汚染の影響による疾病が多発している，政令で定められた地域である（2条1項）。申請者の申請に基づき，都道府県知事が，第一種地域に一定期間居住していること（曝露要件），政令で定める疾病にかかっており，その疾病と同地域における大気汚染に因果関係があるか否かの認定を行い（4条1項），申請者がその認定を受けると補償給付を請求することができる（10条）。補償給付については，現物給付が原則であり，その内容は，療養給付（現物給付），療養費，障害補償費，遺族補償費，遺族補償一時金，児童補償手当，療養手当および葬祭料である（3条）。補償費用の負担は独立行政法人環境再生保全機構が，ばい煙発生施設設置者からいおう酸化物の排出量に応じて徴収する汚染負荷量賦課金と政府が交付する自動車重量税引当分で賄うこととなっている。

第一種地域として，千葉県，東京都，神奈川県，静岡県，愛知県，三重県，大阪府，兵庫県，岡山県，福岡県に所在する41地域が指定され，第一種地域に係る疾病として，慢性気管支炎，気管支ぜんそく，ぜんそく性気管支炎などが

3）「公害に係る健康被害の救済に関する特別措置法」の対象は，医療費，医療手当および介護手当であり，公健法よりも給付の対象が限定されている。また，医療費などの支給の財源は，国，県，市が等分に負担し，企業の負担は任意徴収とされていた。

定められていたが，1988年に第一種地域が全面解除され。第一種指定解除前に認定を受けていた者は引き続き給付を受けられるが，この解除をもって，新規の認定はなされないこととなった。

(2)　第二種地域の認定申請と補償給付の枠組み　　第二種地域は著しい大気汚染・水質汚濁によりその原因物質との関係が一般的に明らかであり，この原因物質によらなければ罹患することのない疾病が多発している，政令で定める地域である（2条2項)。政令で指定されている地域として5地域が指定され，水俣病，イタイタイ病，慢性砒素中毒症の三つの疾病が指定されている。申請者による申請に基づき，第二種地域で発生した上記の疾病に罹患している否かの認定を都道府県知事が行い（4条2項)，申請者がこの認定を受ければ給付を請求することができる（10条)。補償の内容は第一種地域のそれと同じであるが，補償給付の費用負担は，指定疾病の原因物質を排出した事業者，国，都道府県が負担している。公健法で第二種地域における申請が認められなかった者を救済するために，水俣病被害者の救済および水俣病問題の解決に関する特別措置法が定めらえている[4]。

Ⅲ　司法的救済

1　損害賠償

(1)　民事上の損害賠償――民法709条に基づく損害賠償　　環境問題にかかる救済手段としては損害賠償が考えられる。これは金銭賠償を求めるものであって，発生した損害に対する事後的な救済手段である。四大公害訴訟では，民法709条に基づき，加害企業に対して損害賠償請求訴訟が提起された。

民法709条に基づく損害賠償請求が認められるには，①加害者の故意・過失があること，②権利または法律上の利益の侵害，③損害の発生，④因果関係という要件を充足しなければならない。損害賠償請求訴訟を提起する被害者はこれらの要件の充足を立証しなればならない。公害訴訟で特に問題となるのが①と④である。

4）アスベストの吸入によって，労働者災害補償保険法で補償されない疾病（中皮腫や肺ガンなど）にかかった者や遺族を救済するために石綿による健康被害の救済に関する法律も制定されいてる。

(a) 過失　民法709条の過失とは，行為者が損害の発生を回避すべき注意義務（損害回避義務）のことである。そして，この損害回避義務は損害発生の結果を予測できたこと，すなわち，予見可能性を前提とする（東京地判昭53・8・3判時899・289参照）。公害訴訟では予見可能性の対象と程度，そして，損害回避義務の内容が問題となることが多い。

大阪アルカリ事件では，大審院は，損害回避義務につき，「事業ノ性質ニ従ヒ相当ナル設備」を備えていた場合には過失はないと判示していた（大判大5・12・22民録22・2474）。これに対して，新潟水俣訴訟で，新潟地裁は，「化学企業が製造工程から生ずる排水を一般の河川等に放出して処理しようとする場合においては，最高の分析検知の技術を用い，排水中の有害物質の有無，その性質，程度等を調査」すべきであるとして，高度の調査義務と予見可能性を被告・加害企業側に課した。そして，損害回避義務については，「最高技術の設備をもつてしてもなお人の生命，身体に危害が及ぶおそれがあるような場合には，企業の操業短縮はもちろん操業停止までが要請されることもあると解する」とし，その損害回避義務の内容については，最高の技術の整備だけではなく，操業の停止もその義務の中に組み入れている（新潟地判昭46・9・29判時642・96）。熊本水俣訴訟において，熊本地裁も加害企業に，これと同程度の予見可能性と損害回避義務を課している（熊本地判昭48・3・20判時696・15）。

(b) 因果関係　ここでの因果関係は加害者の行為が被害発生の原因となったか否かという問題である。この因果関係の立証責任は原告が負う。環境問題では，多くの場合，科学的な根拠が問題となることから，被害者である原告がこれを立証することは極めて困難である。立証できなければ因果関係ないとされ，損害賠償の訴えは斥けられてしまう。

そこで，公害事件では，原告の立証責任を軽減するが試みられてきた。新潟水俣訴訟で，新潟地裁は，因果関係論で問題となる点につき，「1被害疾患の特性とその原因（病因）物質，2原因物質が被害者に到達する経路（汚染経路），3加害企業における原因物質の排出（生成・排出に至るまでのメカニズム）」と把握し，「化学公害事件」につき，これらの一つ一つにつき「被害者に対し自然科学的な解明までを求めることは，不法行為制度の根幹をなしている衡平の見地からして相当ではなく，前記１，２については，その状況証拠の積み重ねにより，関係諸科学との関連においても矛盾なく説明ができれば，法的因果関係の面ではその証明があつたものと解すべきであり，右程度の１，２の立証がなされて，汚染源の追求がいわば企業の門前にまで到達した場合，３については，むしろ企業側において，自己の工場が汚染源になり得ない所以を証明しない限り，その存在を事実上推認され，その結果すべての法的因果関係が立証されたものと解すべきである」とした。これは，門前説または門前到達説と呼ばれることがある（前掲新潟地判昭46・９・29）。

もう一つが，個々人の疾病の罹患と加害行為との因果関係ではなく，疫学の知見に基づいて因果関係を推認しうるとする疫学的因果関係である。イタイイタイ病訴訟・名古屋高裁金沢支部判がこの疫学的因果関係を採用し（名古屋高金沢支判昭47・８・９判時674・25），四日市公害訴訟で，津地裁が，疫学的知見に基づく因果関係を推認するための４つの条件を明示するに至っている（津地四日市支判昭47・７・24判時672・30）[5]。ただ，この疫学的因果関係が，その後の裁判例で定着したとはいいがたい（西淀川公害第１次訴訟：大阪地判平３・３・29判時1383・22など参照）。

⑵　共同不法行為　　イタイイタイ病，熊本・新潟水俣病訴訟は，一つの加害企業と被害者との間の損害賠償請求訴訟であった。これに対して，四日市公害訴訟は，石油コンビナートを構成する６つの企業が加害企業であった。このように汚染源が複数である場合には，民法709条ではなく719条の適用が問題となる。

719条１項前段は，数人が共同不法行為で他人に損害を加えたときには，各自が連帯して賠償責任を有すると規定する。この要件を満たすには，各加害者が民法709条の要件を満たすこと，各加害者の行為が損害を発生させたという因果関係が必要であるとされていた。複数の汚染源につき，この因果関係を原告側が立証することは極めて困難である。

５）４条件とは，因子は発病の一定期間前に作用すること，その因子の作用する程度が著しいほど，その疾病の罹患率が高まること，その因子の分布消長の立場から，流行の特性の矛盾なく説明されること，その因子が原因として作用するメカニズムが生物学的に矛盾なく説明されることである。

前掲四日市公害訴訟で，津地裁は，共同不法行為が成立するには，各人の行為がそれぞれ不法行為の要件をそなえていることおよび行為者の間に関連共同性があることが必要であるとするが，この関連共同性は客観的なもので足りるとしたうえで，さらに，この関連共同性を「弱い関連共同性」と「強い関連共同性」に分類した。この「弱い関連共同性」が認められる場合には，複数の汚染源が一体として，被害との間で因果関係が認められれば，個々の加害企業の行為と被害との間に因果関係があると推認され，「強い関連共同性」が認められる場合には，「当該工場のばい煙が少量で，それ自体としては結果の発生との間に因果関係が存在しないと認められるような場合においても，結果に対して責任を免れない」とした。この枠組みは修正を加えられつつも，下級審判決で用いられている（前掲大阪地判平３・３・29）。

(3) 国家賠償　(a) 国家賠償法１条　国家賠償法１条１項に基づく損害賠償は，国・地方自治体の権限の行使により，または，権限の不行使によって，環境被害が生じた場合に金銭賠償を求める事後的な救済手段である。国家賠償法１条に基づく損害賠償請求権の成立要件は，加害行為が公権力の行使・不行使であること，その行為が故意または過失があること，違法であること，損害があること，その行為と損害と間に因果関係があることである。

環境問題においては，国または地方自治体の権限の不行使が問題となることが多い。たとえば，水俣病関西訴訟（最判平16・10・15民集58・７・1802）で，最高裁は，1954年12月末までに，旧水質保全法および工場排水規制法に基づく規制権限を行使しなかったことが国家賠償法上違法であるとして，国および熊本県知事に対する損害賠償請求を認めている。筑豊じん肺事件においても，最高裁は，同様に，鉱山保安法に基づく規制権限の不行使が国家賠償法上違法であるとして損害賠償請求を認めている（最判平16・４・27判タ1152・120）。石綿被害に関しても，最高裁は，労働衛生法に基づく規制権限の不行使を違法とし，損害賠償を認めた（最判令３・５・17裁時1768・２）。

(b) 国家賠償法２条　国家賠償法２条１項は，公の営造物の設置・管理の瑕疵に起因する損害についての，国・公共団体の営造物管理責任について定めている。国家賠償法２条１項は，公の営造物について，その設置または管理に瑕疵があることを国の賠償責任の要件としている。営造物の設置管理の瑕疵とは，「通常有すべき安全性を欠いている」場合のことであり（最判昭45・8・20民集24・9・1268），「国家賠償法二条一項にいう営造物の設置又は管理に瑕疵があつたとみられるかどうかは，当該営造物の構造，用法，場所的環境及び利用状況等諸般の事情を総合考慮して具体的個別的に判断すべき」とされている（最判昭53・7・4民集32・5・809）。

この「安全性」は，営造物の直接の利用者との関係では欠陥はないが，周辺住民に騒音などの被害がおよぶ場合も含むと解されており，供用関連瑕疵（=機能的瑕疵=社会的瑕疵）といわれる。大阪国際空港事件（最大判昭56・12・16民集35・10・1369）および国道43号線事件（最判平7・7・7民集49・7・1870）では，空港および道路に供用関連瑕疵があることが認められている。

2　民事上の差止め

環境被害は不可逆的であり，被害が発生してしまった場合には原状回復をすることはほぼ困難であり，多くの場合，事後的救済としての損害賠償訴訟を選択するしかない。環境被害を発生させないために重要な機能を果たすのが，民事上の差止めである。これは，環境問題の発生を防止する，あるいは，現に行われている環境法に違反する行為を差し止めるための救済手段である。

民事上の差止めには実定法上の根拠がないため，これをどのように理論構成するかが問題となる。民事上の差止めの根拠につき，それを物権的請求権に求める立場，環境権に求める立場があるが，裁判例は人格権に基づく請求権と構成する。民事上の差止めの要件として，裁判例は受忍限度論を採用している。民事上の差止めの対象は特定の行為に限定されず，抽象的差止請求も認められる。

原子力発電所の設置および操業の差止めを求める民事訴訟も適法と認められている（最判平4・9・22民集46・6・1090）。福島原発事故以前に原子力発電所の運転差止めを認めたものとしては志賀原発第2号機の運転差止めを認めた金沢地裁判決のみであったが（金沢地判平18・3・24判時1930・25），福島原発事故以後に，福井地裁は大飯原発の運転差止めを認めている（福井地判平26・5・21判時2228・72）。

自衛隊基地や米軍基地の騒音被害に対しても民事差止訴訟を提起されているが訴えは斥けられている（Case Study②基地公害参照。）

3 行政訴訟

⑴ 抗告訴訟　(a) 抗告訴訟の類型　抗告訴訟とは，「行政庁の公権力の行使に関する不服の訴訟をいう」（行訴3条1項）。抗告訴訟には，法定抗告訴訟として，取消訴訟，無効確認訴訟，不作為の違法確認訴訟，義務付け訴訟と差止訴訟がある。

(b) 原告適格をめぐる問題　抗告訴訟を提起する場合には，訴訟要件を充足しなければならないが，環境問題の紛争解決において特に問題となるのが原告適格である。原告適格とは，適法に訴えを提起することのできる資格をいう。行訴法は，「当該処分又は裁決の取消しを求めるにつき法律上の利益を有する者」が取消訴訟を提起できるものとしている（9条1項)。処分の名宛人が，この行訴法9条1項にいう「法律上の利益」を有することには問題がないのであるが，処分の名宛人以外の者が，取消訴訟を提起しようとした場合に，この原告適格を有するかどうかが争われることが多い。たとえば，廃棄物処理施設の設置許可の名宛人は，事業者であってこれに反対する地域住民ではない。かつては，処分の名宛人以外の地域住民は原告適格が認められず，訴えが却下されてきた。ところが，近時の最高裁は原告適格を拡大する方向にある。小田急高架化事業事件では，都市計画の認可処分の取消訴訟で，処分の名宛人以外の第三者であっても，騒音や振動によって被害が生じる「健康又は生活環境」受ける者は原告適格を有するとしている（最大判平17・12・7民集59・10・2645)。ただし，環境権侵害を理由に原告適格を認めた裁判例はない。自然の権利および自然共有権についても，裁判所は原告適格を根拠づけるものと捉えていない（鹿児島地判平13・1・22判例集未登載）。

鞆の浦世界遺産訴訟（広島地判平21・10・1判時2060・3）では，客観的価値を有する良好な景観に近接する地域内に居住し，その恵沢を日常的に享受している者については，その者の景観利益が法律上保護された利益にあたるとして，原告適格を認めている。

⑵ 実質的当事者訴訟　実質的当事者訴訟は行政訴訟の一つであり（行訴

2条・4条後段)，抗告訴訟が対象とする公権力の行為以外の行政の行為を対象とするものである。実質的当事者訴訟として，環境影響評価手続の違法確認訴訟や環境影響評価の実施義務の確認訴訟が考えられるが，裁判所はこれを認めない（福岡高那覇支判平26・5・27判例集未登載および横浜地判平19・9・5判自303・51参照)。

(3)　住民訴訟　　住民訴訟制度は，住民が，裁判所の適法性審査機能を通じて直接に地方公共団体の行財政を監視し，その適正な運営の確保を目的とするものであり，直接民主主義制度の一つに位置づけられる。直接請求制度と異なり，地方公共団体の住民であれば一人であっても，その属する地方公共団体の財務会計行為上の違法な行為または怠る事実について提起できる。

長浜町入浜権事件では，長浜町沖浦海岸における漁港修築行為が違法であるから，そのためになされる公金支出が違法であるとして，その公金支出の差止めが求められたが，請求は棄却されている（松山地判昭53・5・29行集29・5・1081)。織田が浜事件では，愛媛県の織田が浜の地先海面に関する公有水面埋立免許が違法であるとして，それに伴う公金支出の差止めを求められたが，高松高裁は，埋立免許は適法であることから，公金支出も違法ではないとして訴えを棄却している（高松高判平6・6・24判タ851・80)。沖縄県の中城港湾の公有水面埋立事業が違法であることから，住民らがこれに伴う公金支出の差止めを求めた事案で，裁判所は，埋立事業は，地方自治法2条14項および地方財政法4条1項に違反して経済的合理性が認められないとして，公金支出の差止めを認容している（福岡高那覇支判平21・10・15判時2066・3)。

Case Study②　基地公害

わが国の基地公害としては，米軍基地での燃料漏出による水質汚濁や地下水汚染があるが，最も大きな被害を生じてきたのが米軍基地や自衛隊基地での航空機騒音の問題である。

1　騒音規制

騒音は公害の一つである。騒音については，「騒音に係る環境基準」(「住居の用に供される地域」や「道路に面する地域」に適用される)，「航空機騒音に係る環境基準」，「新幹線鉄道騒音に係る環境基準」が定められている。

騒音対策のための法律として，騒音規制法があるがこれは工場騒音や自動車騒音ための法律である（自動車騒音については，道路運送法が自動車に消音器を装着することを義務づけている。道路交通法でも，騒音の被害が著しい場合には都道府県公安委員会が信号機の設置，通行の禁止，徐行すべき場所の指定などを行うことが要求されている）。

2　航空機騒音に対する規制

航空機騒音防止のための法律としては，航空法や「公共用飛行場周辺における航空機騒音による障害の防止等に関する法律」（航空機騒音障害防止法）がある。航空法では，たとえば，安全性などに加え騒音基準に適合していることを証明する耐空証明を受けないと飛行できないとする制度が定められ，航空機騒音障害防止法は，国務大臣が，航空機騒音防止のために，航空機の航行の方法を指定できる仕組みを用意している。この二つの法律は民間機にのみ適用される。

航空機騒音に係る環境基準について（抜粋）

（昭和48.12.27 環境庁告示第154号）
改正　平５環告91
改正　平12環告78
改正　平成19年環告114

第１　環境基準

環境基準は，地域の類型ごとに次表の基準値の欄に掲げるとおりとし，各類型をあてはめる地域は，都道府県知事が指定する。

地域の類型	基準値
Ⅰ	57デシベル以下
Ⅱ	62デシベル以下

（注）Ⅰをあてはめる地域は専ら住居の用に供される地域とし，Ⅱをあてはめる地域はⅠ以外の地域であって通常の生活を保全する必要がある地域とする。

第２　達成期間等

1　環境基準は，公共用飛行場等の周辺地域においては，飛行場の区分ごとに次表の達成期間の欄に掲げる期間で達成され，又は維持されるものとする。この場合において，達成期間が５年をこえる地域においては，中間的に同表の改善目標の欄に掲げる目標を達成しつつ，段階的に環境基準が達成されるようにするものとする。

<table>
<tr><th colspan="3">飛行場の区分</th><th>達成期間</th><th>改善目標</th></tr>
<tr><td colspan="3">新設飛行場</td><td rowspan="2">直ちに</td><td rowspan="2">—</td></tr>
<tr><td rowspan="5">既設飛行場</td><td colspan="2">第三種空港及びこれに準ずるもの</td></tr>
<tr><td rowspan="2">第二種空港（福岡空港を除く。）</td><td>A</td><td>5年以内</td><td>—</td></tr>
<tr><td>B</td><td rowspan="2">10年以内</td><td rowspan="2">5年以内に，70デシベル未満とすること又は70デシベル以上の地域において屋内で50デシベル以下とすること。</td></tr>
<tr><td colspan="2">成田国際空港</td></tr>
<tr><td colspan="2">第一種空港（成田国際空港を除く。）及び福岡空港</td><td>10年をこえる期間内に可及的速やかに</td><td>1　5年以内に，70デシベル未満とすること又は70デシベル以上の地域において屋内で50デシベル以下とすること。
2　10年以内に，62デシベル未満とすること又は62デシベル以上の地域において屋内で47デシベル以下とすること。</td></tr>
</table>

2　自衛隊等が使用する飛行場の周辺地域においては，平均的な離着陸回数及び機種並びに人家の密集度を勘案し，当該飛行場と類似の条件にある前項の表の飛行場の区分に準じて環境基準が達成され，又は維持されるように努めるものとする。

3　自衛隊機・米軍機の航行に対する騒音規制

自衛隊機については，航空機騒音に係る環境基準が適用されるが，達成期間は努力義務とされている。自衛隊機の騒音防止のための法律は存在しない。ただ，防衛大臣が，自衛隊の隊務の総括権限に基づいて，自衛隊機の航行による騒音防止のための措置をとることが予定されている。「防衛施設周辺の生活環境の整備等に関する法律」があるが，これらは住宅の防音工事や住宅移転補償といった損失補償的性格の法律であって，航空機騒音防止のための法律とはいえない。

米軍基地における米軍機騒音については，日米安保条約および日米地位協定により，わが国の法律は適用されない。米軍機は日本国内の管理区域でわが国の環境法に服することなく航行が認められているのである。

以上のような規制の不存在は，騒音被害が存在しないということを意味しない。たとえば，嘉手納米軍基地では，2019年度調査によると，19測定局中6局で，航空機騒音に係る環境基準を強化しており，夜間・早朝の騒音発生回数が最も多い地域では１か月で63回となっている。普天間飛行場では124.5デシベルの騒音を観測した地域も存在した（沖縄県「令和元年度　航空機騒音測定結果概要（嘉手納飛行場・普天間飛行場）」）。横田基地，小松基地，岩国基地などでも環境基準を超える地域はいまも存在している。

自衛隊機や米軍機による騒音被害の場合，音量が大きく，騒音被害の及ぶ面積が広大である。さらに，夜間訓練も実施されることがあるし，領空侵犯のおそれに対処する緊急発進（スクランブル）も時間帯を問わず実施されるといった，民間機には見られない特色がある。騒音による被害は，一般的に，難聴，睡眠妨害，不安感，いら立ちなどの情緒的被害，テレビ・ラジオの視聴，会話の支障などの生活妨害があるが，基地騒音の場合の被害は極めて深刻なものとして現れる。

4　基地騒音をめぐる裁判

基地騒音については，これまで，自衛隊機および米軍機の離着陸の民事上の差止め，航空機騒音被害に対する過去および将来の損害賠償請求訴訟が提起されてきた。

日本国を被告として，米軍機の離着陸の差止め，騒音被害の過去および将来の損害賠償が求められた横田基地訴訟で，最高裁は，日本政府が横田基地の管理運営の権限を制限する権限を有しておらず，横田基地に対する何らの権限も持たない日本国に米軍機の離着陸の差止めを求めることはできないとして差止めの訴えを斥けた（最判平５・２・25判時1456・53）。他方で，最高裁は過去の損害賠償請求を認めている（民事特別法に基づき米軍に代わり日本国が賠償責任を負う）。横田基地の騒音被害につき，日本国ではなく米国に対して同様の請求がなされた事案では，最高裁は民事裁判権の免除を理由に訴えを斥けた（最判平14・４・12民集56・４・729）

自衛隊機について，最高裁は，民事上の差止請求については，自衛隊機の運航に関する権限が公権力の行使であることを理由として訴えを斥けたが，過去の騒音被害に係る損害賠償請求を棄却した原審を破棄して差し戻した（最判平５・２・25民集47・２・643。差戻審で，過去の騒音被害については認容されている［東京高判平７・12・26判時1555・９］）。

嘉手納基地（福岡高那覇支判令１・９・11判例集未登載），普天間飛行場（那覇地沖縄支判平28・11・17判時2341・３）や岩国基地（広島高判令１・10・25判例集未登載）で同様の訴訟が提起されているが，いずれも，過去の分の騒音被害に対する損害賠償のみ認容されている。

（山田　健吾）

参 考 文 献

第1章

西井正弘編『地球環境条約――生成・展開と国内実施』有斐閣，2005年

永野秀雄・岡松暁子編著『環境と法――国際法と諸外国法制の論点』三和書籍，2010年

環境法政策学会編『日本における環境条約の国内実施（環境法政策学会誌第23号）』商事法務，2020年

松井芳郎『国際環境法の基本原則』東信堂，2010年

宮本憲一『戦後日本公害史論』岩波書店，2014年

大塚直「環境法における法の実現手法」岩波講座『現代法の動態２　法の実現手法』岩波書店，2014年

第2章

松井芳郎『国際環境法の基本原則』東信堂，2010年

大久保規子・高村ゆかり他編『環境規制の現代的展開』法律文化社，2019年

大塚直『環境法（第４版）』有斐閣，2020年

北村喜宣『環境法（第５版）』弘文堂，2020年

第3章

横田匡紀『地球環境政策過程――環境のグローバリゼーションと主権国家の変容』ミネルヴァ書房，2002年

日本国際連合学会編『持続可能な開発の新展開（国連研究第７号）』国際書院，2006年

阪口功『地球環境ガバナンスとレジームの発展プロセス――ワシントン条約とNGO・国家』国際書院，2006年

大塚直『環境法（第４版）』有斐閣，2020年

阿部泰隆・淡路剛久編『環境法（第４版）』有斐閣，2011年

交告尚史・臼杵知史・前田陽一・黒川哲志『環境法入門（第４版）』有斐閣，2020年

第4章

環境法政策学会編『転機を迎える温暖化対策と環境法――課題と展望（環境法政策学会学会誌第21号）』商事法務，2018年

人間環境問題研究会編『新たな地球温暖化防止・エネルギー法政策の展開と課題――パリ協定の実現に向けて（環境法研究第43号）』有斐閣，2018年

小西雅子『地球温暖化は解決できるのか――パリ協定から未来へ！』岩波書店，2016年

人間環境問題研究会編『ポスト京都議定書の法政策３――2020年以降の新枠組みの構築（環境法研究第41号）』有斐閣，2016年

高村ゆかり・島村健「地球温暖化に関する条約の国内実施」『論究ジュリスト』7号，2013年

第5章

リチャード・E. ベネディック（小田切力訳）『環境外交の攻防――オゾン層保護条約の誕生と展開』工業調査会，1999年
松本泰子『南極のオゾンホールはいつ消えるのか――オゾン層保護とモントリオール議定書』実教出版，1997年
安藤利昭「モントリオール議定書ギガリ改正への対応――オゾン層保護法の一部を改正する法律案」『立法と調査』399号，2018年
西薗大実「フロン法改正の意義と課題」『環境管理』51巻6号，2015年
「特集　オゾン層保護対策」『時の動き』45巻11号，2001年

第6章

髙橋信隆編著『環境法講義（第2版）』信山社，2016年
環境法政策学会編『アジアの環境法政策と日本』商事法務，2015年
増沢陽子「水銀に関する水俣条約とその国内実施」『法学教室』427号，2016年

第7章

植木俊哉「東日本大震災と福島原発事故をめぐる国際法上の問題点」『ジュリスト』1427号，2011年
北村朋史「国際捕鯨取締条約――鯨の持続的利用か，利用禁止か」『法学教室』430号，2016年
児矢野マリ「「越境汚染」に対する法的枠組と日本」『法学教室』393号，2013年
坂元茂樹『日本の海洋政策と海洋法（増補第2版）』信山社，2019年
西井正弘・鶴田順編『国際環境法講義』有信堂高文社，2020年
西村弓「公海漁業規制」『法学セミナー』63巻10号，2018年
西本健太郎「「国際立法」を通じた海洋法秩序の形成と発展」『法律時報』89巻10号，2017年
西本健太郎「国家管轄権外区域の海洋生物多様性の保全と持続可能な利用――新たな国際制度の形成とその国内的な影響」『論究ジュリスト』19号，2016年
堀口健夫「海洋汚染防止に関する国際条約の国内実施――海洋投棄規制における予防的アプローチの展開」『論究ジュリスト』7号，2013年
Pierre-Marie Dupuy and Jorge E. Viñuales, *International Environmental Law,* 2nd ed. Cambridge University Press, 2018
Yoshifumi Tanaka, *The International Law of the Sea,* 3rd ed. Cambridge University Press, 2019
「特集　海・資源・環境――国際法・国内法からのアプローチ」『ジュリスト』1365号，2008

年
野村摂雄「海洋環境」黒川哲志・奥田進一編『環境法のフロンティア』成文堂，2015年
児矢野マリ編『漁業資源管理の法と政策——持続可能な漁業に向けた国際法秩序と日本』信山社，2019年

第8章

横山信二・伊藤浩編著『はじめての環境法——地域から考える』嵯峨野書院，2013年
三浦大介『沿岸域管理法制度論——森・川・海をつなぐ環境保護のネットワーク』勁草書房，2015年
三好規正「水循環基本法——健全な水循環のための水管理法制を考える」『法学教室』411号，2014年

第9章

宮下直『となりの生物多様性　医・食・住からベンチャーまで』工作舎，2016年
本田悠介「11章　生物多様性」西井正弘・鶴田順編『国際環境法講義』有信堂高文社，2020年，146～156頁
磯崎博司・炭田精造・渡辺順子・田上麻衣子・安藤勝彦編『生物遺伝資源へのアクセスと利益配分——生物多様性条約の課題』信山社，2011年
畠山武道・柿澤宏昭編著『生物多様性保全と環境政策』北海道大学出版会，2006年
及川敬貴『生物多様性というロジック』勁草書房，2010年
神山智美『自然環境法を学ぶ』文眞堂，2018年

第10章

北村喜宣『環境法（第4版）』弘文堂，2017年
大塚直『環境法（第3版）』有斐閣，2010年
環境省水・大気環境局土壌環境課編『逐条解説土壌汚染対策法』新日本法規出版，2019年
キム·テホ『근현대 한국 쌀의 사회사（近現代韓国米の社会史）』ドルニョック出版社，2017（韓国語）
「농민 82%가 농약에 중독（農民82%が農薬に中毒）」『メイル經濟新聞』1982（韓国語）
Northbourne, L., *Look to the Land. London,* J.M. Dent & Sons, 1940

第11章

北村朋史「バーゼル条約——国の環境や国民の健康について決定すべきは誰か？」『法学教室』437号，2017年
阪井博「バーゼル条約損害賠償責任議定書の成立経緯と概要」『ジュリスト』1174号，2000年
柴田明穂「バーゼル条約遵守メカニズムの設立——交渉経緯と条文解説」『岡山大学法学会

雑誌』52巻４号，2003年
高村ゆかり「水銀条約――その意義と課題」『環境と公害』43巻４号，2014年
鶴田順「有害廃棄物の越境移動に関する国際条約の国内実施」『論究ジュリスト』７号，2013年
増沢陽子「化学物質管理に係る国際条約等の展開と国内法」新美育文・松村弓彦・大塚直編『環境法大系』商事法務，2012年
森下哲「残留性有機汚染物質に関するストックホルム条約（POPs条約）」西井正弘編『地球環境条約――生成・展開と国内実施』有斐閣，2005年
阿部泰隆『廃棄物法制の研究』信山社，2017年
大塚直『環境法（第４版）』有斐閣，2020年
北村喜宣『環境法（第５版）』弘文堂，2020年

第12章

岡松暁子「国際原子力機関（IAEA）の安全基準と原発事故――国際法上の観点から」『論究ジュリスト』2016年秋号（19号），66～73頁
森田章夫「原子力開発と環境保護――環境保護法としての国際原子力法制の現状と課題」国際法学会編『開発と環境』三省堂，2001年，164～186頁
Patricia Birnie and Alan Boyle and Catherine Redgwell, *International law & the Environment,* 3rd ed. Oxford University Press, 2009.（第２版邦訳：池島大策・富岡仁・吉田脩訳『国際環境法』慶應義塾大学出版会，2007年）
高橋滋・大塚直編『震災・原発事故と環境法』民事法研究会，2013年
「特集　福島第１原発事故と環境法」『環境法研究』１号，2014年
城山英明・児矢野マリ「原子力の平和利用の安全に関する条約等の国内実施」『論究ジュリスト』７号，2013年

第13章

BP, Statistical Review of World Energy 2019.
独立行政法人新エネルギー・産業技術総合開発機構編『NEDO 再生可能エネルギー技術白書（第２版）』2014年
高橋滋・大塚直編『震災・原発事故と環境法』民事法研究会，2013年
植田和弘・山家公雄編『再生可能エネルギー政策の国際比較――日本の変革のために』京都大学学術出版会，2017年
第一東京弁護士会環境保全対策委員会編『再生可能エネルギー法務』勁草書房，2016年

第14章

児矢野マリ「環境影響評価（EIA）」西井正弘・臼杵知史編『テキスト国際環境法』有信堂高文社，2011年，169～193頁

岡松暁子「環境影響評価――パルプミル事件」小寺彰・森川幸一・西村弓編『国際法判例百選（第2版）』有斐閣，2011年，162～163頁
岡松暁子「国際法における環境影響評価の位置づけ」江藤淳一編『国際法学の諸相――到達点と展望』信山社，2015年，711～725頁
「特集　最新の環境アセスメント法の動向と課題」『環境法研究』39号，2014年
環境法政策学会編『環境影響評価――その意義と課題』商事法務，2011年

第15章

繁田泰宏・佐古田彰編集代表『ケースブック国際環境法』東信堂，2020年
石野耕也・磯崎博司他編『国際環境事件案内』信山社，2001年
環境法政策学会編『公害・環境紛争処理の変容――その実態と課題』商事法務，2012年
環境法政策学会編『環境訴訟の新展開――その課題と展望』商事法務，2005年

判例索引

大審院

最高裁判所

高等裁判所

● 地方裁判所 ●

事項索引

か行

さ行

た行

な行

は行

ま行

ハイブリッド環境法　〈検印省略〉

2022年3月10日　第1版第1刷発行

編著者　西村智朗
　　　　山田健吾

発行者　前田　茂

発行所　嵯峨野書院

〒615-8045　京都市西京区牛ヶ瀬南ノ口町39　電話(075)391-7686　振替01020-8-40694
メールアドレス　sagano@mbox.kyoto-inet.or.jp

西濃印刷・吉田三誠堂製本所

ISBN978-4-7823-0608-6